数字电网技术与发展

汪际峰　梁锦照　于秋玲　等　著

中国电力出版社
CHINA ELECTRIC POWER PRESS

内容提要

本书通过回顾信息社会的发展历程，分析信息处理工具在信息社会发展中的作用机理，建立了数字电网理论模型、技术体系和标准体系，并详细介绍了数字电网建设实践，展望了数字电网未来的发展形态。

本书可作为数字电网专业技术人员的参考书，也可作为相关专业研究生及教师的参考用书。

图书在版编目（CIP）数据

数字电网技术与发展 / 汪际峰等著 . -- 北京 : 中国电力出版社 , 2024.12（2025.3重印）
ISBN 978-7-5198-8522-9

Ⅰ. ①数… Ⅱ. ①汪… Ⅲ. ①数字技术—应用—电网—电力系统 Ⅳ. ① TM727-39

中国国家版本馆 CIP 数据核字（2024）第 006110 号

出版发行：中国电力出版社
地　　址：北京市东城区北京站西街 19 号（邮政编码 100005）
网　　址：http://www.cepp.sgcc.com.cn
责任编辑：赵　杨　苗唯时
责任校对：黄　蓓　王小鹏
装帧设计：郝晓燕
责任印制：石　雷

印　　刷：三河市航远印刷有限公司
版　　次：2024 年 12 月第一版
印　　次：2025 年 3 月北京第二次印刷
开　　本：710 毫米 ×1000 毫米　16 开本
印　　张：20
字　　数：348 千字
定　　价：98.00 元

序　一

值此作问世之时，衷心祝贺本书的成功发行！这部专业著作汇集了南方电网公司在数字电网建设方面的宝贵实践成果，深入分析数字电网未来发展方向与潜在机遇，并进行预见性思考。提供了对行业未来可能的演变路径的独到见解，也为相关领域的研究者和实践者提供了宝贵的参考和启发。

在历史的长河中，每一次工业革命都以其独特的技术革新，深刻地塑造了人类社会的面貌。从蒸汽机的轰鸣到电力的普及，再到信息技术的飞跃，每一次技术的突破都不仅仅是生产力的飞跃，更是人类文明进步的里程碑。而今，站在第四次工业革命的起点，目睹数字技术与物理技术的深度融合，这股力量正以前所未有的速度和规模，重塑着经济结构和社会形态。在电力系统的发展历程中，我们见证了技术革新如何深刻地影响着这个全球最大的人造动态物理系统，从继电器的简单逻辑到电子管、晶体管、集成电路的复杂控制，再到电子计算机和网络技术的广泛应用，直至今日，人工智能大模型在电力系统中的应用，推动了电力系统在第四次工业革命中的技术飞跃和革命性变化。

作为国家经济和社会生活的关键支柱，南方电网公司承担着保障能源供应的重大使命，坚定落实国家战略，恪守国有企业职责，积极拥抱第四次工业革命带来的技术变革机遇。在这一过程中，南方电网公司展现了其强烈的社会责任感和使命担当，通过数字化转型，不断探索和实践，以期在能源革命和数字经济的交汇点上，为国家的可持续发展和人民的美好生活提供坚实的能源保障。通过提出数字电网发展战略，在新一轮科技革命和数字经济时代背景下，将传统电网与新一代数字技术深度融合，形成新型能源生态系统。这一战略旨在通过数字化转型，提升电网的智能化、网络化和绿色化水平。利用云计算、大数据、物联网、移动互联网、人工智能、区块链等新一代数字技术，对传统电网进行数字化改造，以数据流引领和优化能量流、业务流，增强电网的灵活性、开放性、交互性、经济性和共享性。

在本著作中，详尽地探讨了物理、业务和信息三大系统的关键技术特征及其发展脉络，构建了一个综合性的数字电网理论、技术与标准框架。期望本书的学术贡献能激发数字技术在物理、业务和信息系统中的应用潜力，为电力和能源领域的创新提供坚实的知识支撑。同时，数字电网作为一个多学科交叉、多领域融合的复杂体系，期待未来研究能够孕育出新的学科方向，拓展数字电网的研究领域，推进数字电网技术的持续进步。

罗安

中国工程院院士

2024 年 12 月

序　二

值此书问世之际，谨向本书的成功出版表示最诚挚的祝贺！这部具有深远影响的专业著作，凝聚了南方电网公司在数字电网领域的丰硕实践成果。书中全面剖析了数字电网未来发展的关键方向，展现了数字电网技术与应用的广阔前景。书中观点为行业未来演变路径提供了独到的洞察，亦为学术界及业界同行提供了宝贵的参考与启示。

第四次工业革命的核心是数字化、网络化、智能化技术的集成应用。大数据、云计算、物联网、人工智能等技术的加速崛起，正在以前所未有的方式重塑着产业形态和社会架构。智能制造、自动化生产、智慧城市等新兴概念的提出，不仅改变了传统的生产模式，也推动了社会各领域的变革。在电力系统领域，这场革命尤为突出。随着智能电网、分布式能源、储能技术等新兴技术的蓬勃发展，电力行业正从传统的能源供应方式向更加灵活、高效、绿色的智能化电力系统转型。未来的电力系统将不再仅仅是单一的电力传输网络，而是一个高度智能化、自动化、互联互通的复杂系统，它将更加注重可持续发展、能源的高效利用与绿色低碳的目标。

本书共分为四个部分。第一部分为基础篇，重点阐述了数字电网的核心理论，系统分析了信息技术在物理系统和业务系统中的作用机制，提出了数字电网的理论模型，为后续章节的深入探讨奠定了坚实的理论基础，让读者清晰理解现有数字电网的概念和相关模型理论。第二部分为技术篇，基于前述理论模型，深入探讨了物理系统、业务系统和信息系统的构成，构建了完整的数字电网技术体系，并对相关标准框架进行了详细分析，为实践应用提供了技术支持，在此章节作者着重点明了数字电网中各个组成部分的作用。第三部分为实践篇，介绍了数字电网建设中的先进案例，剖析了实际应用中的关键技术挑战，并对前述技术篇中的核心技术进行了验证，为数字电网的推广应用提供了宝贵的经验和启示。最后，第四部分为发展篇，展望了数字电网未来的发展趋势和可能的演变路径，分析了物理系统、业务系统和信息系统在未来发展中的潜在变化，并对电力算力网与数字社会，以及数字电网与未来产业的融合发展进行了深刻的思考与展望，指引了数字电网未来发展的方向。

该著作凝聚了南方电网公司团队多年深入研究的成果，内容涉及数字电网的建模运行以及信息与能源流的协同管理等多个方面。书中紧密结合前沿理论与实际工程应用，内容系统性强且具有创新性。许多技术已在实际项目中成功应用，既具理论深度，又具高度实用性。同时，本书融合了信息科学、电力系统与管理科学等多学科的知识与理论，通过深入分析数字电网发展历程和各类技术的融合发展趋势，建立了一套完整、系统、科学的数字电网研究框架，不仅丰富了数字电网的研究内涵，也提升了本书的学术价值和实用价值。

当前，数字电网作为当前电力行业转型的关键领域，受到了国内外学术界与工程界的广泛关注。尽管相关研究日益深入，但目前尚缺乏系统的专著来全面阐述该领域的关键技术。本书的出版，恰逢其时地填补了这一空白。相信这本书的发布将为从事相关研究和实践的工程技术人员提供宝贵的参考，推动数字电网技术的发展与应用。

康重庆

清华大学电机系教授、系主任

2024 年 12 月

序　三

在能源转型与数字化转型的双重浪潮下，数字电网作为供电企业发展的崭新形态，正引领着电力系统的深刻变革。有幸为《数字电网技术与发展》一书作序，深感荣幸与责任重大，本书不仅是对当前数字电网技术发展的全面梳理，更是对未来电力系统数智化、绿色化转型的深刻洞察。当前电力系统呈现高比例新能源、高比例电力电子设备接入的“双高”形态、新设备、新技术的“双新”特征广泛应用日益突出，极端事件扰动频率增加，环境－安全－经济目标相互制约的电力系统运行特性日趋复杂，电力系统的安全可靠经济运行正面临严峻考验。数字电网 π 模型基于物理系统、信息系统、业务系统构建，具备数字信息全面生成、数字信息全面在线、数字信息融合互动、数字信息驱动物理和业务系统重构等四个主要特征，能够支撑构建适应大规模、高比例新能源接入的新型电力系统，助推实现碳达峰、碳中和发展目标，是能源电力行业的全局性变革举措，在“两化”协同促进“两型”建设发展方面具有重大价值。

《数字电网技术与发展》奠定了数字电网理论基石，提出了数字电网的理论模型，让我们得以在更广阔的视野下审视数字电网的发展脉络，剖析了物理系统、业务系统、信息系统的构成与交互机制，进而创建了完整的数字电网技术体系和标准框架。此书对电力网与算力网、数字电网与数字社会、数字电网与未来产业等前沿话题进行了深入探讨，不仅为我们指明了数字电网的研究方向，更为新型电力系统的长远发展描绘了宏伟蓝图。

本书对于推动数字电网技术进步具有重要意义，不仅融合了计算机、电力系统、管理科学等多学科的知识与方法，更在方法论上为我们提供了新的视角和思路。通过深入分析物理系统、业务系统与信息系统的技术特征与发展趋势，为数字技术全面赋能物理系统和业务系统提供了坚强支撑。我们坚信，《数字电网技术与发展》一书的出版，将有力推动数字电网科研框架的延伸和多学科高端人才的协作，对加速驱动数字电网建设具有重要的指导意义。

华南理工大学电力学院院长

2024 年 12 月

前言

以蒸汽技术、电力技术和信息技术为基础的前三次工业革命，为人类社会发展带来巨大变化。第一次工业革命由蒸汽技术驱动，推动生产模式进入机器时代，促进了生产力进步和生产关系的重构。第二次工业革命以电力技术驱动生产模式进一步机器化，人类社会进入大机器时代，大机器时代在更大范围上解放了人的双手，极大地促进了生产力的发展。第三次工业革命由信息技术驱动，推动生产模式进入信息化时代，信息化时代最重要的标志是电子计算机的出现，这一重大技术成果极大地推动信息处理的机器化，信息处理能力发生质的跃升。当前，第四次工业革命将数字技术、物理技术、生物技术有机融合在一起，迸发出强大的力量影响着经济和社会，数字技术作为这场革命的核心技术，引领人类社会进入信息处理的大机器时代，与工业大机器化相比，信息大机器化对人类文明的影响或将更为深远。

纵观人类社会文明发展历程，每一种客观事物的产生和发展都与其内在的客观规律密切相关，有一定的历史必然性，信息的出现与发展过程亦然。信息技术发展与社会生产力发展变革共融共合，并作为不同信息时代更迭进步的标志，在不同的发展阶段体现出对应的时代特征。语言、文字、印刷术等信息处理技术的进步不断提升信息处理效率，信息传播范围、容量和速度均取得重大的突破。20 世纪，随着计算机及网络技术的发展进步，信息处理进入大机器时代。

电力系统是当今世界上最大的人造动态物理系统，数十年来一直在应用数字技术推动其数字化进程。从最初的继电器，到电子管、晶体管、集成电路，再到后来的电子计算机和网络技术，直至当今的“大模型”等先进的人工智能技术，均一出现就很快被运用于电力系统生产运营实践。2019 年，中国南方电网有限责任公司（以下简称南方电网）提出了数字电网发展战略，加速推进数字电网建设，南网云等新一代开放、共享、智能的数字技术平台相继投运，应用平台建设也取得了显著的应用成效，初步构建了与能源产业链上下游、国家工业互联网以及五省区数字政府的互联互通格局，为构建新型电力系统奠定了坚实基础。

数字电网是具备显著的数字化特征的新型电网形态。从发电、输电、变电、配电到用电等各个环节，从规划、建设、运行到营销等全业务流程，数字技术均发挥着举足轻重的作用。同时，数字电网还进一步向能源产业价值链及能源生态系统延伸，逐步演变为一个高度复杂的大系统，融合了电网技术、数字技术、管理技术等诸多学科领域，呈现出技术多元化、高度复杂化及系统化的显著特征。因此，强化各类技术的综合协调与统筹管理，深入探究数字电网的理论基础，构建统一且规范的技术体系与标准框架，对于支撑数字电网的高质量发展具有至关重要的意义。

基于此，我们着手编著了本书。本书在深入剖析数字电网理论的基础上，系统性地建立了数字电网的技术体系与标准体系，并详细介绍了电力行业内的代表性实践案例，对数字电网未来发展趋势进行了全面展望。全书共分为四篇：基础篇、技术篇、实践篇与发展篇。基础篇重点介绍数字电网的理论框架，分析信息对物理系统与业务系统的作用机理，提出数字电网理论模型；技术篇则以数字电网理论模型为基础，深入剖析物理系统、业务系统、信息系统的构成，构建数字电网的技术体系与标准框架；实践篇通过介绍数字电网建设的先进实践，剖析关键应用场景，对技术篇中的关键技术进行实证检验；发展篇则提出数字电网的发展形态与特征，分析相关技术发展趋势，并对电力算力网、数字电网与数字社会、数字电网与未来产业等前沿领域进行展望。

南方电网汪际峰总工程师对本书写作过程进行了全面指导，负责全书的框架设计，提出数字电网技术与标准体系，并对全书内容进行了审定。梁锦照负责第1、2、4、5、6、14、15、17章撰写和全书统稿；陈康平负责第3、4章撰写和全文校对；于秋玲负责第7、10、11章撰写；第8、12章由全文举撰写；第9、13、16章由陈浩敏撰写。本书的编著过程得到南方电网输配电部、数字化部及南网数研院领导和专家的大力支持，在此表示衷心的感谢。

数字电网作为融合多学科、多领域的复杂系统工程，其未来发展前景十分广阔。我们期待在进一步研究的基础上，能够催生出新的学科体系和学术分支，推动数字电网科研框架的延伸与拓展，促进多学科高端人才的协作与交流，构建稳定、长期、良性的科研合作生态，推动数字电网技术进步。

由于作者水平所限，书中难免存在疏漏与不足之处，恳请各位专家与读者不吝赐教，提出宝贵意见。

作者

2024年10月

目　录

第二篇 技术篇：数字电网关键技术

第三篇　实践篇：数字电网实践

第四篇　发展篇：数字电网发展

第一篇

<<<

基础篇：数字电网理论

纵观人类社会发展史，信息的产生与发展和人类活动、人类社会形态演化高度关联。人类为了生存和发展，通过创造和使用工具提升信息处理能力，达成对信息及信息规律的把握，因此，信息发展史也是信息处理工具的进化史。本篇回顾了信息社会的发展历程，分析信息处理工具在信息社会发展中的作用机理，建立了人的活动 π 模型，并将模型投射到电网系统与数字化时代，创造性地建立了以物理系统、业务系统和信息系统构成的数字电网理论模型。

第1章　信息处理技术

>>>

1.1　信息的含义

随着信息技术的发展，社会变革更加深入，引发了人们对于信息本质的探索。信息究竟是什么的问题，一直是相关科学家与哲学家持续关注的重大理论问题。从人类的直观感受上来说，信息是声音、图片、温度、体积、颜色等随处可感的碎片化的认知。我们的身边充斥着各种类型的信息，如财经信息、天气信息、生物信息，等等。可以说信息与物质同存，信息是物质的一种普遍属性。

从狭义上来看，凡是在一种情况下能减轻不确定性的事物都是信息。人类开始自觉地理解和利用信息，始于克劳德·香农在1948年创立的信息论，信息论不仅推动了信息技术的发展，也引发了许多学科的信息转向，改变了人们对于诸如麦克斯韦妖、生命的编码、模因、随机性、量子信息论等的理解。信息论奠基人香农认为“信息代表着消除了的不确定性”，明确给出了信息的定义：信息是事物运动状态或者存在方式的不确定性的描述，同时也创造性地给出了信息的度量方式，即用不确定性来度量，不确定性越大（即发生的概率越小），那么信息量就越大。不确定性不是一个指代，而是意味着一个处理过程，不确定性只有解码者才能进行判定，不确定性只有信号被解码者所处理时才有确定或不确定性的结论，刨除解码者和解码过程，单独讨论不确定性是没有意义的。换句话说，信息只有在与之相对应的处理系统中才有意义。但这个定义也有着一定的缺陷，香农给出的定义与度量具有很强的主观性和实用性，即一则消息对某些人来说可能已经知道或者没有什么用处，那么这一消息对这类人来说信息量就很少。

从广义上来看，信息与物质、能量并称为物质世界三大支柱。控制论先驱维

纳指出，“信息就是信息，既不是物质也不是能量”。世界是物质的，没有物质就没有世界，就没有一切，也就没有信息。在物质世界中任何事物都处于永恒的运动和普遍的相互作用之中。只要有运动和相互作用的事物，就需要有能量，也就会产生各种各样事物运动的状态和方式，就产生信息。信息是作为物质存在方式和状态的自身显示，同样也是相互作用的自身显示。可见，信息源于物质世界本身，源于物质世界的运动和相互作用之中，所以信息是普遍存在的。

从一定意义上说，存在一个与现实物质世界相对应的信息形态的世界。对信息的加工和处理都要消耗能量。信息具有可生灭性，每时每刻都有新的信息产生，也有很多信息消亡。信息可以共享，只要物质载体和能量足够，信息可以被任意复制。

1.2 信息处理工具

人类的信息活动可追溯至石器时代，是文字被发明以前的史前时代，经常被称为蒙昧时代。在劳动工具极度匮乏的情况下，人类天生具有采集信息的能力，如嘴巴、鼻子、眼睛等感官系统，人的大脑与意识也使得人类天生具有信息加工与存储的能力，人的嘴巴与肢体使得人类天生具有信息传输与表达的能力；此外，石器也是这一阶段重要的信息载体，记载了大量的符号信息，符号信息的传播使得人类的知识逐渐精细化、复杂化，极大地促进了文明的传播。

随着人类文明的演进，人类进入农耕时代，该时代的信息活动主要依靠语言和文字符号进行。随着人类生产活动的复杂化，农耕时代的信息量不断增加，信息传播的形式主要为烽火、信使、书籍等，信息传递内容广泛，速度较快。进入蒸汽时代，人类生产力得到前所未有的提高，第一次工业革命爆发，动力系统的变革使得信息量不断增加，同时也改变了信息传播的方式，出现邮局、报纸、电报等，信息传播方式多样化，速度加快；到第二次工业革命，电力的出现推动了现代交通与通信工具的深度变革，电话、电影、电视的出现提高了信息传播的速度与丰富度；进一步地发展到第三次工业革命，原子能、电子计算机、空间技术和生物工程的发明和应用，掀起信息技术、新能源技术、新材料技术、生物技术、空间技术和海洋技术等诸多领域的一场信息控制技术革命，电子计算机的发明极大地提升了信息处理的速度，人类掌握的信息量呈指数级增加，人类社会对于事物的确定性的把握不断增大。

创造和使用工具是人类区别于其他动物的标志之一，人类通过创造和使用工具提升信息处理能力，达成对信息及信息规律的把握，信息发展史也是信息处理工具的进化史。从原始的人工工具到精密的仪器设备，信息处理技术的进步促使人类可以处理的信息量激增，极大地增强了人类对世界的确定性认知。信息处理工具和人类社会的科技发展水平相适应，不同历史阶段的人类信息处理能力与所拥有的信息处理工具有着巨大差异，大致经历了信息人工处理、手工处理、信息机器处理、信息大机器处理等阶段。

人工处理：人类自身具有信息处理能力，如嘴巴、鼻子、眼睛等感官系统，人的大脑与意识也使得人类天生具有信息加工与存储的能力，因此人类自身具备信息感知、处理与应用的能力。语言的出现使人与人之间开始通过信息互动，这是信息社会的第一次飞跃。

手工处理：公元前 14 世纪，文字出现使信息社会进入了以手工工具进行信息处理的阶段。文字处理与存储过程需要依靠一定的物理载体，如贝壳、石头等，文字实现了信息符号化，使得人类对信息的保存与传播超越了时间和地域的局限，这是信息社会发展进步的又一次重要飞跃。

机器处理：北宋庆历年间（公元 1041—1048 年），我国活字印刷术的发明，使信息处理进入手工机器处理阶段，这进一步扩展了信息传播范围，促进了社会知识的积累与普及，促进生产力快速发展；印刷机的发明实现了信息处理从手工机器处理到机器处理的转型，极大地促进了信息处理和传播效率的提升；19 世纪，电话、广播、电视等传播技术的发明与使用，引领信息传播进入电磁波时代，信息传播范围、容量和速度均取得了重大的突破；1946 年，电子计算机问世，作为 20 世纪最先进的科学技术发明之一，进一步提升了信息处理能力，信息处理进入信息机器时代。

信息大机器处理：20 世纪 90 年代末，随着计算机网络技术的发展，形成了以 Internet 为代表的互联网，引领信息处理进入“大机器”时代，实现了信息传播范围、容量和速度的革命性突破。信息大机器以全球计算机网络为基础，以新一代数字技术为核心动力，促成了社会全领域信息化，同时也产生了巨量的互联网信息资源，为人类社会活动搭建了更为广阔、紧密、高效的交互渠道，引发经济社会发展巨变。

1.3 信息处理技术

信息处理技术指的是对杂乱无章的信息进行采集、处理、存储、传输、应用等过程中使用到的技术手段。在人类社会发展的历程中，不同时期信息处理技术工具和人们活动的历史水平相适应，由于技术、知识水平的限制，不同阶段的人类信息处理能力与所拥有的信息处理工具有着巨大差异。信息处理技术如图 1-1 所示。

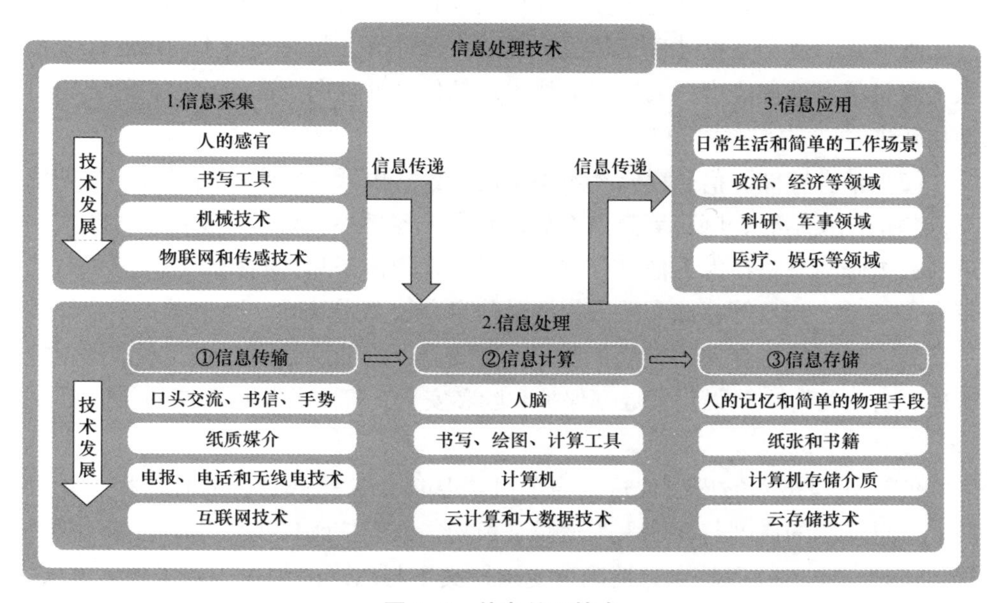

图 1-1 信息处理技术

1. 信息采集

信息采集初期依赖人体感官，经口述或肢体语言传递；在信息手工处理阶段，书写工具和介质，如纸笔、竹简等，提升了信息记录与传播效率；在机器处理阶段，印刷机的发明提高了信息处理效率，加速文本录入的规范性和效率；在信息大机器阶段，先进物联网技术的兴起支撑了海量信息的采集，传感器自动监控环境参数，如温湿度、光照等，并实现了设备互联，促进实时信息交换，实现了信息采集的高度自动化与智能化，极大提高了数据获取的时效性和质量，为大数据分析和应用奠定了坚实基础。

2. 信息处理

（1）信息传输。信息传输初期靠口头和肢体语言，受限于传播距离，传播速度缓慢，传播范围小；书写技术的发明促进了信息的持久性与可复制性，增强了信息传播的时空跨度；电报、电话革新了传输方式，实现信息的即时远距离传递；无线电技术让信息跨越物理障碍自由传播，广播等行业受益；互联网的兴起彻底颠覆传统信息传输技术，促进全球即时信息共享，涵盖文字、图片、音频、视频等信息资源，交流方式多样，推动社会全域信息化。

（2）信息计算。信息处理经历人脑、简易计算工具、计算机等演变历程。算盘等简易工具的出现加速了数字计算速度和准确性；计算机的诞生革新了信息处理方式，复杂数据处理变得更为高效；云计算、超算等技术的崛起极大增强了海量信息处理能力；人工智能技术推动信息处理向更高层次的智能化与自动化跃进。

（3）信息存储。信息存储经历了由简至繁、由低效至高效的过程。早期依靠人脑记忆及结绳、刻石等简单方法，受限于容量小、易损，制约了人类文明进展；纸张与书籍扩大了信息存储量，促进知识传播和文明积淀；计算机时代带来了硬盘、光盘等存储介质，为海量信息存储奠定基础。近年来，云存储技术发展实现了信息存储的灵活扩展与高度安全，借助网络服务器实现数据便捷管理、备份与分享，强化了数据保护和隐私安全，标志着信息存储的新纪元。

3. 信息应用

信息处理技术的进步促进信息的种类从简单、局部到多元化、社会化发展，信息应用的广度与深度大为增长。最初，人们依赖口头、肢体语言及简单符号传递信息，处理效率与精确度受限；文字与图形的加入丰富了表达方式，提高了信息传递效率与内容深度，促进信息应用向教育、政治、经济等多领域扩展；进入互联网时代，信息表达更趋多元，融合文字、图形、音频、视频等多媒体形式，使信息更生动直观，易于理解，应用领域更加广阔，推动科研、教育、娱乐等行业快速发展。近年来，虚拟现实（virtual reality，VR）、增强现实（augmented reality，AR）技术为用户提供沉浸式体验，在医疗、教育等领域的应用成效显著。各类智能设备普及，如智能手机、智能可穿戴设备，不仅便于信息获取与传递，还持续推动信息处理技术革新，实现信息的随时随地高效利用，达成信息增值。

第 2 章　信息处理模型

>>>

2.1　人的活动 π 模型

学界在探讨人的活动时，主要聚焦于人类活动的定义、活动的主客体划分以及活动的类型分析等核心议题。从信息论的角度出发，人类活动论强调人类活动的核心目的是信息的获取，个人所掌握的信息量直接关联着其社会价值。人类活动论进一步将人的活动阐释为“现实的个人”通过特定活动中介与“与主体相互作用的客观事物”即客体发生作用的过程，其中客体涵盖了自然、社会和精神三个层面。本书在吸收学界这些观点的基础上，将“人的活动”界定为“人”在信息互动的过程中作用于客观对象的行为。这一过程始终在由人、信息、对象三要素构成的系统中进行，三者的协同作用共同构成了我们所称的“π 模型”。

π 模型的构成由三大核心要素组成：活动主体、活动对象以及信息。在此模型中，活动主体特指人，人既具备自然属性，也兼具社会属性。活动对象则是指与活动主体发生相互作用的一系列客观存在，涵盖了物质与精神两大范畴。信息在此起到了至关重要的作用，它是活动主体与活动对象之间发生作用关系的桥梁。若无此信息桥梁的存在，活动对象与活动主体将保持孤立状态。π 模型的结构如图 2–1 所示。

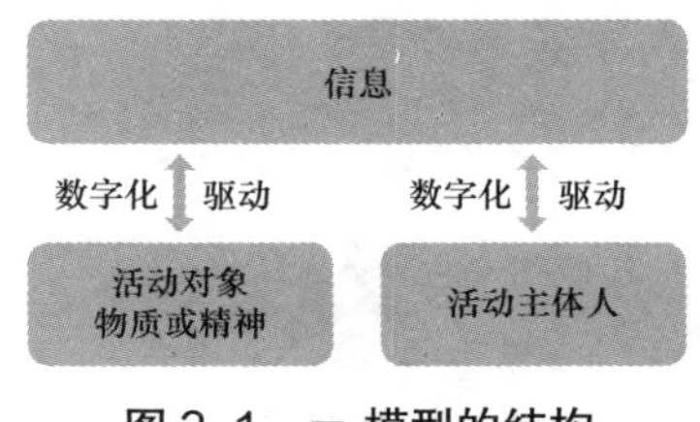

图 2–1　π 模型的结构

2.1.1 活动主体：人

活动主体在多样化的语境中呈现出丰富的层次与深远含义，涵盖了从单个个体到庞大群体，直至整个人类共同体的广阔范畴。这一变化体现了人与人之间复杂而微妙的联结与互动，共同构建了一个多元且动态的社会系统。

个体作为社会的基本单位，各自具备独特的生理特征、心理状态、思想情感与行为模式。在心理学、哲学等学术领域，个体的自我认知、成长发展、决策行为等被置于核心研究地位。个体通过不断学习、积累经验、参与社会交往，逐渐形成自己的世界观和价值观，追求自我实现与幸福。尽管个体的行为受个人意志驱动，但其同样受到外部环境、社会规范及文化背景等深刻影响。

当个体基于共同的目标、利益、身份认同或社会角色而聚合，便形成了群体。群体形态多样，包括家庭、朋友圈、工作团队、社区、民族、宗教团体等。在群体内部，个体间的互动催生了群体意识、规范与行为模式，这种集体行动的力量往往超越了个体成员的能力。社会心理学深入探讨了群体如何影响个体行为、态度与认知，以及群体决策、冲突与合作等机制。群体间的互动还可能引发社会分层、竞争与合作等社会现象，进一步丰富了社会结构与功能。

从更为宏观的视角审视，整个人类社会可以被视为一个统一的活动主体，共同面对挑战（如环境保护、疾病防控、技术伦理等）与追求（如和平发展、科技创新、文化多样性等）。在这一层面，人类作为一个整体所展现出的集体智慧与协作能力，推动了文明的进步与社会的变迁。

总体而言，人与人之间的相互作用构成了错综复杂的社会网络。通过信息交流、资源共享、劳动分工、权力分配等机制，形成了多层次、多维度的社会系统。社会系统理论聚焦于这些互动如何产生社会结构、维持社会秩序、促进社会变迁。其中，社会角色、社会规范、社会组织、社会制度等作为关键元素，共同塑造了社会的运行逻辑与个体的行为模式。

2.1.2 活动对象：物质或精神

人类的活动对象既涵盖可直接感知的实体“物质”，也涉及更为抽象的“精神”层面。在物质世界中，活动对象是指那些能够被人类直接感知、触摸、操作的实体物品，如自然界中的土地、水、植物、动物，以及人类创造的工具、建筑、艺术品、科技设备等。这些物质对象的活动不仅满足了人类的基本

生存需求，更是文明进步和历史发展的基石。农耕文明的兴起、工业革命的爆发，均是人类对物质世界对象利用和改造的显著成果。同时，物质对象的创造和使用也推动了社会分工、经济交易、文化交流，以及环境与资源管理的全面发展。

相比之下，精神世界的活动对象则更为抽象和深刻，包括人类的思想、情感、信仰、文化、艺术、知识、道德伦理等。尽管这些对象无法直接触摸，但它们却深刻影响着人的内心世界和外在行为。例如，哲学思考、科学理论研究、文学创作等活动，是人类对宇宙、生命、社会本质的探索，推动了人类智慧的累积与传播。情感交流则通过言语、文字、艺术作品等形式，构建了社会的情感纽带。信仰与宗教为人们提供了精神寄托和行为指南，影响着个人的价值观和人生观。艺术与审美则通过音乐、绘画、雕塑、电影等形式，丰富了人类的精神生活，促进了文化多样性的交流与理解。这些精神世界的活动对象虽然非物质，但其影响力却非常大，它们塑造了社会的精神风貌，激发了人类的创造力和想象力，推动了文明的传承与创新。

2.1.3　活动中介：信息

信息源于人与人、对象与对象、人与对象之间的交互活动。在未经处理的状态下，这些信息是无序且缺乏直接价值的。然而，当信息量积累至某一临界点时，人类能够将这些信息内化为知识，进而运用这些知识指导实践活动。在这一过程中，信息交互有助于消除人与对象之间的随机性和不确定性，促使人类创造出新产品或设备，用以改造客观世界，从而实现人类活动的价值。

在物质活动中，信息作为关键的中介因素，其重要性不言而喻。例如，在采集、狩猎等活动中，人们依赖环境、动植物分布及季节变化等信息，以决策活动的时机、地点和方式。狩猎者通过观察动物的迁徙模式和习性，提高捕猎效率。在农业种植中，农民根据土壤质量、气候条件、市场需求等信息选择作物种类和种植方法，这些信息对优化作物产量和质量具有决定性作用。

此外，信息在团队协作中同样发挥着不可或缺的作用。无论是狩猎、采集还是工业制造，团队成员间需实时传递关于猎物位置、数量、环境变化或生产流程、安全规范等信息，以确保行动的一致性和高效性。

信息的价值不仅体现在当前的决策和行动中，更在于其传承性。农业种植的经验和知识可通过书籍、口头传统或现代数字媒体传递给后代，确保生产的连续性和质量的稳定性。在工业制造领域，技术文档、操作手册和设计图纸等信息则是确保生产标准化和高质量的关键。

随着信息技术的迅猛发展，如物联网、大数据和人工智能等，信息的收集、处理和应用变得更加高效和精准。这些技术能够实时监测农作物生长、预测市场需求、优化生产流程，显著提升农业和工业的生产效率。

在精神活动中，信息不仅是传递的工具，更是连接个体与群体、现实与抽象、过去与未来的桥梁。通过书籍、文章、讲座、互联网等形式，信息承载并传递了人类的思想和知识成果，促进了智慧的积累和共享。此外，信息还是情感和信仰的载体，通过语言、文字、音乐、艺术等方式，人们将内心的情感和信仰转化为信息，与他人建立情感共鸣和信仰共同体。艺术作品作为信息的一种独特表现形式，不仅传递了艺术家的思想和情感，还激发了观众的共鸣和思考，对观众产生潜移默化的影响，推动文化的多样性和传承。

2.2 社会活动扩展 π 模型

根据活动对象的差异性，我们对 π 的基础模型进行了深入的分类延伸，将其分为两类模型：一者针对物质实体，即物质活动 π 模型；另一者则针对精神层面，即精神活动 π 模型。此举旨在为数字化理论模型的分析提供一个严谨且系统的理论分析框架。

2.2.1 物质活动扩展 π 模型

人类的物质活动，是指人类在生存与发展过程中，基于自身掌握的客观规律信息与技术知识，持续利用工具制造产品，进而对物理世界进行改造的行为，其主要作用对象为物理世界中具有实体的物品。在人类以物质为对象的活动模式中，活动的主体始终为人类，而信息则作为重要的中介。对于物质活动的分类，可以从参与主体的数量以及涉及的物理系统范围两个维度进行考量。具体而言，物质活动可分为：基于“人—物—信息”模式的活动、涵盖“业务系统—物理系统—信息系统”模式的活动，以及涵盖“社会系统—物理系统—信息系统”模式的人类活动。

2.2.2 人－物－信息

在人—物—信息三元模型中，个体或集体作为核心行为主体，与物质对象保持着紧密的相互作用。这种相互作用并非基于直接的物理接触，而是借助信息这一核心媒介得以实现，信息在此扮演了多重关键角色，不仅承担着数据传递的职责，更对物质对象的状态进行深度解读、精准控制以及即时反馈。人－物－信息模型如图 2–2 所示。

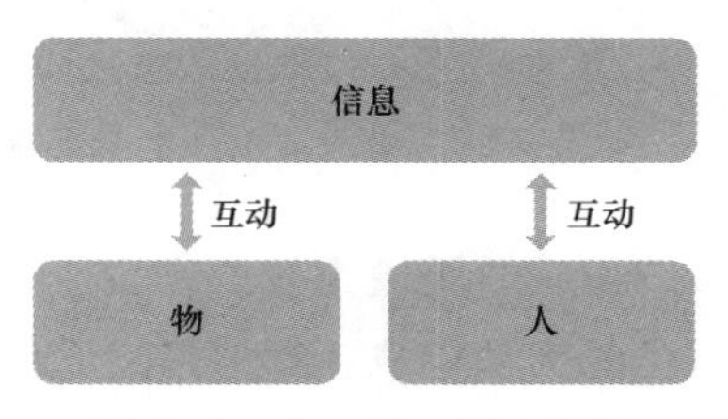

图 2–2　人－物－信息模型

首先，信息在解读物质对象状态方面发挥着核心作用。人们依赖观察、测量和感知物质对象所展现的多种信息，包括但不限于温度、压力、颜色和形状等，以准确把握物质对象的当前状态。这些信息经过大脑的细致处理，转化为人类可理解的语言或图像，使我们能“洞察”物质对象的真实状态。

其次，信息同样承担着反馈物质对象状态的重要职责。一旦物质对象的状态发生变化，信息便通过各类传感器或测量设备，实时或定期地将新的状态信息反馈给人类。这种反馈机制的目的在于确保人们能及时了解物质对象的最新状态，从而做出必要的调整或决策。

最后，信息在控制物质对象方面扮演了关键角色。基于对物质对象状态的深入解读，人们通过发送特定的信息来指导物质对象进行预定的动作或变化。这种控制可以是远程的，也可以是近程的，但不论形式如何，都依赖于信息的有效传递和接收。例如，在智能家居系统中，人们通过手机应用发送指令，实现对家中灯光、空调等设备的远程控制，这里的指令便是一种信息形式，明确指示设备应执行的操作。

2.2.3　业务系统－物理系统－信息系统

在业务系统－物理系统－信息系统模型中，各类组织成为活动主体。这些业务系统不再仅仅依赖人力来管理和控制复杂的物理系统，还可以通过先进的信息系统来实现更高效、更精准的管理。业务系统－物理系统－信息系统模型如图 2–3 所示。

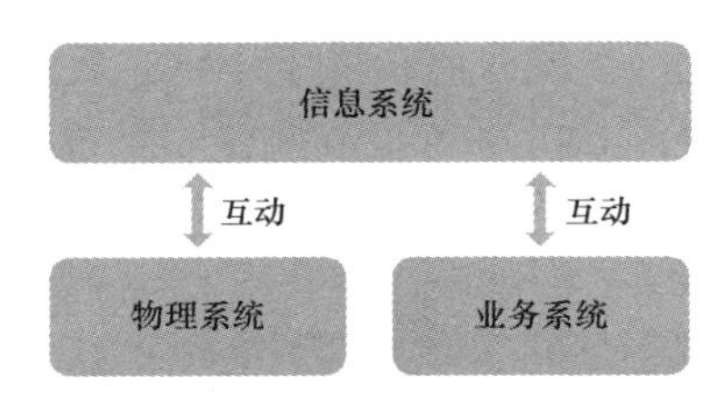

图 2-3 业务系统 - 物理系统 - 信息系统模型

在此模型中，信息系统发挥着至关重要的作用。首先，它承担着数据收集的核心职责。物理系统产生的大量信息，通过信息系统的传感器、扫描设备和其他数据采集方式得以持续汇集。随后，进入数据处理阶段，信息系统对原始数据进行清洗、整合和格式化，转化为高质量的数据资产，确保数据的准确性和一致性，为后续分析奠定坚实基础。进一步地，数据分析成为信息系统的另一核心功能，利用统计学、机器学习等先进技术，深入挖掘数据价值，揭示其中潜藏的模式、趋势和关联，为人们提供深刻的运营洞察，并助力其预测未来发展趋势。最终，在决策支持层面，信息系统发挥着不可或缺的作用，基于数据分析结果，为业务决策提供支撑，涉及生产计划调整、物流路线优化、库存水平设定等关键领域，旨在提升物理系统的运作效率，推动其结构与功能的持续优化与升级。

2.2.4 精神活动扩展 π 模型

在精神为焦点的模型中，活动对象的核心不再是具体的物质实体，而是经过精神活动加工所产生的信息成果，人的精神活动本质上是对这些精神层面信息成果进行深度处理与再创造的过程。精神活动扩展 π 模型如图 2–4 所示。

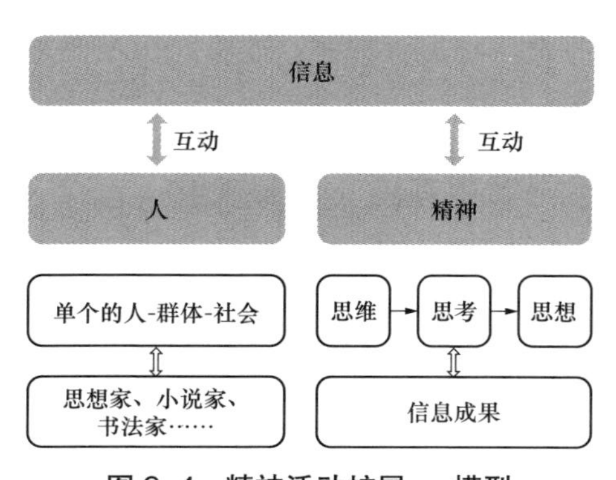

图 2–4 精神活动扩展 π 模型

从认知的视角审视，以精神为对象的模型显著突出了人类思维的复杂性与创造性特质。在此模型中，信息成果不仅是知识的载体，更是智慧的具体体现，它们深刻反映了人类对世界理解的深度、解释的多元以及重构的创造力，是人类不懈追求世界本质的探索成果。因此，对这些信息成果的深度加工，实质上是在逐步深化与拓展人类的认知疆界。

从文化的维度来看，这一模型揭示了文化传承与创新的动态演进过程。文化作为人类精神活动的重要产物，构成了人类社会的核心组成部分。在以精神为对象的活动中，个体与群体不仅积极继承并传承了既有的文化传统，更通过各自的创新精神和创造力，为文化注入了新的元素与活力。这种文化的传承与创新，是文化生命力得以延续的关键所在。

从社会的角度考量，以精神为对象的模型展示了社会互动与共识的形成机制。在精神活动中，个体间的交流与协作是不可或缺的，这种交流不仅促进了知识的广泛传播与共享，更有助于形成社会共识和价值观的凝聚。通过这些精神活动，人们得以更好地理解彼此，减少误解与冲突，从而共同构建一个更加和谐、包容的社会环境。

从发展的视角出发，以精神为对象的模型揭示了人类社会进步的动力源泉。历史已充分证明，那些充满创新精神的时代，往往是人类文明最为辉煌的时期。在这一模型中，个体的创造力与创新精神得到了充分的激发与释放，为社会的进步与发展提供了源源不断的动力。因此，精神活动无疑是推动人类社会不断向前的核心引擎。

在信息系统的有力支撑下，人类对信息的加工产生了丰硕的成果，实现了价值的创造。例如，小说家的创作活动以故事为对象，其信息系统涵盖了传统的手工信息系统——笔纸墨（硬件），以及字标点符号逻辑（软件）；而舞蹈艺术家的表演活动则以舞蹈为对象，其信息系统包括道具（硬件）和艺术语言（软件）等。

π 模型及其扩展模型更加聚焦于“信息”这一要素在信息社会变革中的核心作用，对信息技术的发展具有更强的理论解释力，为数字化模型分析提供了一套深入的理论分析框架。

第 3 章　数字技术

>>>

随着数字技术的蓬勃发展，全球范围内的信息量呈爆炸式增长，信息种类和数量均实现了显著的飞跃。相应地，信息系统也变得日益强大且复杂，有效减少了人类活动主体与客体之间的不确定性。与此同时，人类的知识储备以指数级速度增长，对世界认知与改造的能力显著提升。新型数字技术和产品不断涌现，推动人类活动主体与客体逐步向数字化转变。数据已跃升为第五大生产要素，信息中介正逐步转型为数字中介，人类社会正式迈入数字化时代。

数字化，即将非数字形式的信息、过程及业务转化为数字形式，以便计算机能对其进行输入、处理和输出。这一过程中，连续变化的输入（如图像线条或声音信号）将被转换为一系列离散的单元，在计算机中以 0 和 1 的形式表示。首要步骤是将模拟信号转换为数字信号，这主要通过采样、量化和编码等环节实现，利用高精度的模数转换器对模拟信号进行采样和量化，将其转化为二进制数字信号。对于视觉内容如图像和文字，可通过扫描仪、数码相机等设备捕捉，再经由算法将其转化为像素矩阵，每个像素点以特定的亮度和色彩值表示，最终转化为二进制数据存储。类似地，音频信息则通过麦克风捕捉，声音波形被采样并量化为一系列数字值，每个值均代表声音波形在特定时刻的振幅。这种转换确保了信息能被计算机精准识别、高效处理及无损复制与传播。

此外，数字信号的输出亦被广泛应用于物理系统和业务系统。在物理系统中，传统工作流程和业务操作通过软件和系统实现自动化控制，如从传统的人工生产线过渡到自动化生产线。在业务系统中，围绕用户需求重新构建商业策略和价值创造链条，如电商平台、移动支付、在线教育、远程医疗等。通过整合线上线下资源，利用数据分析洞察消费者行为，提供个性化产品和服务，实现了商业模式的创新和市场边界的拓展。

3.1 数字技术的概念

数字技术，作为一种信息处理的先进技术，其基础在于布尔代数的运用，涵盖了软件和硬件技术的整体范畴。具体而言，软件技术专注于定义和执行计算机所需执行的任务或功能，而硬件技术则负责提供执行这些功能和任务所必需的物理平台和资源。

3.1.1 软件技术

软件技术的基础是布尔代数，这一数学系统旨在描述离散数学结构和逻辑运算。布尔代数通过数学方法解决逻辑问题，并将信息表达、逻辑、概念以及推理转化为数字化形式。其功能点集中体现在实现上述要素的数字化上。

软件技术涵盖了计算机程序的设计、开发、测试以及维护等多个环节，这些程序实质上是一系列执行特定任务或实现特定功能的指令集合。在数字化技术中，布尔代数扮演着至关重要的角色，它用于表示和操作二进制数字（0 和 1），这是计算机处理信息的基础。

常见的软件技术包括但不限于操作系统、编程语言、数据库管理系统以及应用软件等。这些技术的应用使得计算机能够执行从简单的文本编辑到复杂的科学计算和数据分析等一系列复杂任务。

3.1.2 硬件技术

硬件技术，作为数字技术的重要组成部分，以门电路为基础，通过硬件实现布尔代数逻辑，其核心功能在于实现信息采集、存储、表达及应用的数字化流程。该技术涵盖计算机的物理部件，如中央处理器（central processing unit，CPU）、内存、硬盘、显示器及键盘等，这些部件共同构建了计算机的物理基石，为软件指令的执行提供了必要的环境。

硬件技术融合电子工程、计算机科学及物理学等多领域知识。随着科技的飞速发展，计算机硬件性能持续提升，能够处理的数据量日益庞大，执行的任务也日益复杂。在数字技术的演进中，硬件技术担当着关键角色，提供稳固的物理平台与资源，以保障软件技术的顺畅运行与持续发展。

3.2　数字技术发展历程

数字技术的发展历程可划分为数字逻辑电路、电子计算机应用及计算机网络应用三个阶段，硬件技术始终贯穿于其中，为数字技术的每一次飞跃提供了坚实的支撑。

3.2.1　数字逻辑电路

数字电子技术，作为20世纪内发展迅猛且应用范围极广的技术之一，其演进历程涵盖了继电器、真空管、晶体管、集成电路及大规模集成电路等多个阶段。在30年代，贝尔实验室通过继电器逻辑实现了二进制计算器的构建，尽管其运算速度相对缓慢。而到了40年代，宾夕法尼亚大学推出的首部电子计算机，凭借真空管技术，虽体积庞大且能耗较高，却以每秒数千次的加法运算速度引领了计算技术的革新。1947年，晶体管的问世，以其小巧、可靠、节能的特性，为数字逻辑领域带来了划时代的变革。1961年，得州仪器公司成功实现集成电路的商业化生产，进一步推动了电路微型化、高效化的发展。

随着半导体技术的不断进步，集成电路的规模逐步扩大，性能与可靠性持续提升，并广泛渗透至各领域，对现代社会产生了深远的影响。在此阶段，继电器在各行各业中得到了广泛应用。通过具备逻辑功能的硬件电路，继电器实现了布尔代数的基本运算，其结构可划分为由门电路构成的组合逻辑电路和具备记忆功能的时间逻辑电路。这一广泛应用极大地推动了工业自动化水平的提升，并为信息技术产业奠定了坚实的基础。

3.2.2　电子计算机

数字电子技术的显著进步，清晰地描绘出计算机技术从电子管、晶体管、集成电路到大规模集成电路的演变轨迹。这一历史性的变革极大地减小了计算机的体积，降低了生产成本，同时极大地提升了计算机的存储与计算能力。特别是大规模集成电路技术的突破，进一步加速了计算机性能的提升，显著加快了运算速度，增强了系统的稳定性，推动了计算机向通用化、系列化方向快速发展，并广泛渗透到社会的各个领域。与此同时，随着硬件技术的不断发展，软件技术也迅速成熟。早期软件主要以机器语言和汇编语言为主，主要用于支

持特定硬件，应用场景相对有限且缺乏灵活性。然而，自20世纪80年代个人电脑普及以来，软件逐渐转变为独立的产品形态，微软、甲骨文等公司的崛起标志着软件行业的成熟，软件与多领域的交叉融合，深刻地改变了社会结构、生产方式以及人们的生活方式。

冯·诺依曼对现代电子计算机的发展作出了巨大贡献，其理论为计算机的基本架构奠定了坚实基础。他特别重视二进制在运算中的关键作用，推动了二进制在计算机中的广泛应用，为计算机运算提供了稳定的基石。他设计的计算机模型，包括运算器、控制器、存储器以及输入输出设备五大部分，被广泛采纳并成为现代电子计算机的标准组成。

3.2.3　计算机网络

计算机网络的发展经历了三个关键阶段，标志着其技术逐步成熟与广泛应用的进程。

在20世纪60—70年代，美国国防部高级研究计划局（Advanced Research Projects Agency，ARPA）创建了高级研究计划局网络（advanced research projects agency network，ARPANET）。该网络旨在构建一个分布式的通信架构，确保信息在不同节点间稳定可靠地传输，以满足国防与科研领域对信息交换的迫切需求。

到了20世纪70年代末，传输控制协议/互联网协议（transmission control protocol/internet protocol，TCP/IP）诞生，这一里程碑式的协议不仅成功解决了异种计算机间通信的难题，更为互联网的进一步扩展与全球化提供了坚实的技术基础。通过TCP/IP协议，互联网得以连接世界各地的计算机，实现信息的实时、高效处理，从而奠定了现代互联网发展的基石。

进入20世纪90年代，互联网经历了商业化转型并迅速普及至大众。随着互联网服务提供商的兴起，通过电话线拨号接入互联网成为获取信息的主要方式。同时，互联网逐渐演变为商业交易与社交互动的重要平台。进入21世纪后，特别是Web 2.0时代的来临，用户互动参与成为网络使用的新常态，社交媒体和在线协作工具的兴起推动了内容共创，信息交流变得更加主动与多元。智能手机和平板电脑的普及引领了移动互联网时代的到来，使互联网触手可及，加速了信息社会的构建。这一趋势不仅深化了互联网应用，也极大地改变了人们的生活与工作模式。

物联网技术的兴起通过智能设备联网，融合了物理与数字世界，对社会生活产生了深远影响。而 5G 技术的商用，以其高速、低延时、大容量的特性，加速了物联网应用的发展，开启了万物互联的新时代，预示着未来社会将更加智能、高效、互联。

基于互联网技术的快速发展，电信网、互联网、物联网和移动网等不断交汇融合，数字技术从终端互联、用户互联、应用互联逐步演进至万物互联，形成了“云管边端”的新一代数字技术架构。以大数据与人工智能为代表的信息处理技术与其他行业知识深度交融，信息技术应用形态与模式呈现出社会化、泛在化、智能化、情境化等新特征，并逐步过渡到根据动态多变的应用场景、频繁变化的应用需求对各类资源进行灵活、深度定制的新阶段。

展望未来，信息基础设施将继续实现数据中心、通信网络、智能终端及物联网设备（端）等海量异构资源的全覆盖，以大数据与人工智能为代表的信息处理技术将与其他行业知识进一步深度交融。信息技术应用形态与模式将呈现出更加社会化、泛在化、智能化、情境化的新特征，并逐步过渡到根据动态多变的应用场景、频繁变化的应用需求对各类资源进行灵活、深度定制的新阶段。

第4章　信息机器与信息大机器

>>>

4.1　计算机模型

信息处理技术作为推动人类发展与进步的关键技术，其历史可追溯到早期计算技术的萌芽，如算盘、天文仪以及计算尺等工具的诞生。19世纪，蒸汽动力的广泛应用激发了巴比奇分析机的创新，通过机械自动化的方式实现了数学运算，从而树立了计算技术发展的重要里程碑。20世纪30年代，图灵机理论模型的提出为计算理论奠定了坚实的基础，与此同时，冯·诺伊曼的工程设计框架也极大地推动了计算技术的发展，引领了从机械时代向电子时代的飞跃。这一变革不仅加速了信息处理技术的革命性进步，也深刻改变了社会信息处理和科技进步的整体路径。

4.1.1　图灵机模型

1936年，英国数学家艾伦·图灵提出了一种理论上的计算模型，该模型是一种高度抽象的计算装置，其核心构成包括一条理论上无限延伸的纸带及一个功能复合的读写头。纸带被细分为无数小格，作为信息记录的基本单元，而读写头则不仅拥有若干固定程序及内部状态，还能在纸带上自如地左右移位。在运行过程中，读写头于每一瞬时态下读取纸带上特定方格的信息，随后依据其内置状态及预设程序规则，向纸带输出新信息并更新自身状态，实现了信息处理的自动化循环。这一开创性的理论模型，因其创始人而被简称为“图灵机”，在计算理论领域具有深远意义。图灵机抽象的计算机器模型如图4–1所示。

图灵机，作为理论计算机科学的核心概念，对计算机科学的发展具有里程碑式的意义。它为计算机科学提供了坚实的数学基础，深入揭示了计算设备的工作原理及其潜在限制。同时，图灵机定义了“图灵完备性”这一概念，作为计算能力的理论极限，即等同于图灵机本身的计算力。这一理论框架极大地推动了现代计算机技术的飞速进步。

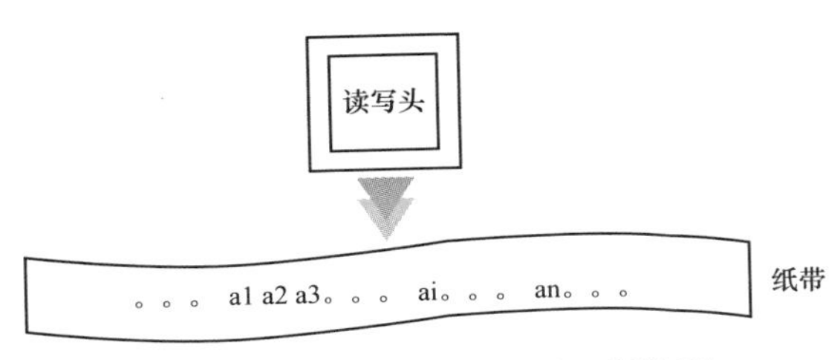

图 4-1　图灵机抽象的计算机器模型

4.1.2　冯·诺伊曼模型

约翰·冯·诺伊曼，被誉为现代计算机科学的奠基人，是首位将图灵的抽象计算模型转化为工程实践的伟大科学家，当代计算机体系结构直接受益于冯·诺伊曼提出的工程计算模型，这一模型代表了从理论构思到实际应用的关键跃进。20 世纪 30 年代末至第二次世界大战期间，冯·诺伊曼致力于解决机器执行复杂计算任务的挑战，其创新性地设计了一种可工程化的计算机器模型，如图 4-2 所示。

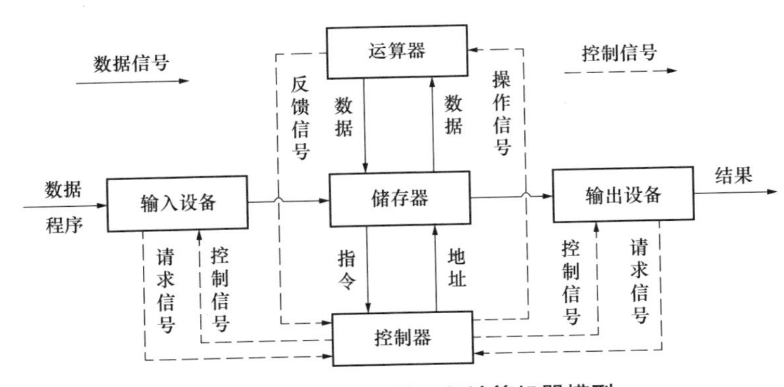

图 4-2　冯·诺伊曼工程计算机器模型

冯·诺伊曼工程计算机模型由多个核心组件构成，包括输入设备、输出设备、存储器、计算器以及控制器等。其中，输入设备负责接收计算任务，输出设备则负责呈现计算结果，而计算器与控制器则共同承担计算任务的处理与控制功能。现代电子计算机的体系结构正是基于冯·诺伊曼工程计算机模型所

构建。

在 19 世纪 40 年代初，全球第一台通用电子数字积分计算机（electronic numerical integrator and computer，ENIAC）在美国宾夕法尼亚大学问世，标志着电子计算机技术进入了飞速发展的新时代。技术迭代覆盖了从电子管到晶体管，再到大规模集成电路的演变过程。ENIAC 作为该领域的先驱，集成了 17468 个电子管，占地面积达到 $70m^2$，重量约 30t，其计算能力每秒可达 5000 次加法或 400 次乘法，相较于机电计算机提升了百倍，相较于手动计算则快了约二十万倍。这一里程碑式的成就不仅代表了计算机科学的重大突破，更开启了全新的计算时代。

从第一代到第六代计算机，乃至当前对量子计算的深入探索，技术发展已经实现了从宏观到微观、从低速到高速、从简单到智能的飞跃。计算能力急剧提升，速度已达到每秒万亿次，精度可达数十位数字，其应用范围已广泛覆盖数值计算、数据管理、自动控制、设计教学、仿真及娱乐等多个领域，几乎满足了所有数值处理的需求。这不仅极大地推动了科技发展的步伐，还显著改善了人类的生活质量，成为推动社会进步的关键动力，确立了计算机在现代社会核心基础设施中的重要地位。

4.1.3　类脑芯片架构

类脑芯片架构的构思深受人脑神经网络系统的启发。其功能性模拟了大脑的神经突触，处理器则类比于神经元，通信系统则与人脑的神经纤维相仿。类脑芯片架构与冯 · 诺依曼架构存在显著区别。

冯 · 诺依曼架构是一种计算机架构，它将程序指令存储器和数据存储器集成于一体。其设计基于传统的计算机工作模式，即“程序存储、数据共享、顺序执行”。在冯 · 诺依曼架构中，CPU 从存储器中读取指令和数据以执行计算任务，采用以运算器为核心的单处理机结构。指令和数据以二进制形式表示，且可参与运算，其中指令由操作码和操作数构成，且需顺序执行。图形处理器（graphics processing unit，GPU）与共享存储器之间的信息交换速度是制约系统性能的关键因素。

类脑芯片架构则融合了神经元的信息处理、突触的信息记录和轴突的信息传递等特性，因此，在工作原理上与人脑存在诸多相似之处。它采用“众核协同”的架构，类似于 GPU，通过多个计算核并行处理高重复性计算任务，以优化计算效率。其显著特点包括：“存算一体”架构，使得类脑芯片内部的计算核同时具备数据存储功能，从而显著减少能耗、降低功耗；“事件驱动”特性，相较于传统芯片，能进一步降低功耗；以及大多为片上网络（network on chip，NOC）异构芯片，配备片上神经元与片上突触，能够对神经元进行高精度模拟与仿真等。

鉴于类脑芯片架构模拟人脑工作原理及高效低功耗的设计特点，其在处理复杂问题和学习能力方面展现出显著优势。这种架构有望在需要高度智能化和自适应能力的领域得到广泛应用，如自动驾驶、机器人控制等。

4.2　信息机器

微处理器作为计算机系统的核心部件，经历了从单核到多核的发展，极大地提高了计算能力和处理速度。例如，图形处理器则以其强大的并行计算能力，在图像处理、科学计算等领域发挥着重要作用；现场可编程门阵列则以其高度的灵活性和可编程性，在通信、工业控制等领域得到了广泛应用；而人工智能专用芯片则针对人工智能应用进行了优化，提供了更高的计算效率和更低的能耗。

这些芯片技术的发展为信息机器的兴起提供了坚实的基础。以智能手机为例，它不仅具备了基本的通信功能，还集成了各种传感器和执行机构，如摄像头、麦克风、全球定位系统（global positioning system，GPS）等，能够实时感知用户的环境和需求，并提供智能化的服务。无人机和机器人则以其高度的自主性和灵活性，在物流、农业、医疗等领域发挥着越来越重要的作用。

随着各类芯片技术的飞速发展，处理器的性能得到了显著提升，并被广泛应用于各种设备之中。如微处理器（如 Intel 的 x86 系列、ARM 架构的处理器）、GPU（如 NVIDIA 的系列芯片）、现场可编程门阵列（field programmable gate array，FPGA），以及人工智能专用芯片［如张量处理单元（tensor processing unit，TPU）、NPU］等的出现，使得智能手机、无人机、机器人等设备具备了强大的信息处理能力，成为能够执行复杂计算任务、进行数据分析与决策的智能体。

为此，我们提出信息机器的概念，它是以处理器为核心，通过扩展信息输入、信息处理以及信息输出能力而形成的机器。包括传统的服务器、微机及传感器、控制器、智能手机、无人机、机器人等多种设备。这些设备不仅拥有强大的计算能力，部分还集成了丰富的感知元件和执行机构，能够更有效地满足

人类在信息采集、处理、决策和控制等方面的需求。

信息机器芯片架构可采用经典的冯·诺依曼架构，也可采用类脑芯片架构等新型计算模型，随着计算机科学的不断演进，其架构也将持续发展；传感器等可作为信息输入的重要组件，能够实时感知和监测物理世界中的各种参数，如温度、湿度、压力、光照等，并将这些参数转换为数字信号进行处理，通过传感器的应用，信息机器能够实现对物理世界的精确感知和监测，为后续的信息处理提供准确的数据支持；控制器也可以作为信息机器中的另一个重要组件，它负责根据处理后的信息作出相应的控制决策，并驱动执行机构实现预期的操作。通过控制器的应用，信息机器能够实现对物理世界的精确控制和操作，为各种智能化应用提供强大的支持。信息机器的特点如下：

（1）信息输入能力。信息机器具备从各种物理系统、业务系统中获取多样化信息的能力，这包括文本、图像、音频和视频等多种形式。为此，信息机器通常配备有高精度的传感器和先进的数据采集接口，确保所收集信息的准确性和完整性。传感器作为信息机器的触角，能够实时感知和监测物理世界中的各种参数和变化，如温度、湿度、压力、光照等。这些数据通过数据采集接口被传输到信息机器内部进行进一步的处理和分析。为了确保所收集信息的准确性和完整性，信息机器通常采用多种传感器进行数据融合和校验，以提高数据的可靠性和精度。

（2）信息处理能力。信息机器通过对输入的信息进行深入的分析、计算和推理，能够提取出有价值的知识，并支持决策制定和优化操作。其基础是强大的算法支持、高效的计算资源以及智能化的数据处理技术。信息机器通常采用先进的算法和模型对输入的数据进行处理和分析，以提取出有价值的信息和知识。例如，在智能制造领域，信息机器可以通过对生产数据的实时分析和优化，提高生产效率和产品质量。在医疗健康领域，信息机器可以通过对医疗数据的深度挖掘和分析，为医生提供更准确的诊断和治疗方案。

（3）信息输出能力。处理后的信息需要以用户或其他系统能够理解的形式进行反馈，促进人与物、物与物、人与人之间的有效信息交互。为此，信息机器配备了直观的显示界面、精准的控制系统，以及与其他设备进行无缝通信的接口。通过直观的显示界面和精准的控制系统，信息机器可以将处理后的信息以用户易于理解的形式进行展示和操作。同时，信息机器还具备与其他设备进行无缝通信的能力，以实现设备之间的互联互通和信息共享。

信息机器模型如图 4-3 所示。

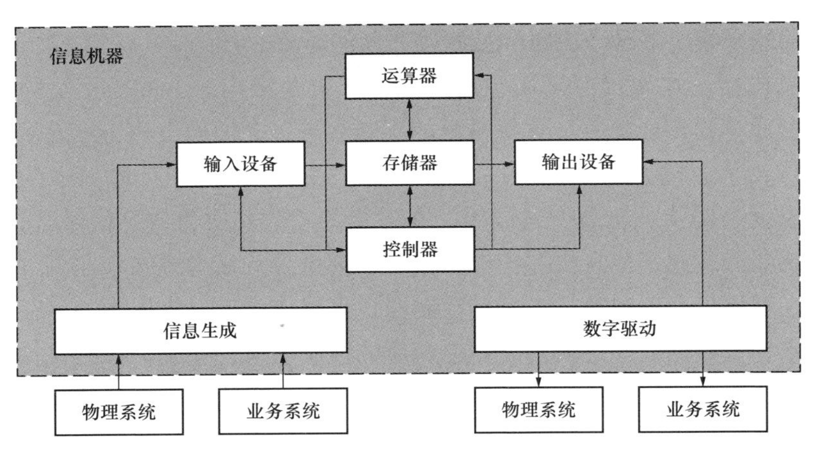

图 4-3　信息机器模型

4.3　信息大机器

4.3.1　信息大机器模型

在数字化、网络化、智能化的时代背景下，众多信息机器借助网络技术的深度融合，共同构筑了一个泛在连接、高效处理、智能互联、精准驱动的信息机器集群。

信息机器集群集群广泛包含了多样化的信息处理单元，这些单元通过采用前沿的网络通信技术，实现了彼此间的无缝连接，形成一个具备多模态信息输入能力、强大复杂任务处理能力以及泛在信息驱动能力的综合信息网络系统。

在本书中，我们将这一信息网络体系称为信息大机器，如图 4–4 所示。

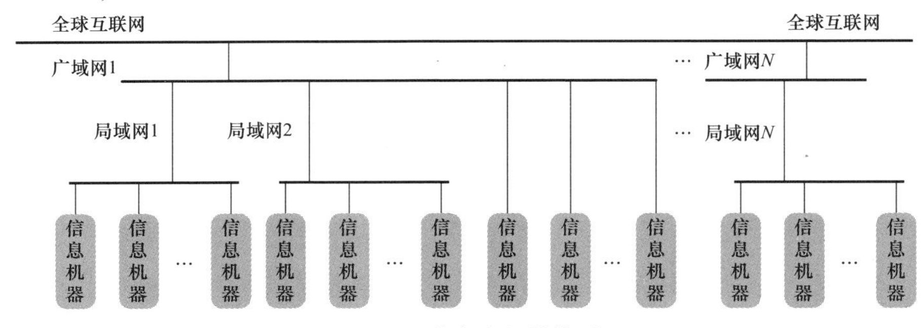

图 4-4　信息大机器模型

信息大机器的演进是一个复杂而多维的过程，它高度依赖于信息机器的广泛应用与网络技术的不断发展。

（1）信息机器的广泛应用。信息机器作为构建信息大机器的基础单元，其技术发展对于整个信息大机器的演进具有至关重要的作用。处理器芯片、传感器、机器人基础等关键技术的不断突破，为信息机器的构建打下了坚实的基础。通过广泛部署各类传感器和智能设备，可实现对物理世界实时、多元数据的采集。这些数据涵盖了环境参数、设备状态以及人类活动等多个方面，极大地增强了人们对客观世界的感知能力。例如，在城市交通监控中，通过部署大量的传感器和智能设备，可以实时获取交通流量、车辆速度等信息，为交通管理和优化提供数据支持。在工业生产过程中，传感器和智能设备的广泛应用使得生产线的实时监控和控制成为可能，大大提高了生产效率和质量。

采集的数据经过信息处理，可以以直观、可操作的形式反馈给用户。这使得活动主体能够根据这些数据进行智能互动，包括人与机器之间的互动以及机器与机器之间的互动，实现自动化控制、远程操作以及个性化服务等多种功能。例如，在智能家居系统中，通过采集和分析家庭环境数据，系统可以自动调节室内温度、照明等，提供个性化的居住体验。

信息机器的广泛应用不仅限于城市交通和工业生产，还拓展到了家庭、自然环境等多个领域。在家庭中，智能设备的部署可以实现对家庭环境的实时监控和控制，提高居住舒适度和安全性。在自然环境中，传感器和智能设备的部署可以用于环境监测和预测，为环境保护和管理提供有力支持。

（2）网络技术发展。网络技术是构建信息大机器的另一个关键要素。高效的互联互通能力使得信息大机器能够实现实时、大规模的数据传输与处理，为即时决策、远程协作及全球供应链管理等提供了强有力的支撑。

信息大机器依托于高速互联网、5G 通信等先进技术而构建，这些技术使得数据传输速度更快、延迟更低，从而提高了数据交换的效率。例如，在远程医疗场景中，医生可以通过高速互联网和 5G 通信技术实时获取患者的医疗图像和数据，进行远程诊断和治疗。

信息大机器的互联互通能力不仅局限于局部区域，还实现了全球化的信息交互。这使得企业、政府及个人能够在全球范围内迅速响应内外部环境的动态变化。例如，在全球供应链管理中，通过信息大机器的互联互通，企业可以实时跟踪货物的运输状态、库存情况等信息，实现供应链的优化和协同。

在构建信息大机器的过程中，安全性作为核心要素，其重要性无可置疑。

随着数据量的急剧增长和网络安全威胁的不断演化，保障数据安全及防范各类网络攻击已成为亟待解决的重大挑战。为了保障信息大机器的安全性，需要全面部署多层次的安全防护措施，包括高级加密协议、坚固的防火墙系统、先进的入侵检测技术及多因素认证机制等，它们紧密协作，贯穿于信息传输、存储、处理等各个环节，为信息安全提供了坚实的保障。例如，在金融交易场景中，通过采用高级加密协议和多因素认证机制，可以确保交易数据的安全性和用户身份的真实性。除了技术措施外，完善隐私保护相关法律法规并在技术层面确保这些法规得到有效执行也是保障信息大机器安全、稳定运行的关键所在，需要政府、企业和社会各界的共同努力，构建一道坚不可摧的安全屏障以有效应对日益复杂多变的信息安全威胁。例如，在个人数据保护方面，政府可以制定严格的隐私保护法规并要求企业遵守这些法规，同时企业也需要加强内部管理和技术防护以确保用户数据的安全。

4.3.2 信息大机器特征

信息大机器作为信息技术发展的高级形态，具备多模态输入能力、多任务处理能力和泛在驱动能力。这三个能力使得信息大机器能够在复杂多变的环境中实现高效、智能的运作。

1. 多模态信息输入能力

多模态输入能力是指信息大机器能够同时接收并处理来自不同渠道、不同形式的信息输入，这些输入信息包括文本、图像、音频、视频等多种模态的数据，使得信息大机器可以更加全面、准确地感知和理解外部环境的变化和需求，从而做出更加智能、精准的响应。例如，在智能客服场景中，信息大机器可以通过接收用户的语音、文本等多种形式的输入来准确理解用户的需求并提供相应的服务。

信息大机器的信息输入具有多种层次。在全球层面，该机器能够实时捕捉并整合国际新闻、金融动态、气候变化以及疫情趋势等关键信息，展现出对全球各类信息的深度洞察与理解；在局部层面，它则能够深入企业、学校、医院等组织机构内部，精准采集员工工作效率、学生学习进展、病人健康状况等具体数据，为各类组织的精细化管理提供了科学、准确的数据支持。信息输入能力如图 4–5 所示。

同时，信息大机器的信息输入功能具有全方位的特性。它不仅能够捕捉物理世界的实时动态，涵盖建筑物、交通工具、生产设备等物理系统的运行状

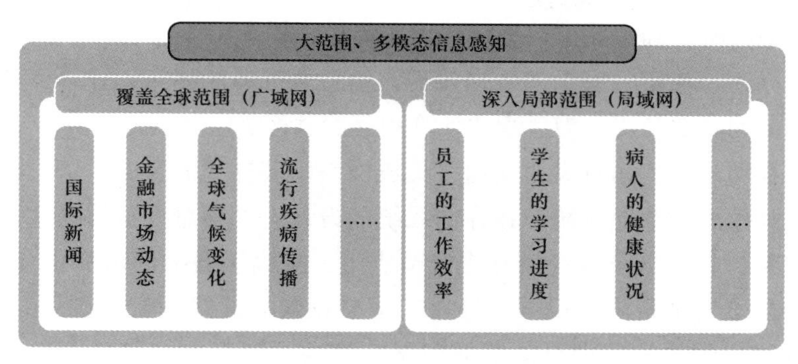

图 4-5　信息输入能力

态；且能深入洞察社会系统，收集和分析人们的消费习惯、社交互动、情感倾向等社会层面的信息。这种对人类社会运行状态和需求的深刻洞察，使得信息大机器能够精准满足社会各领域的服务需求，实现数据的高效利用和价值最大化。

信息大机器的信息输入极大地丰富了社会信息库的容量。通过数据的收集、整合和价值挖掘，为政府决策、企业运营和个人生活提供了强有力的数据支持和智能化服务。助力政府在城市建设、发展规划、交通管理等领域作出更为精准的决策，协助企业依据消费者数据灵活调整市场策略，优化资源配置，同时也使个人实现健康数据的实时监测，促进健康管理的智能化。

2. 多任务处理能力

多任务处理能力是指信息大机器能够同时处理多个任务或请求，并根据任务的优先级和紧急程度进行智能调度和执行，使得信息大机器能够在复杂多变的环境中高效地完成各项任务，提高整体运作效率。例如，在智能制造场景中，信息大机器可以同时处理来自不同生产线的多个任务请求，并根据任务的紧急程度和优先级进行智能调度和执行，从而实现生产过程的优化和协同。

（1）传输能力。信息大机器的传输能力促进信息大机器能够高效地配置广域与局域的计算资源，实现数据的快速流通与交互。通过先进的网络技术和优化算法，信息大机器能够在不同的计算节点之间建立高速、稳定的数据传输通道，确保数据在传输过程中的低延迟和高可靠性。

信息大机器的传输能力得益于网络架构和智能化的传输协议。网络架构方面，可采用多层次、多路径的网络布局，确保了数据传输的灵活性和冗余性，即使在网络部分节点出现故障的情况下，也能够迅速切换至其他路径，保证数据传输的连续性；同时，智能化的传输协议能够根据数据的类型和优先级，动态调整传输策略，确保关键数据能够优先传输，提高整体传输效率。

通过高速、稳定、安全的数据传输，信息大机器能够实现计算资源的快速调配和数据的高效利用，为后续的计算和存储过程奠定坚实的基础。

（2）存储能力。信息大机器通过集成网络中多样化的存储设备，构建出一个庞大且高效能的存储系统。在存储系统的设计上，信息大机器通常采用分布式存储架构，将数据分散存储在多个节点上，提高了数据的可靠性和可用性，即使部分节点发生故障，也能够通过其他节点恢复数据，确保数据的完整性；同时，智能化的数据管理算法能够根据数据的访问频率和重要性进行动态调整，将热数据缓存在高速存储设备上，提高数据访问速度，而将冷数据迁移至低成本存储设备，降低存储成本。信息大机器的存储能力为其提供了稳定可靠的数据支撑，是后续复杂任务处理和数据分析的基础，通过智能化的数据管理和优化算法，信息大机器能够实现数据的高效存储和访问，提高整体系统的性能和可用性。

（3）计算能力。通过科学的网络布局和智能化的调度机制，信息大机器能够高效地调配海量的计算节点，构建成一个协同性极强的计算集群。在此集群内，每个节点均具备独立的计算能力，而信息大机器则能够将这些节点的计算能力有机地融为一体，形成一个统一且强大的计算平台，平台展现出了高度的灵活性和可扩展性，能够根据实际任务的需求动态地分配计算资源，无论是进行大规模的数据处理还是复杂的科学计算，信息大机器都能够提供充足的计算支持，确保任务的顺利完成。同时，智能化的调度算法还能够根据任务的优先级和计算节点的负载情况，进行动态的资源调配和负载均衡，提高整体系统的计算效率。

在云计算和大数据技术的有力支持下，信息大机器的计算能力得到了显著提升。云计算技术确保了资源的即时扩展与高效利用，使得信息大机器能够根据实际需求快速增加或减少计算节点，提高资源的利用率。而大数据技术则强化了数据处理与分析能力，使得信息大机器能够迅速处理海量信息，提取有价值的数据，为决策与业务优化提供有力支持。

3. 泛在信息驱动能力

泛在驱动能力是指信息大机器能够通过各种形式的输出和交互方式，实现对外部环境的广泛影响和驱动，使得信息大机器能够在不同领域、不同场景中发挥重要作用，推动社会的智能化发展。例如，在智慧城市场景中，信息大机器可以通过控制交通信号灯、调节公共设施等方式实现对城市环境的广泛影响

和驱动，提高城市管理的效率和智能化水平。

信息大机器作为人 – 物 – 信息交互体系中的核心驱动力，承载着连接人与物、推动物理系统与社会系统发展的重任。它深度融入社会生活各个领域，构建起一个全面互动的网络，有效促进社会与物理世界的协同发展。通过确保信息在各方面畅通无阻，实现信息的高效利用，为社会的智能化发展奠定了坚实的基础。泛在信息驱动如图 4–6 所示。

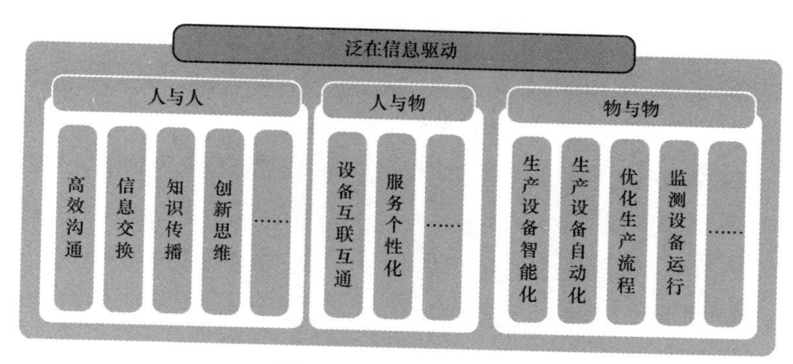

图 4–6　泛在信息驱动

在人与人之间的交互中，信息大机器凭借先进的信息处理技术，极大地提升了沟通效率与信息交换的流畅性。其广泛应用涵盖社交、新闻、专业知识及实用技能等多个领域，有效促进了即时互动和知识共享，激发了创新思维，为社会发展和进步提供了强大动力。

在人与物的交互层面，信息大机器同样展现出不可或缺的价值。借助物联网技术，信息大机器实现了智能设备的互联互通，人们能够远程管理家庭与办公环境中的各种设施，极大地提升了生活的便捷性和舒适度。同时，通过对设备运行数据的搜集与分析，信息大机器能够提供个性化的服务，如定制化建议、健康监测等，进一步提升了用户体验，推动了服务的智能化升级。

在物与物的信息协同与自动化控制方面，信息大机器展现了显著优势。在工业生产中，信息大机器实现了生产设备的智能化与自动化控制，显著提升了生产效率和产品质量。通过精准的数据分析，信息大机器优化了生产流程，实现了资源的高效利用，降低了生产成本，减少了资源浪费。同时，信息大机器能够实时监测设备状态，及时发现并处理潜在问题，保障了生产过程的顺利进行，进一步提升了工业生产的稳定性和可靠性。

综上，信息大机器实质上是一个以网络互联为基础，规模庞大、结构复杂、功能完善的信息网络生态系统，其持续演进高度依赖于信息机器与网络技术的发展。传感器与智能设备的广泛部署、数据采集与处理的增强以及多领域应用的拓展为构建信息大机器打下了坚实的基础。多模态输入能力、多任务处理能力和泛在驱动能力等核心能力使得信息大机器能够在复杂多变的环境中实现高效、智能的运作，推动社会的数字化、智能化发展。

第 5 章　数字电网基础理论

>>>

5.1　电网数字化发展历程

随着技术架构的持续演进，数字电网的演变历程呈现出清晰的阶段性特征。

5.1.1　电网数字化萌芽阶段

电网数字化的初始发展阶段始于 20 世纪 60 年代，此时技术进步主要集中在数字逻辑电路的应用上。电网系统的继电保护功能通过数字逻辑得以初步实现，这标志着物理系统自动化建设的开端。在这一阶段，信息机器的核心组成是继电保护与简单的自动装置，它们共同构成了物理系统自动化的初步框架。

在业务系统层面，设备信息的处理目前主要依托于台账、定值单、运行记录等的手工录入与传递，而业务信息的处理也多采取纸质文件的人工流转方式。这种操作模式存在明显弊端，包括效率低下，难以进行实时修改与更新；纸质文件难以长期保存且易受损；沟通成本高昂，且易于产生误解和偏差；对设备运行状态的掌握不够精确、不够及时，以及信息传递的不对称性等问题。

在 20 世纪 70 年代，单体软件在电力系统中的应用逐渐普及。具体而言，绘图软件的引入显著提高了电网绘图业务的效率和精确度，同时，其易于修改和便于存储的特性为业务操作带来了极大的便利。此外，信息机器计算能力的显著增强，亦促使电网计算业务从传统的计算尺、晶体管计算机过渡到微机、小型机等现代计算设备，实现了计算效率的质的飞跃。

然而，在这一阶段，信息系统与物理系统、业务系统之间的互动尚显薄弱，离线系统与运行系统之间的技术边界保持较高的独立性。因此，电力系统主要呈现出物理系统属性。

5.1.2 电网数字化发展融合阶段

融合发展的阶段是信息机器与物理系统不断融合的过程，这一融合有力推动了电网从单一的物理系统向信息物理系统的演进。基于物理世界的数字感知，通过信息空间虚拟网络和电网物理空间实体网络的相互协调，促进了物理电网在可靠性、安全性、灵活性、自治性和经济性上的显著提升。

此阶段，正值信息机器技术从单机应用向计算机网络应用转型的关键时期。电力企业的计算机应用也从离线系统逐渐过渡到在线系统，极大地提升了电网的自动化水平和生产运营效率。数字电网已呈现为信息物理系统的全新形态，信息空间与物理世界、人类社会的互动日益频繁，形成了以下显著特点。

1. 设备自动化水平显著提高

通过数字化升级改造，部分设备的工作性能得到了明显提升。例如，电网继电保护装置的核心元器件经过多次迭代更新，从电磁式、晶体管、集成电路到微机保护，逐步实现了高可靠、高性能、高集成的目标。同时，信息机器中的信息系统也由离线系统逐步发展为在线系统，如 20 世纪 70 年代的调度自动化，最初通过电话通信等方式传递系统状态，随着互联网等数字技术的发展，现已实现调控一体化。

2. 管理信息化水平持续提升

从单体架构软件应用发展到信息集成应用，全面覆盖了企业日常经营管理的核心业务。这一转变实现了从分散建设到集中建设、从局部应用到企业级应用的跨越，有效提升了企业的规范化管理水平，并积累了丰富的数据资源。根据信息机器技术的发展水平及其在电网中的应用深度，我们可以将数字电网分为局域网信息机器应用及互联网信息机器应用两个阶段。

（1）局域网阶段。20 世纪 90 年代中期，为满足电网内部区域性信息流下的各类业务需求，采用了局域网组网技术构建企业内部信息机器的通信网络平台。然而，此阶段的信息机器应用系统建设多呈现“独立建设、定制开发、功能单一”等特点，信息冗余与信息不完整现象并存，难以满足电网安全稳定运行的需求。以电网二次系统为例，由于缺乏全网性、跨部门、跨专业等协同作业要求的信息机器技术架构和标准支撑，信息机器的应用建设较为分散，信息孤岛现象突出，各专业信息机器之间的协调控制困难，厂站间缺乏配合，导致电网运行效率较低，运行维护工作量巨大。

（2）广域网阶段。在此阶段，信息机器遵循国际标准构建，拥有统一的网络体系结构。信息机器软件架构从单机计算环境向网络计算环境拓展，系统应用集成、面向服务架构等技术得到迅猛发展，极大地推动了电力系统信息机器的信息集成发展。

5.1.3　电网全面数字化阶段

在数字电网的演进历程中，伴随着社会传感器技术的不断进步，社会传感器网络已成功构建社会系统与信息系统的高效互联通道。这一过程中，“社会 + 物理系统”得以精准映射至信息机器的数字系统中，从而实现了信息空间、物理世界以及人类社会之间更为全面且即时的互动。当前，数字电网的发展已全面进入数字化新阶段。互联信息机器技术与“云大物移智”等新一代数字技术正蓬勃发展并深度融合，标志着信息社会已迈入“信息大机器”的时代。

关于电网全面数字化的分析，可以从四个维度进行阐述。在广度上，信息大机器的应用已覆盖电网的发电、输电、变电、配电、用电全环节，并贯穿规划、建设、运行、营销等全业务过程，同时延伸至能源产业价值链与能源生态系统；在深度上，信息大机器与业务的深度融合持续促进电网企业数据价值的释放，有力推动了技术革新和业务变革；在速度上，信息大机器极大地提升了电网企业对内外部环境的全面洞察和快速反应能力，使得对海量信息的接入、传输、存储和处理速度得以不断提升；在跨度上，信息大机器有效推动了电力行业与其他行业的广泛联系和跨界协作，支持了内外部服务的撮合，催生了平台经济，进而促进了社会治理能力的提升，并有力支撑了数字经济和数字中国的建设。

5.2　数字电网理论模型

电网作为当今世界上规模最大的社会物理信息系统之一，是经济社会发展的重要基础。电网生产经营活动是社会活动在电网领域的投射，其活动过程与特征符合社会活动扩展 π 模型，可应用电网扩展 π 模型对其基本构成及发展过程进行分析。电网扩展 π 模型如图 5–1 所示。

电网的物理系统，作为电能传输与配送的基础，由电网设备及设备间的连接构成，涵盖了发电、输电、变电、配电、用电等多个关键环节。而电网业务系统则是由支撑物理系统运营的各类业务所组成，如电网规划、设计、建设、调度、运行、营销、人财物管理等，它们共同构成了电网运营的完整链条。在经济社会层面，这些业务系统不仅服务于电网企业，还广泛联系和协作于政府、能源价值链上下游及整个能源生态系统。

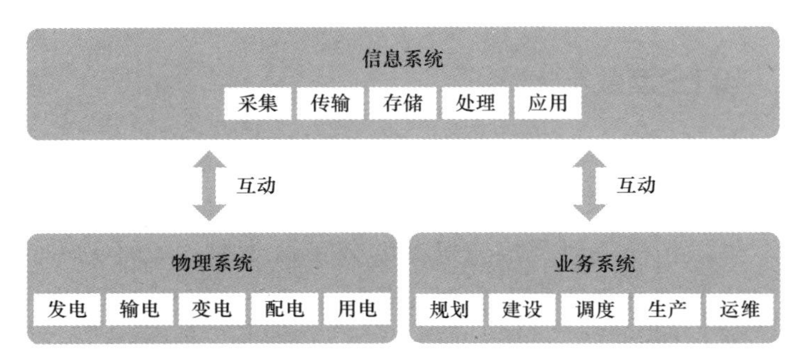

图 5-1 电网扩展 π 模型

电网信息系统则是在物理系统与业务系统的运行与发展中应运而生，它连接了物理与业务两大系统，实现了对信息的采集、传输、存储和计算，从而在数字空间中实现了电网全环节及生产经营全过程的孪生映射。随着数字技术的广泛应用，信息系统已逐渐发展成为具备大规模算力的信息大机器，在电网系统的发展中发挥着日益重要的作用。

相较于传统电网，数字电网的本质特征在于其大机器化的信息处理能力。它实现了信息系统、物理系统与业务系统的有机融合，数字技术的规模化应用极大地提升了电网的信息处理水平。这一变革使得物理系统与业务系统之间的联系更为紧密，形成了更为有机的整体，电网整体的功能和效率也因此达到了新的高度，实现了由量变到质变的飞跃，展现出显著的数字化特征。

综上所述，数字电网在物理系统、业务系统全面数字化的基础上，充分发挥了信息大机器的作用，有力支撑了电网的安全、可靠、绿色、高效运行。它不仅推动了电网企业生产经营管理效率与质量的提升，也成为能源互联网、工业互联网的关键纽带，促进了电网技术革新、企业转型升级和能源产业变革。数字电网的发展，优化了全社会的能源配置，促进了能源的可持续发展，为国家治理体系和治理能力现代化建设提供了有力支持，成为数字经济和数字中国建设不可或缺的重要组成部分。

5.3 数字电网主要特征

数字电网是电网发展的新阶段，对比传统单体软件应用阶段的电网，数字电网主要特征如图 5–2 所示。

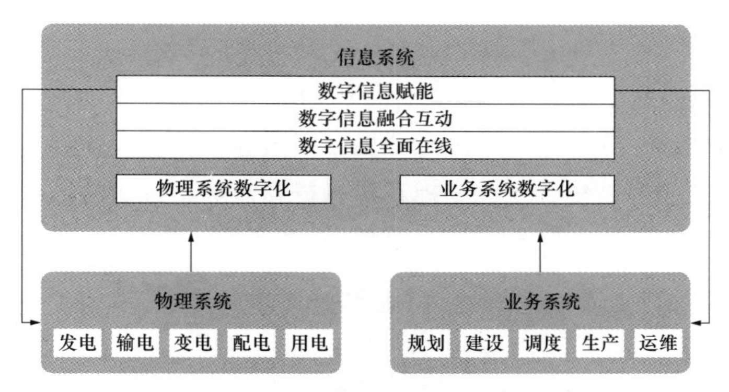

图 5–2 数字电网主要特征

（1）物理系统信息全面数字化。物理系统包括发电、输电、变电、配电、用电等环节，物理系统信息的数字化是应用传感器等装置，通过物联网实现对物理系统各环节设备数字信息的全面采集。

（2）业务系统信息全面数字化。业务系统包括电网规划、工程建设、调度交易、电网运维、安全生产、市场营销等业务信息，业务信息逐步延伸至电网企业与政府、能源价值链上下游等相关方产生的跨界业务联系和协作。业务系统数字化是对电网业务活动产生的数字信息进行全面采集。

（3）数字信息全面在线。在物理系统及业务系统信息数字化的基础上，以信息系统实现信息全面实时动态处理，促进物理系统和业务系统建立更紧密的联系，支撑物理系统、业务系统数字化信息的交互融合。电力数据全面反映了电网物理系统的形态与运行特征，提升电网企业生产经营活动全过程的可测、可观及可控水平，促进电网业务创新，繁荣电力数字经济与生态。

（4）数字信息赋能。以先进数字技术提升信息分析处理效率与质量以及信息交换与共享能力。一方面，促进物理系统优化重构，赋能电网安全、可靠、绿色、高效运行；另一方面，促进业务系统创新重塑，赋能企业业务流程再造和组织架构优化，科学提升电网企业生产、经营、管理的效率与质量。通过数字信息赋能，物理系统、业务系统更为强大，涵盖物理系统、业务系统、信息系统三部分的电网整体功能更为完备，电网效率和质量大幅提升。

5.4　数字电网技术体系

5.4.1　系统构成

数字电网体系架构同构于信息处理模型的 π 模型体系架构，是一个三维立方体体系架构。立方体三个维度分别是：由设备构成的物理系统、围绕物理系统运作的业务系统、支撑物理系统运行和业务系统运转的信息系统，其中信息系统通过信息交互连接物理系统与业务系统。数字电网的构成如图 5-3 所示。

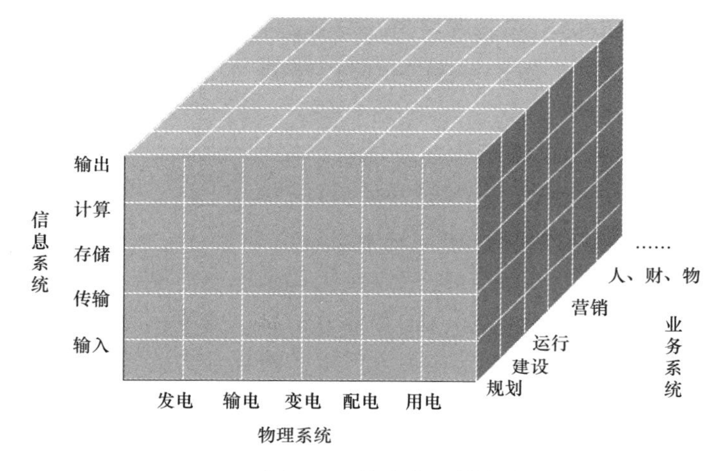

图 5-3　数字电网的构成

物理系统由发电、输电、变电、配电、用电环节构成，业务系统由电网规划、建设、运行、营销、人、财、物等业务构成；信息系统则包括输入、处理、输出三大组成部分。随着物理系统和业务系统的大量信息数字化，数字信息实现全面在线并融合互动，进而赋能物理系统和业务系统优化、重构，促进电网运行和业务运行的效能提升，以数据驱动创造价值，连接能源产业上下游构建能源生态系统，成为数字经济与数字中国建设的重要组成部分。

5.4.2　信息分类

在业务系统、物理系统、信息系统这一综合模型中，电力企业作为核心活动主体，已不再单纯依赖人力来管理复杂的物理系统，而是借助先进的信息系统实现更高效、更精准的管理效能。

依据来源与本质特征，信息主要被划分为物理系统信息和业务系统信息两大类别，以深化信息系统在不同领域作用机制的理解与分析。

1. 物理系统信息

物理信息源自物理世界中形形色色的信号，这些信号可能是物理世界本身的固有属性，亦可能是在物理过程中产生的。它们通过专门设计的接收装置进行探测和解析。具体来说，物理信息指的是直接由物理现象或过程产生的信号，既包括自然界中自然存在的，例如地震波、声波、光波等，也包括人类制造的，如无线电波、激光信号等。这些信号具有其独特的物理特性和传播规律，构成了理解自然现象、进行科学研究和技术开发的关键基础。

物理系统信息具备四大显著特征：

客观性：物理信号承载自然状态、环境状态和数据编码等信息，真实反映物理系统的状态，较少受到人为因素的干扰。

规律性：物理世界的信息通常遵循物理规律，如电磁场理论等基本物理法则，要求研究者具备深厚的物理学基础，以深入理解其物理机制。

可检测性：可通过专业设备如光学与无线电望远镜等进行检测，为科研、生产等活动提供丰富的数据支持，显示出高度的可测性。

可传播性：物理系统的信息能够广泛扩散并远距离传播，如无线电波的全球通信，突显了其突出的远程传播能力。

物理系统信息可从多维度进行分类。按物理系统层次，可分为元部件信息、设备信息、系统信息、环境信息等；按设备生命周期，可分为制造信息、安装信息、运行信息、退役信息等；按信息种类划分，又可分为文字、数字、图像、声纹、视频等。

2. 业务系统信息

业务信息则主要产生于企业的生产经营活动过程中，与企业的日常运营、管理决策及客户服务等多个方面紧密相关，具体涵盖“人、财、物”三大核心要素：

（1）人：涉及企业内部的人力资源管理，包括员工基本信息、组织结构、员工绩效评估、培训与发展记录、薪酬福利管理、员工满意度调查等。

（2）财：财务管理是企业运营的核心，涉及的业务信息包括财务报表、预算管理、成本控制、财务比率分析、投资决策、税务规划、风险管理及内部控制措施等。

（3）物：物泛指企业运营所需的物资和资产，包括原材料、成品、固定资产、库存管理、供应链信息等。有效管理物的信息，对于提高供应链效率、减少库存成本、优化生产流程、确保资源的有效利用具有重要意义。

3. 信息分类处理

信息系统由输入、处理、输出三个核心环节构成。在输入环节，信息来源于物理系统和业务系统，这些信息需通过精密的数字化设备进行转换，确保能符合信息系统的识别与处理要求；进入处理环节后，对于不同类型的数据，信息系统采用不同的存储方式，并运用计算与分析工具对数据进行处理，释放数据价值；在输出环节，信息系统根据物理系统和业务系统的实际需求，输出数字信息，满足监控、调节、自动控制等多样化的要求。

5.4.3　数字信息生成

在信息分类基础上，信息系统为物理系统与业务系统的数字信息生成提供了技术手段。在数字电网中，物理系统生成的数字信息全面覆盖发电、输电、变电、配电、用电等各个环节，并依据实际运行需求，在设备元部件、设备、系统、环境等多个层面部署传感装置，从而实现了物理系统在数字世界的全面、细致展现；对于业务系统而言，数字信息的生成需贯穿规划、建设、运行、营销等整个业务流程，深入植入企业总体业务架构、业务、业务单元等多个业务层级，并进一步延伸至企业上下游乃至业务的生态系统，确保了业务全范围、全过程、多层级的数字化实现。

5.4.4　数字化建模

在现实世界中，针对某些复杂研究对象，由于时间、空间等实际条件的限制，直接对原型进行研究变得不切实际。因此，我们采用模型替代原型的方法进行研究。建模是一种科学方法，旨在将现实物理系统中的对象简化为与之相似的替代物，以便进行深入分析。通常，我们将现实的物理系统对象称为“原型”，而其相似的替代物则被称为“模型”。建模方法基于模型与原型在结构、功能、样式、数量关系等方面的相似性，依据相似原理，确保原型能够准确地表达为模型。完成模型的抽象化处理后，我们将根据参数规模、种类及动态特性，选择恰当的模型表达方式。

对于物理系统，数字化建模是将物理系统的各类物理对象，如设备元部件、设备、系统和环境，转化为计算机可识别的数字模型的过程。这些虚拟模型能够表征物理系统中实体对象的状态，模拟其在现实环境中的行为，并预测物理对象的未来发展趋势。在处理数据量较小但特征性较强的信息数据时，通常可以采用特定的机理模型进行参数转换和模型表达，以模拟特定器件或系统在不同条件下的参数性质变化。对于关联性较强的数据，则选择数据拟合等方法进行耦合表达，在面对海量数据或规律不明显的物理系统数据时，可选择机器学习等基于人工智能的建模方法。

对于业务系统，建模对象可以涵盖企业、业务、业务单元等多个层面。数字化建模的过程旨在将业务对象及其对应规则进行数字化表示，明确业务活动主体"人"与业务活动对象"业务"的处理流程及规则，从而优化和改进业务流程，提高业务效率和质量。基于业务系统信息的分类与数字化进一步构建业务系统信息处理的模型，以驱动各类业务场景的实现。在业务建模过程中，通常包含策划（strategy）、管理（manage）、运转（operate）和提高（improve）四个阶段。

5.4.5 数字驱动

在模型构建完成后，需将模型逻辑转化为计算机代码，进而对物理系统和业务系统模型实施驱动，确保模型能够顺利实现输入参数、转换处理及输出结果的全过程。

对于物理系统的驱动，主要是指将模型驱动指令直接发送至物理系统，以实现对其的精准控制或有效调节，将处理后的数据输出至业务系统，以支持业务人员对物理系统进行实时监控、精准操作及科学决策；针对业务系统，主要是通过将模型结果传送至计算机屏幕、移动终端、大屏幕等终端，使业务人员能够依据这些模型驱动信息进行相应的操作。在此过程中，信息系统为物理系统和业务系统模型提供算力及算法支持，以确保数据的输入、处理及输出的高效性与准确性。

第二篇

技术篇：数字电网关键技术

数字电网由物理系统、业务系统及信息系统组成，其中，物理系统由电网设备构成，以发电、输电、变电、配电、用电为主线，包含一次设备和二次设备；业务系统主要涵盖电力企业的生产经营活动全过程，可分为电网规划、工程建设、调度交易、电网运维、安全生产、市场营销、人财物管理等；信息系统是联系电网物理系统与电网业务系统的纽带，用于支撑电网物理系统的运行和电网业务系统的运转，包括信息输入、处理、输出等全过程。本篇基于数字电网理论体系，深入分析数字电网技术的构成，介绍了数字电网关键技术，构建了较完整的数字电网技术体系。

第 6 章　物理系统数字化技术

>>>

在数字电网的架构中，物理系统是由多样化的设备及其相互关联所构成的。在物理系统数字化的进程中，需充分考量各类设备的特定属性。本章内容以物理系统信息的逻辑分类为核心基础，并结合各类信息固有的特性，通过应用日臻成熟且具备先进性的数字化技术，实现对物理系统信息的精确感知、模型构建以及驱动控制，从而构建出物理系统数字化的关键技术体系。

6.1　物理系统数字化现状分析

近年来，电力系统通过集成云计算、大数据、物联网、人工智能等先进技术，实现了从数据采集、处理到决策支持的数字化转型，不仅显著提高了电网的安全性和稳定性，还极大地优化了资源配置，提升了物理系统运行效率。

电网各环节数字化技术应用存在一些共性特征。

（1）电网全环节都依赖于高精度数据采集和实时监控系统来确保电网的安全稳定运行。通过部署大量传感器和智能设备，实现对电网运行状态的全面感知和实时监控。

（2）电网各环节均注重数据的整合与共享。通过构建统一的数据平台和信息模型，实现不同系统之间的数据交换和共享，打破信息孤岛，提高数据利用效率，利用大数据分析技术挖掘数据价值，为电网优化运行提供决策支持。

（3）人工智能技术在各环节中均得到应用。通过引入机器学习、深度学习等先进算法，实现对电网运行状态的智能预测和故障诊断，提高电网的智能化水平和自适应能力。同时，人工智能技术还能够帮助电网更好地应对突发事件和极端天气条件，确保电网的安全稳定运行。

与此同时，电网各环节数字化又各有侧重，体现了各环节的技术特点和运行要求。

（1）发电环节：不同发电类型在数字化技术应用上各有特点。例如，在火力发电中，数字化技术被用于优化燃烧过程、提高锅炉效率和汽轮机功率；在水力发电中，则注重大坝安全监测、水轮机优化设计和水能高效利用；在核能发电中，数字化技术应用关注反应堆安全控制、辐射防护和废物处理等方面；风电和光伏发电则主要关注风电场和光伏电站的智能化运维、能量预测和并网优化等方面。

（2）输电环节：数字化技术应用主要侧重于提升输电系统安全稳定运行能力。在架空输电线路方面，通过数字技术在线路设计、选型优化、运行与维护等环节的大量应用，提升线路安全稳定运行能力；数字化技术还应用于电缆制造、结构设计、施工安装和防火防水等领域，提升电缆性能和安全性。此外，数字技术在灵活交流输电系统（flexible AC transmission system，FACTS）和高压直流（high voltage directcurrent，HVDC）输电中得到广泛应用，提高了输电能力和系统灵活性。

（3）变电环节：数字化技术应用主要关注变电站安全性和经济性提升。如数字化变电站通过集成智能设备，实现信息共享和互操作，提高了变电站自动化水平和运维效率。同时，数字化技术还促进了变电站与电网其他环节的协同优化，提高了整个电网的运行效能。

（4）配电环节：数字化技术应用侧重于优化配电网络结构和提升配电系统性能。通过配电网络规划技术、配电设备选型和配置技术以及分布式电源接入技术等手段，优化配电网络结构和运行方式，提高配电系统可靠性和经济性。同时，数字化技术在配网自愈和微电网等方面的应用提高了配电系统的灵活性和适应性，更好地满足了用户需求。

（5）用电环节：数字化技术应用主要关注提升电能利用效率和优化用电方式。通过需求侧管理技术、电能质量监测与治理技术以及分布式能源接入技术等手段优化用电行为，提高电能利用效率，保障用电设备正常运行和提升用户用电体验。智能电表和智能家居系统等智能用电设备的应用使得用电更加智能化和便捷化，提高了用户满意度。

综上所述，电力企业通过集成先进的数字技术，实现电网各环节的全面数字化转型，显著提高了电网的安全性、稳定性和经济性；同时，电网各环节在数字化应用中各有侧重，在推动电网数字化转型过程中需要充分考虑各环节特点和需求，制定科学合理的实施方案，以确保数字化转型取得成效。

6.2 物理系统构成

物理系统由一次系统和二次系统构成。一次系统由直接生产、输送和分配电能的一系列设备组成，包括发电机、输电线路、变压器、断路器等设备。首先，发电机将各种形式的能量转换为电能，经过输变电设备传输到配电系统，再由配电系统将电能分配到用户端；二次系统由继电保护、安全自动控制、系统通信、调度自动化等系统组成，其功能是实现对一次系统的监视、控制，支撑一次系统安全经济运行，二次系统中的设备称为二次设备，是对一次设备进行控制、调节、保护和监测的设备，包括控制器具、继电保护和自动装置、测量仪表、信号器具等。物理系统的构成如图 6–1 所示。

6.2.1 发电环节

发电是电能产生的环节，发电设备负责将其他能源转换为电能。电能生产的主要方式有火力、水力、核能、风能、太阳能和燃料电池等。随着“双碳”目标的提出以及新型电力系统建设的推进，清洁能源发电装机容量和发电量占比正逐步攀升。

1. 火力发电

（1）基本原理。火力发电利用化石燃料（主要是煤、石油和天然气）进行燃烧，产生高温高压蒸汽推动汽轮机转动，进而带动发电机发电。火力发电系统主要由燃烧系统、汽水系统、电气系统、控制系统等组成。火力发电具体过程包括化学能转换为热能、热能转化为机械能、机械能转化为电能等几个阶段。火力发电原理如图 6–2 所示。

1）化学能转化为热能：利用煤、石油或天然气等化石燃料在锅炉（也称为燃烧室）中进行燃烧，将燃料的化学能释放出来，形成高温高压的烟气，加热锅炉内的水，使其变成蒸汽。

2）热能转化为机械能：高温高压的蒸汽从锅炉引出后，驱动汽轮机工作。在汽轮机中，蒸汽通过喷嘴膨胀做功，推动汽轮机转子旋转，从而将蒸汽的热能转化成汽轮机的机械能。

3）机械能转化为电能：与汽轮机相连的是发电机，汽轮机的转子同时也是发电机的转子。当汽轮机高速旋转时，带动发电机转子转动，根据电磁感应定律（法拉第定律），转子切割定子绕组的磁感线产生电流，实现了机械能到

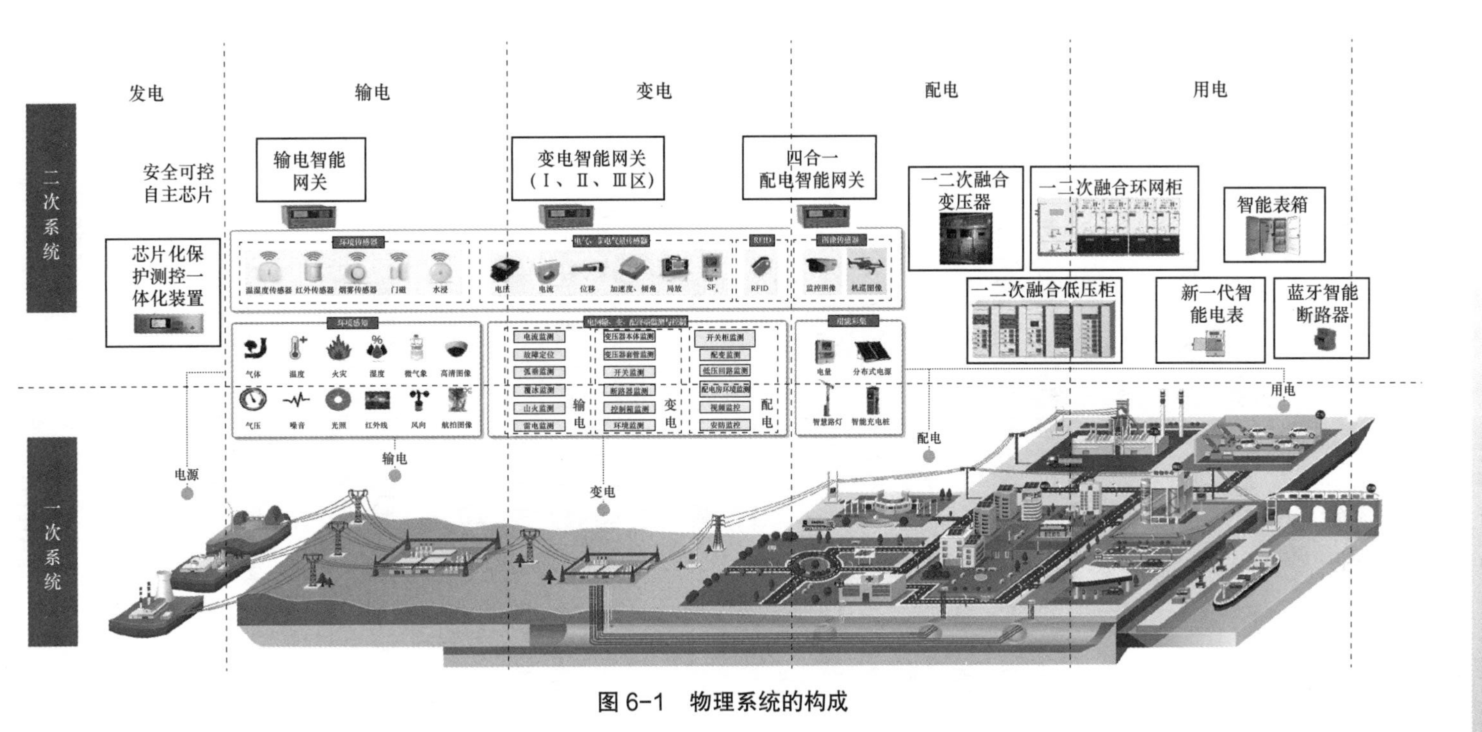
发电
输电
变电
配电
用电
二次系统
一次系统
安全可控自主芯片
芯片化保护测控一体化装置
输电智能网关
变电智能网关（Ⅰ、Ⅱ、Ⅲ区）
四合一配电智能网关
一二次融合变压器
一二次融合环网柜
一二次融合低压柜
智能表箱
新一代智能电表
蓝牙智能断路器
电源
输电
变电
配电
用电

图 6-1　物理系统的构成

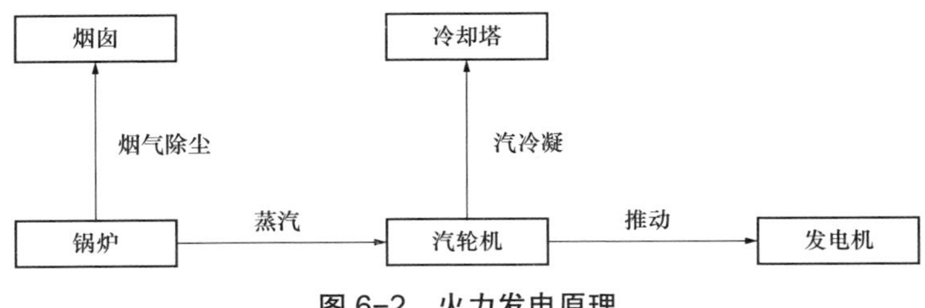

图 6-2　火力发电原理

电能的转换。

4）冷却和循环：经过汽轮机做功后的低压蒸汽需要冷却并凝结为水，这一过程通常在冷凝器中完成，然后重新送回锅炉加热，形成一个闭合的蒸汽动力循环，即朗肯循环。

（2）一次系统。火力发电系统由以下主要设备构成，在数字化的过程中，需要分析这些设备的结构与运行特点，选择技术经济合理的数字化技术。

1）锅炉：将化石燃料燃烧产生的热能传递给水，使水变成高温高压蒸汽。

2）汽轮机：高温高压蒸汽通过汽轮机叶片时，推动汽轮机转动，将热能转换为机械能。

3）发电机：与汽轮机相连，通过电磁感应原理将汽轮机的机械能转换为电能。

4）给水泵：负责向锅炉提供所需的水量，并保持锅炉内的水位稳定。

5）送风机和引风机：送风机负责向锅炉内送入空气，以支持燃料的燃烧；引风机则负责抽出燃烧后产生的烟气，保持锅炉内的气压平衡。

6）燃烧器：负责将燃料和空气按一定比例混合并点燃，产生高温火焰加热锅炉内的水。

7）环保设施：包括脱硫塔、脱硝装置和除尘器等，用于减少烟气中的二氧化硫、氮氧化物和粉尘等污染物的排放，以保护环境。

（3）二次系统。

1）智能传感与监测系统：通过部署高精度传感器，实时监测和收集设备运行状态数据，包括温度、压力、振动、污染物排放等关键参数。

2）高级过程控制系统：高级控制器可以动态调整燃烧参数、汽轮机负荷分配等，以提高机组热效率、降低煤耗和排放。

3）火电厂能源管理系统：对火电厂内部各环节（如锅炉、汽轮机、发电机、变电站等）的能量流动进行全面优化，减少能源损耗，实现能效最大化。

4）智能运维管理平台：实现设备全生命周期管理和预防性维护，通过对历史数据和实时数据的深度挖掘，预测设备健康状况，制定科学的检修策略。

随着数字技术发展，国内部分发电企业已开展火电厂数字孪生建设，实现设计优化、仿真运行、培训演练及远程运维支持等功能。同时，也运用人工智能技术识别异常工况，提前预警潜在故障，并通过机器学习优化工艺流程，如智能燃烧控制、环保设施自动调节等。

2. 水力发电

（1）基本原理。水力发电是利用水流的位能和动能转化为电能，一般包括由挡水、泄水建筑物形成的水库和水电站引水系统、发电厂房、机电设备等。水库的高水位水经引水系统流入厂房，实现水能到机械能的转换，再利用机械能推动水轮发电机组发出电能，经升压变压器、开关站和输电线路输入电网。水力发电示意图如图 6–3 所示。

水力发电具体步骤如下：

1）势能转换为动能：在水电站中，高处水库或河流中的水由于受到重力作用，具有一定的位能（势能）。当打开闸门或通过引水管道让水从高位流向低位时，水的位能转化为动能。

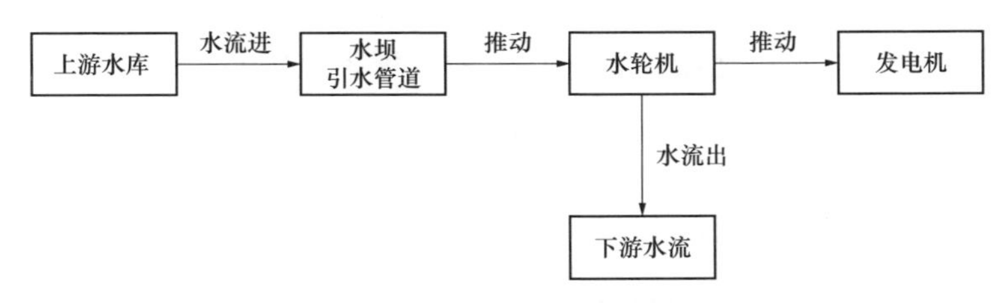

图 6–3　水力发电示意图

2）动能驱动水轮机：高速流动的水流冲击水轮机的转子叶片，使水轮机开始转动。水轮机是一种能量转换装置，其设计目的是高效地将水流的动能转变为机械能。

3）机械能转化为电能：水轮机与发电机相连，水轮机在水流推动下旋转时，同时带动发电机的转子旋转。根据电磁感应原理，发电机内部的线圈切割磁感线产生电流，从而将机械能转化为电能。

4）电力输出与传输：发电机产生的交流电经过变压器升压后，可以输送到电网供用户使用。

（2）一次系统。水力发电厂的一次设备包括水坝与水库、压力管道、水轮机、发电机等。

1）水坝与水库：水坝用于拦截河流，形成水库，储存水资源。水库的水位高度代表了其势能的大小，是水力发电的能量来源。

2）压力管道：将水库中的水引导到水轮机，确保水流具有足够的速度和压力来驱动水轮机旋转。

3）水轮机：根据水流的特点，水轮机可分为轴流式、混流式或冲击式。水流通过水轮机叶片时，推动水轮机转动，将水能转换为机械能。

4）发电机：与水轮机相连，当水轮机旋转时，发电机通过电磁感应原理将机械能转换为电能。

5）调速器：用于控制水轮机的转速，确保其在各种工况下都能稳定运行，从而保护发电机和整个水力发电系统。

（3）二次系统。

1）智能传感与监测系统：部署先进的传感器网络，实时监控水文参数（如流量、水位、流速等）、设备运行状态（如发电机转速、温度、振动等）以及环境因素（如降雨量、水质等），以获取全面、准确的运行数据。

2）高级控制与自动化系统：实现水电站主要设备的自动调节与控制，包括水轮机调速器、励磁控制器、变频器等，确保发电过程稳定高效。

3）远程监控与集中运维：建立集中的远程监控中心，利用可视化界面展示电站全貌，结合通信网络实现实时信息传输和远程操控，降低运维成本，提高工作效率。

4）水资源管理信息系统：整合流域内气候、地质、生态等多种资源信息，科学合理地调度水资源，保证在满足电力需求的同时兼顾防洪、灌溉、生态环境保护等功能。

5）大数据分析与云计算平台：将收集到的大数据上传至云端进行存储和计算，运用数据分析工具分析发现运行规律，预测发电量、优化水库调度，并实现故障预警和诊断等。

6）人工智能与机器学习算法：应用于优化机组负荷分配、预防性维护、设备寿命预测等方面，通过机器学习自动识别异常行为，提升系统的可靠性和经济性。

7）数字仿真技术：利用三维建模和仿真技术构建水电站及流域的数字模型，实现物理电站与虚拟电站之间的同步互动。通过模拟各种工况条件，优化运维决策，提前预测和应对潜在问题。

3. 核能发电

（1）基本原理。核能发电是利用核反应堆中的核燃料释放出的热能来产生蒸汽，驱动涡轮发电机转动，最终将热能转化为电能的发电方式。其发电过程是将铀等核燃料置于反应堆中，通过核反应（以核裂变为主）释放出大量热能，通过冷却剂（如水）传递到蒸汽发生器，将水转化为蒸汽，蒸汽驱动涡轮发电机转动，将机械能转化为电能，最终输送到电网中实现电力供应。核能发电示意图如图 6-4 所示。

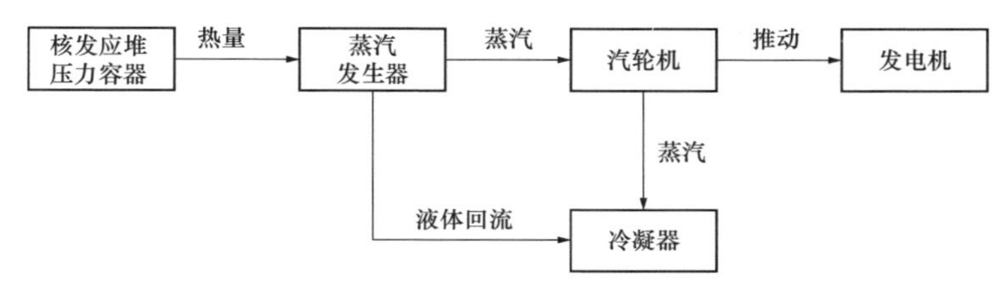

图 6-4　核能发电示意图

（2）一次系统。核电站可分为两部分：一部分是利用核能生产蒸汽的核岛，包括反应堆装置和一回路系统；另一部分是利用蒸汽发电的常规岛，包括汽轮发电机系统。其主要设备包括：

1）核反应堆：核反应堆是核电的核心设备，其中核燃料发生裂变反应，释放大量热能。

2）蒸汽发生器：核反应堆释放的热能通过蒸汽发生器传递给水，使其变成高温高压蒸汽，推动汽轮机转动。

3）主冷却剂泵：用于循环冷却剂，将核反应堆产生的热量带出，并通过蒸汽发生器传递给水。

4）稳压器：用于维持冷却剂系统的压力稳定，确保核反应堆的安全运行。

5）安全壳结构：用于包围核反应堆和重要设备，防止放射性物质泄漏到环境中。

6）放射性废物处理系统：用于处理和处置核能发电过程中产生的放射性废物，确保环境安全。

（3）二次系统。

1）先进控制与监测系统：核电站的运行控制和安全监测是其核心环节，智能控制系统可实现对反应堆功率、冷却剂温度和压力等关键参数的精确控制及实时监控。

2）数字仪表与控制系统：数字化仪表与控制系统可以整合各种传感器数据，通过高度集成的软硬件平台进行集中处理，确保核电站的安全稳定运行，系统需具有高可靠性、抗干扰能力强的特点，并支持远程操作和故障诊断。

3）故障诊断与智能运维：利用物联网技术和大数据分析，对设备的运行状态进行持续监测和数据分析，提前预测可能发生的故障或性能下降，实现基于状态的维修策略，降低非计划停机时间和运维成本。

4）核能燃料管理系统：通过先进的传感器和软件算法，实现对核燃料组件状态的精准跟踪和管理，包括燃料消耗、老化情况、放射性废物产生等，以优化堆芯装载设计和燃料循环利用。

5）核电站数字孪生：创建核电站及其组件的虚拟模型（数字孪生体），通过模拟实际工况，研究和优化电厂设计、运行方案以及应急响应程序，提高整体效率并减少潜在风险。

4. 风力发电

（1）基本原理。风力发电机的基本原理是风轮在风力的作用下旋转，把风的动能转变为风轮轴的机械能，带动发电机旋转发电。风力发电系统一般由风轮、发电机、调向器、塔架、限速安全机构和储能装置等构件组成。风力发电示意图如图 6–5 所示。

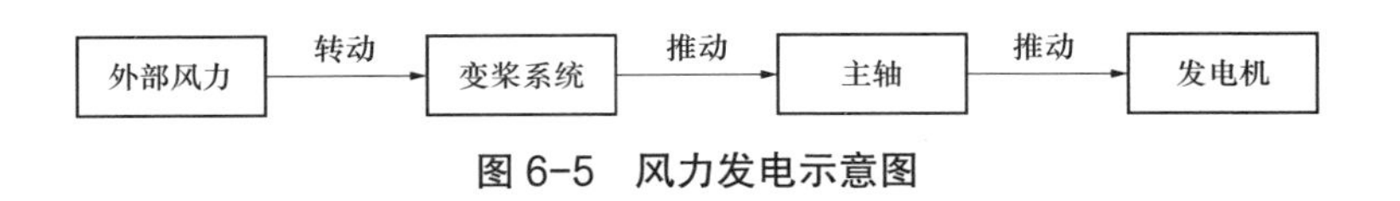

图 6–5　风力发电示意图

风力发电的具体过程如下。

1）捕获风能：风力发电站的核心部件是风力涡轮机，通常是由若干个叶片组成的一个风车状结构，当风吹过叶片时，根据伯努利定理，空气流速快的地方气压低，而流速慢的地方气压高，叶片设计成特定形状以实现对风能的捕捉，使得风力作用在叶片上产生推力。

2）动能转换：受到风力推动的叶片开始旋转，旋转运动将风的动能转化为机械转动动能。为了适应风速变化，叶片的角度可以调节（变桨控制），提升能量转换效率。

3）速度提升与动力传输：由于风速变化较大，通常在风力涡轮机和发电机之间设置一个增速齿轮箱，通过齿轮箱的增速作用，即使在较低风速下也可以使发电机内部的转子达到适合发电的较高转速。

4）发电机工作：高速旋转的转子在发电机内切割磁感线，依据电磁感应原理产生交流电。发电机的设计可以包括异步发电机或同步发电机以及全功率变流器等部件，用于将产生的交流电转换为电网所需电压和频率，并确保电力质量符合并网要求。

5）电能转换与输出：发电机产生的交流电经过变压器调整电压后，通过输电线路传送到电网，供应给用户使用。现代风力发电系统还包括复杂的控制系统，如根据风速自动偏航对准风向、在强风情况下进行制动保护等功能。

（2）一次系统。

1）风力涡轮机：叶片捕获风能并将其转换为旋转机械能的关键部件，设计时要考虑到气动性能、结构和材料强度等因素。轮毂连接叶片和传动系统的部件，承受着叶片传递的力和扭矩；传动系统包括主轴、齿轮箱和联轴器等，用于将叶片的旋转运动传递给发电机。

2）发电机：将传动系统传递的机械能转换为电能，常见的类型有永磁同步发电机和感应发电机。

3）变流器：用于将发电机产生的交流电转换为符合电网要求的交流电，包括整流、逆变和滤波等环节。

4）偏航系统：通过控制风力涡轮机的朝向，使其对准风向，以最大化捕获风能。

5）液压系统：提供风力涡轮机运行所需的液压动力，用于叶片变桨、偏航、制动等操作。

（3）二次系统。

1）智能传感与监测系统：风电机组安装了各种高精度传感器，用于实时监测风速、风向、温度、湿度、振动等参数，以及设备运行状态如转速、电流、电压等。

2）高级控制与优化系统：数字化控制技术可以实现对风电机组的精细化管理，包括最优叶片角度调整、变桨距控制、发电机转矩控制等，以适应不同风况下的最大功率追踪（maximum power point tracking，MPPT）策略。

3）故障诊断与智能运维：建立统一的远程监控中心，实时获取并显示各个风电场的运行状态，支持故障诊断、远程维护、预防性维修等功能，降低运维成本和停机时间。

4）大数据分析与预测算法：利用大数据分析技术处理海量的风电场运营数据，结合气象预报信息和历史数据，采用人工智能算法进行风电功率预测，从而提高系统的调度效率和稳定性。

5）数字仿真技术：创建风力发电系统及其环境的数字模型，模拟实际工况，进行设计优化、故障模拟、性能评估等，提前发现和解决潜在问题。

5. 光伏发电

（1）基本原理。光伏发电是一种利用太阳能将光能转换为电能的技术，因所用能源清洁、可再生，已经被广泛应用于电力系统中，其基本原理利用半导体材料的光电效应（photovoltaic effect）将太阳光转换为电能。

1）伏特效应：光伏发电的核心元件是太阳能电池，通常由 P 型和 N 型两种不同类型的半导体材料组成，形成 P–N 结。当太阳光照射到太阳能电池的半导体表面时，光子与半导体材料中的原子相互作用，具有足够能量的光子能够将半导体内部电子从共价键中激发出来，产生自由电子 – 空穴对。

2）电荷分离：在 P–N 结区域，由于内建电场的作用，这些被激发出来的电子和空穴会受到驱动而向相反方向移动，电子趋向于流向带正电的 N 区，空穴趋向于流向带负电的 P 区。

3）电压和电流生成：随着光照持续，会在 P–N 结两侧积累起相反极性的载流子，形成一个可测量的电动势差，如果通过外部电路连接 P 区和 N 区，这些分离出的电子和空穴就能形成连续的直流电流。

4）串联与并联：单个太阳能电池产生的电压和电流相对较低，为了满足实际应用需求，多个太阳能电池会被串联起来以增加输出电压或并联以提高输出电流，形成大面积的太阳能电池组件。

5）光伏发电系统包含太阳能电池、充放电控制器、逆变器、蓄电池组（在独立或备用电源系统中）、交流配电柜以及可能的太阳跟踪控制系统等，以确保系统稳定运行，并能将直流电转换成适合电网或负载使用的交流电，同时实现能源存储和电力管理等功能。光伏发电示意图如图 6–6 所示。

（2）一次系统。

1）太阳能电池组件：太阳能电池组件是太阳能发电系统的核心部分，负责将太阳光转换为电能，电池组件的性能直接影响到整个系统的发电效率和使用寿命。

2）逆变器：逆变器的主要作用是将太阳能电池组件产生的直流电转换为交流电，以供给家庭或商业用途，逆变器的性能也直接影响到系统的整体效率和稳定性。

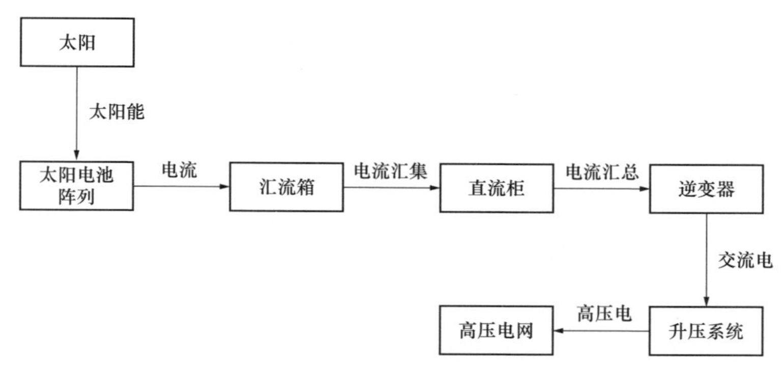

图 6-6　光伏发电示意图

3）支架系统：支架系统用于支撑和固定太阳能电池组件，确保其以最佳角度面向太阳，从而最大化发电效率。

4）跟踪系统（可选）：跟踪系统能够自动调整太阳能电池组件的角度，以跟随太阳的运动，进一步提高发电效率。然而，这种系统通常会增加成本和复杂性，因此并非所有太阳能发电系统都会采用。

（3）二次系统。

1）智能传感与监测系统：利用物联网技术，通过部署各种传感器和监测设备实时收集光伏阵列的运行数据，包括太阳能辐射强度、温度、电流、电压等关键参数，并将这些数据上传至中央控制平台。

2）高级功率调节与优化控制：数字化光伏逆变器集成先进的最大功率点跟踪算法，以实时调整光伏阵列的工作状态，最大化输出功率。

3）故障诊断与智能运维：通过对系统数据的持续分析，发现潜在故障，提前预警并指导现场人员有针对性地进行维修保养，降低设备故障率和运维成本。

4）大数据分析与预测算法：应用大数据分析技术对收集的数据进行深度挖掘和处理，结合气象预报信息，采用人工智能算法预测光伏电站发电量，优化调度计划，提高系统的稳定性和效率。

5）数字仿真技术：建立光伏发电系统的数字孪生模型，模拟实际工作环境和工况变化，用于设计优化、性能评估以及操作培训等。

6.2.2　输电环节

输电系统是将发电厂产生的电能通过输电网络传输到远距离的负荷中心。

输电线可以抽象为一个具有电阻、电感和电容特性的分布参数线路，但通常在稳态分析时可简化为集中参数模型，即视为纯电阻（R）和电感（L）串联，以及可能存在的对地电容。

1. 一次系统

（1）架空线路输电。高压架空输电线路是电力系统中用于远距离传输电能的一种主要方式，其通过在空中架设导线和相关设备将发电厂产生的电能输送到远离发电源的负荷中心。

1）交流输电。交流输电是目前广泛应用的方式，多个发电厂和负荷中心通过高压交流线路互联形成庞大的电力网络。在交流输电中，由于线路阻抗的存在，送端与受端之间存在电压降，因此在设计上需要考虑电压稳定性和功率因数校正等问题。输电过程中必须保持整个系统的功率平衡，确保供应与需求相匹配，同时要维持电网频率稳定。

a. 主要设备。

铁塔 / 杆塔：高压架空输电线路上的支撑结构，通常由钢铁制成，设计成各种形状和尺寸以适应不同的地理条件、气候环境以及线路电压等级。

导线：采用钢芯铝绞线、全铝合金绞线或其他特殊导线材料，具有高导电率和良好的机械强度，能够在长时间运行下承受张力并减少电阻损耗。

绝缘子：包括盘形瓷质绝缘子、复合绝缘子等，用来固定导线与铁塔之间，并提供电气隔离，防止电流泄漏到地。

金具：连接导线与铁塔的各种金属配件，如悬垂线夹、耐张线夹、跳线金具、防振锤、间隔棒等，确保导线稳定悬挂和良好运行状态。

接地装置：塔基接地网、引下线和连接板等，确保输电线路在异常情况下能够迅速泄放故障电流，保护线路设备和人身安全。

避雷装置：如避雷线、避雷针、氧化锌避雷器等，用于防止雷击对线路造成损害，保护线路免受过电压影响。

光纤通信：现代高压输电线路还会集成光纤通信设施，实现远程监控、智能电网管理等功能。

b. 关键技术。

线路设计与选型：根据地形地貌、气象条件、负载需求等因素选择合适的线路路径和电气参数，包括导线截面、塔型配置等。

绝缘配合与过电压防护：设计合理的空气间隙和绝缘子串长度，确保线路在正常运行和异常工况下的绝缘性能。

耐候性与抗老化技术：导线、绝缘子等关键部件需具备良好的耐热、耐寒、耐紫外线、耐污秽等特性，延长使用寿命。

防风偏与防舞动控制：采用防振锤、相间间隔棒等措施抑制导线在大风或低温环境下出现的风偏和舞动现象，保证线路稳定运行。

2）特高压直流输电。特高压直流输电是一种将电力以极高电压的直流形式进行远距离传输的技术，能够高效、经济地解决大容量、长距离的电力输送问题。直流输电采用整流器将交流电转换为直流电，再经过直流线路传输，到达目的地后由逆变器重新转换回交流电并接入电网。直流输电适用于长距离或海底电缆输电，因为相比交流输电，它在长距离传输中有更低的线损，并且能够实现功率的灵活控制和独立调节。直流输电示意图如图 6–7 所示。

a. 主要设备。

换流阀：采用晶闸管或其他先进半导体开关器件组成的大功率换流阀，实现交直流之间的高效转换。

平波电抗器：用于减少直流线路中电流波动，提供恒定的直流电流输出，提高系统的稳定性。

滤波器：在换流站内设置各种类型的滤波器，如谐波滤波器、无功补偿装置等，以抑制谐波、提供无功支持，并提高电能质量。

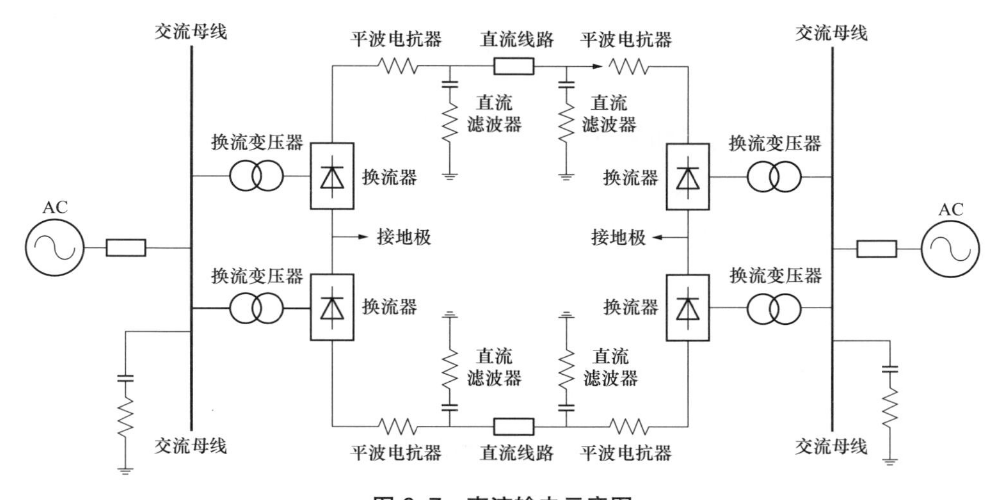

图 6–7　直流输电示意图

直流电缆和架空线路：直流输电线缆采用特殊设计以适应高电压和大电流，同时架空线路需要更先进的材料和结构设计以降低损耗和电磁环境影响。

b. 关键技术。

高电压技术：特高压直流输电系统指 ±800kV 及以上电压等级，对绝缘材料、过电压保护等方面提出了更高要求。

先进半导体器件：开发高性能、低损耗的半导体开关元件，如绝缘栅双极型晶体管（insulated gate bipolar transistor，IGBT）、门极可关断晶闸管（gate turn-off thyristor，GTO）以及最新的碳化硅器件等。

大容量换流技术：研究发展大容量、高效率、紧凑型的换流器技术和模块，有效提升单位面积的换流能力。

灵活控制策略：开发具有快速调节能力和双向功率传输功能的直流输电系统，以满足电网调峰填谷、新能源接入等多种需求。

多端直流输电技术：实现一个直流线路连接多个送端和受端，增加输电灵活性和网络可靠性。

电磁环境优化技术：减少输电线路产生的工频磁场、无线电干扰等电磁污染，保障周边环境和居民健康。

（2）电缆线路输电。电缆线路输电是电力系统中将电能通过地下或水下敷设的电缆进行传输的方式，特别适用于城市中心、水域及其他不适合架空输电线路建设的地方。以下是电缆线路输电的主要设备及关键技术：

1）主要设备。

高压电缆：包括交联聚乙烯绝缘电缆（cross-linked polyethylene insulated cable，XLPE）、气体绝缘电缆（如 SF_6 气体绝缘电缆）、液体浸渍纸绝缘电缆等，根据不同的电压等级和使用环境选择不同类型的电缆。

电缆终端头与中间接头：用于连接电缆与其他电气设备以及电缆之间的连接点，要求具有良好的电气性能和机械强度，保证电缆系统的密封性和长期稳定性。

电缆附件：包括铠装层、接地线、护套、防火阻燃材料等，确保电缆在敷设、运行过程中的安全和保护。

电缆隧道、电缆沟与管道：地下电缆铺设时需要专用的通道，包括电缆隧道、电缆沟或预埋的电缆管道，用于容纳和保护电缆。

2）关键技术。

电缆制造技术：高压电缆的绝缘材料配方优化，提高其耐热、耐老化、耐电晕和抗局部放电性能。

电缆结构设计：根据实际需求设计多芯或多层屏蔽结构，降低电磁干扰，提高电缆的载流量和传输效率。

施工安装技术：使用专业工具和设备进行电缆敷设、弯曲半径控制、接头制作等，确保电缆安装质量达到规范要求。

电缆防火与防水技术：研究开发新型的阻燃、低烟无卤、防水防腐蚀材料，提高电缆在复杂环境下的安全性能。

电缆过载能力提升：通过改进电缆结构设计、采用高效散热技术等手段，增强电缆在特定条件下的短期和长期过载能力。

2. 二次系统

输电二次系统主要包括以下关键技术。

（1）先进传感与量测：通过安装传感器和量测设备，实时采集输电设备的运行数据和环境信息，为输电系统的安全稳定运行提供保障。

（2）智能分析与决策：通过运用人工智能、大数据分析等先进技术，可以对输电系统的运行数据进行深度挖掘和处理，提供智能化的决策支持，优化输电系统的运行和管理。

（3）数字仿真技术：通过建立输电设备的数字化孪生模型，模拟输电系统的运行状态和性能，为监测、分析和优化提供数据支持。

6.2.3　变电环节

1. 基本原理

变电的基本原理是基于电磁感应定律，该定律由法拉第提出，它描述了当磁场穿过一个闭合的导体回路时，在回路中会产生电动势的现象。变压器原理如图 6–8 所示。

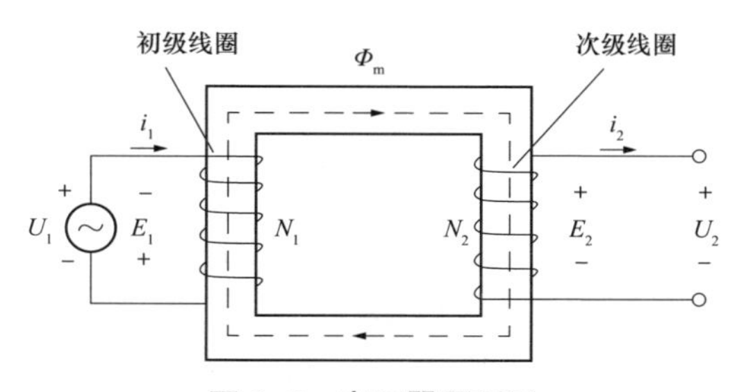

图 6–8　变压器原理图

变压器包含至少两个绕在铁芯上的线圈（通常称为绕组），即一次侧线圈和二次侧线圈，当交流电压施加于变压器的一次侧（一次侧线圈）时，电流通过线圈并在铁芯中产生交变磁场，这个磁场不仅穿过一次侧线圈，同时也穿过与之耦合的二次侧线圈，由于电磁感应，二次侧线圈会感应出电动势。根据法拉第电磁感应定律，感应电动势的大小与磁通量的变化率以及线圈匝数成正比。如果二次侧线圈的匝数少于一次侧线圈，变压器将输出高于输入的电压，成为升压变压器；若二次侧线圈的匝数多于一次侧线圈，则变压器将输出低于输入的电压，成为降压变压器。

2. 一次系统

（1）变压器：变压器是变电站的核心设备，用于改变交流电的电压等级。常见的有升压变压器（将低电压升高）、降压变压器（将高电压降低）等。

（2）开关设备：断路器用于接通或断开电路，并在故障时快速切除电流，如 SF_6 断路器、真空断路器等；隔离开关则提供明显的电气隔离点，确保检修人员安全。

（3）互感器：电流互感器（TA）将一次侧的大电流按比例变换为二次侧的小电流供测量仪表和保护装置使用。电压互感器（TV）将高电压降至标准值，以便测量和监控。

（4）接地系统：包括接地网、接地极等设施，保障电力设备的可靠接地，防止人身触电和设备损坏。

（5）母线与电缆：母线系统连接各电气设备，负责电能的汇集和分配；电缆则用于内部设备之间的电气连接。

3. 二次系统

变电二次系统主要包括以下关键技术：

（1）基于 IEC 61850 的变电站信息传输：IEC 61850（所有部分）《电力自动化通信网络和系统》（Communication networks and systems for power utility automation）是国际电工委员会制定的变电站自动化系统（substation automation systems，SAS）的标准，它规定了设备之间统一的数据模型、通信服务以及系统配置语言。通过这一标准，实现了变电站内智能电子设备间的互操作性和信息共享。

（2）智能电子设备：如保护继电器、测控装置、故障录波器等，它们集成了数据采集、处理、控制及通信功能，并采用开放式通信协议进行信息交互。

（3）变电站通信网络：采用工业以太网作为通信平台，取代传统的串行总线或专用通信网络，提高了数据传输速度和容量，增强了系统的扩展性与灵活性。

（4）SAS：包括监控主机、综合应用软件、数据库管理系统等，实现对变电站内所有设备的实时监控、控制和管理。

（5）频率等参数，并在发现异常或故障时迅速启动保护动作，切除故障部分，避免故障扩大化。

（6）在线监测与诊断：对变压器油色谱、避雷器泄漏电流、地理信息系统（geographic information system，GIS）局部放电等进行实时监测，提前发现潜在故障。

（7）网络安全防护：针对数字化变电站面临的网络安全威胁，开发实施严格的访问控制、加密通信、防火墙、入侵检测等安全防护措施。

（8）数字孪生与仿真：在虚拟环境中建立与变电站数字模型，用于仿真分析、状态评估、故障诊断和运维决策支持。

（9）大数据与人工智能应用：利用大数据挖掘和机器学习算法对变电站产生的海量数据进行深度分析，预测设备故障、优化运行方式并指导维护策略。

6.2.4　配电环节

配电的基本原理就是在保证电能质量和系统稳定性的前提下，通过多级降压和复杂的网络结构。

1. 一次系统

（1）配电变压器：配电变压器是配电系统中的核心设备，用于将输送来的高电压电能变换成适合用户使用的低电压电能。

（2）配电开关设备：包括断路器、负荷开关、隔离开关等，用于控制电路和保护配电系统免受短路、过载等故障的影响。

（3）配电线路：包括架空线路、电缆线路等，用于将电能从变电站或上级配电网输送到用户端。

2. 二次系统

配电二次系统主要包括以下关键技术。

（1）智能传感与监测：在终端部署大量高精度传感器，实时监测和收集设备运行状态数据，物联网技术将各类设备连接到一起，实现海量数据的采集、传输与监测。

（2）配电自动化系统（distribution automation system，DAS）：配电自动化系统采用先进的传感器、控制器、通信设备及应用软件，实现对配电网运行状态的实时监控、故障检测定位、自动隔离和恢复供电等功能，提高供电可靠性。

（3）网络安全防护技术：配电系统需要强大的网络安全防护体系，包括身份认证、加密通信、防火墙、入侵检测系统等，确保系统的稳定可靠运行，防止数据泄露和恶意攻击。

（4）云计算与边缘计算：利用云计算技术可以构建集中化的配电信息处理中心，实现大规模数据存储、处理与分析；而边缘计算则在网络边缘层部署计算能力，实时响应本地需求，提升系统反应速度。

（5）大数据分析与人工智能：通过对海量数据的挖掘和模型建立，提供故障预警、状态评估、故障诊断和决策支持服务。应用人工智能（artificial intelligence，AI）技术对复杂多变的配电数据进行深度学习和模式识别，辅助制定更加精准的电力供需平衡策略，优化资产维护计划，提升整体运行效率和服务质量。

6.2.5 用电环节

用电即通过电器具消耗电能的过程，是电力系统的最后节点。用电一次系统一般包括用户电源、用户电器、接地系统等部分。用户电源将电能转换为适合用户电器使用的电压和电流，而接地系统则是为了保障用户用电安全。用户负荷一般分为工业负荷、商业负荷、农业负荷和居民负荷，随着新型电力系统建设的推进，电动汽车、虚拟电厂、负荷聚合商等新型负荷将不断作为用电主体进入电力系统。

以下是用电环节的主要设备和关键技术的介绍：

1. 一次系统

（1）用电设备：包括各类电动机、电热设备、照明设备、家用电器等。这些设备将电能转化为机械能、热能、光能等形式，为用户提供所需的服务。

（2）计量设备：主要是电能表，用于测量和记录用户的用电量，作为计费依据。

（3）保护设备：包括剩余电流保护装置、过载保护装置等，用于在用电设备发生故障时及时切断电源，保护设备和用户安全。

2. 二次系统

用电二次系统主要包括以下关键技术。

（1）智能电表与高级计量基础设施（advanced metering infrastructure，AMI）：智能电表具备双向通信功能，可以实时、准确地采集和传输用户用电数据，支持远程抄表、预付费、分时电价等功能。AMI 是一个完整的系统，包括

智能电表、通信网络、数据中心和分析平台等，实现对用户用电信息的全面管理和应用。

（2）电动汽车充电设施与电网互动技术：开发智能充电桩及充电站管理系统，能够根据电网负荷情况动态调整充电功率，参与电网调峰填谷，提升电网运行效率。

（3）网络安全防护技术：针对用电系统的数字化特性，构建完善的安全防护体系，包括身份认证、数据加密、防火墙、入侵检测等措施，确保用户数据安全和个人隐私保护。

（4）大数据分析与人工智能：对海量用电数据进行深度挖掘和分析，采用机器学习算法识别用户用电模式，提供个性化服务，并辅助决策制定，如精准定价、故障预警等。

6.3 物理系统信息分类

鉴于物理系统的复杂性，其产生的信息也呈现出复杂多样的特性，信息的合理分类是信息输入、处理和输出的技术选型的基础。信息分类有多种方式。从信息载体的角度进行分类，信息可以划分为数字信息、文字信息、图像信息、音频信息及视频信息等，不同类型的信息在采集、传输、存储及处理方式上存在明显差异；从实物对象层次进行划分，信息又可以分为设备元部件、设备、系统、环境等；按信息的时空变化特性划分，还可以将其区分为静态信息与动态信息等。物理系统信息的详细分类如图6–9所示。

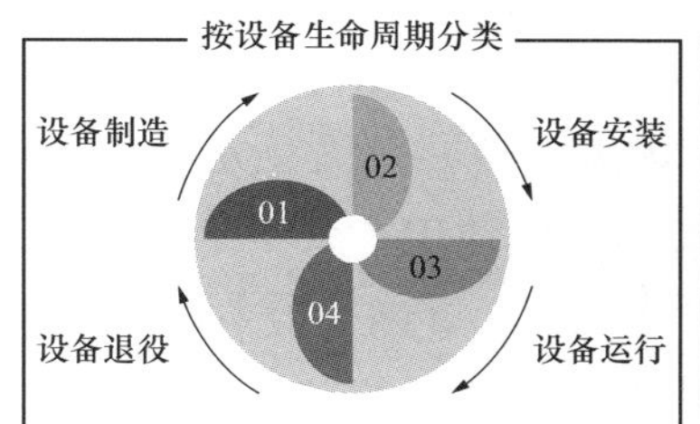

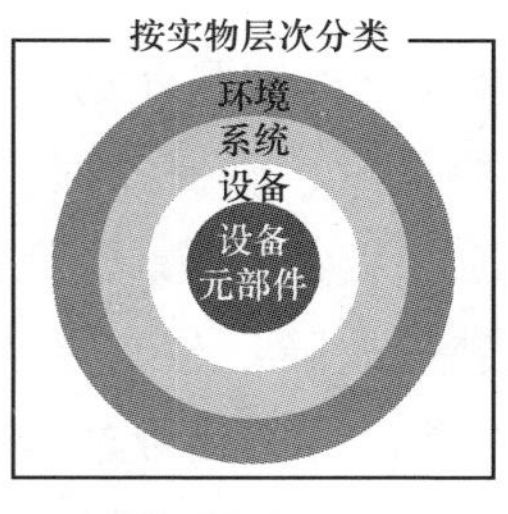

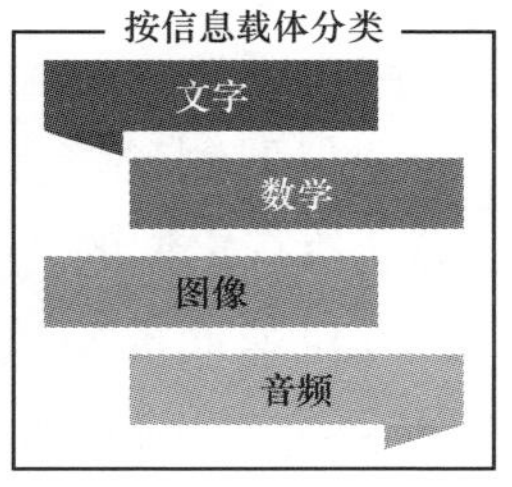

图6–9 物理系统信息分类

6.3.1 设备信息

从设备全生命周期的视角，设备全生命周期涵盖制造、安装、运行、退役等多个阶段，每个阶段产生的信息各具特点。

1. 设备制造信息

设备制造可分为设计、生产、测试、验收等阶段。在设计阶段，需要根据设备的应用场景对设备整体结构和各个元部件进行详细设计，并确定材料、工艺等要求，确保设备满足功能、性能和安全等方面的要求；随后，按照设计图纸进行零部件制造，包括原材料采购、加工、品质检查及零部件生产、质量检定等过程；接着，将零部件按照设计图纸进行组装，形成完整的设备，并进行调试与试运转，确保设备功能正常且满足设计要求；最后，对设备进行全面的检定，确保设备质量达到预定标准。

设备制造阶段将产生功能、性能、形状、体积、重量、结构、元部件、材料、工序、测试检定等信息，信息载体包括设计图纸、工艺流程、材料清单、零部件清单、检验报告、试运行记录、验证报告等。

2. 设备安装信息

在设备安装阶段，需依据电网工程设计图纸将设备精确无误地安装至工程现场。以变电站施工为例，在主体建筑完工之后，需根据设计要求进行变压器、断路器等设备的安装，并进行电缆敷设与接线等工作。在安装与接线过程中，需严格遵循相关规范，以保障变电站的安全可靠运行。施工完成后须进行系统性的测试与验收工作，以确保设备与线路的正常运行。

设备安装阶段产生的信息包括设备采购时间、安装时间、安装位置、建设单位及工程验收情况等，主要来源于电网建设单位和运行单位，这些信息以采购记录、安装调试报告、竣工报告及验收报告等文件形式进行记录和保存。

3. 设备运行信息

在设备运行阶段，需全面掌握设备运行工况，以保证设备的健康水平。以输电线路运行为例，运维人员需按照计划巡视线路及其附属设施，通过目视检查、专业仪器测量等多种手段，确保及时发现潜在设备缺陷与安全隐患。同时，必须执行定期的清洁与保养工作，以延长线路的使用寿命。在设备发生故障时，须迅速而准确地进行故障定位与原因分析，并立即采取有效的抢修措施，以尽快恢复线路的正常运行。运维过程中产生的信息需详细记录，并建立完整的运维档案，以确保运维工作的规范性与可追溯性。

4. 设备退役信息

在设备退役阶段，为确保设备资产管理的完整性与系统性，必须详细记录相关设备的信息，包括设备名称、型号、规格、实际使用时间以及具体的退役原因等。这些详尽的数据不仅有助于企业评估设备的性能表现，掌握设备的使

用状况与寿命周期，同时也为企业在未来同类设备的更新与维护工作中提供了重要参考。

6.3.2　系统信息

系统作为一个具有特定功能的有机整体，是由多个相互关联、相互作用的组成部分紧密结合而成。电力系统发展初期以直流系统为主，其标志性事件为托马斯·爱迪生在19世纪80年代初于美国纽约创建爱迪生电灯公司，并构建了世界上首个商业化的直流发电厂；1882年，尼古拉·特斯拉于发明交流电，并制造出世界上首台交流发电机，标志着电力系统迈入交流时代，交流电力系统的广泛应用推动了电力系统规模的持续扩大，并逐渐形成了结构复杂的现代电力系统；进入21世纪，新能源如风能、太阳能等正逐步取代传统的火力发电方式，直流输电技术在远距离送电和大规模新能源送出等方面展现出显著优势，电力系统正逐步发展为交直流混联的复杂大系统。

无论电力系统在规模和复杂程度上如何发展，它始终由设备及设备之间的联系构成。系统信息主要涵盖设备连接关系和设备运行状态两大方面。其中，设备连接关系可通过系统接线图、地理沿布图等方式进行表示；而设备运行状态则包括系统中各节点、支路的有功功率、无功功率、相角、电压等动态信息。此外，系统信息还涵盖故障信息和异常信息，如设备故障、保护动作、电网解列等故障信息，以及设备过负荷、电压异常、频率异常等异常情况信息。

6.3.3　环境信息

环境信息涵盖气象、地理、环境污染及自然灾害等多个方面，这些因素均可能对电力系统的运行安全性和稳定性产生显著影响。气象信息，特别是温度、湿度、风速和风向等对电力系统运行具有重要影响，在高温高湿的环境下，电力设备的散热性能将受到制约，可能引发设备过载和故障等问题；地理信息，如地形、地貌、土壤等，是电力系统规划设计中必须重点考虑的因素，例如，在山区或沙漠等复杂或恶劣环境中，电力线路设计需充分考虑地形与环境的复杂性；环境污染信息，包括大气、水、土壤等方面的污染，同样对电力设备的运行状态产生直接影响，如空气污染可能导致绝缘子表面积聚灰尘和电介质损耗，进而影响输电线路的绝缘性能和输电能力；此外，自然灾害信息，如地震、台风、洪水等，对电力系统的运行和设备的安全性构成严重威胁，在地震、台风等自然灾害中，输电线路和变电设备容易受损，可能导致电网停运和事故发生。

6.4　物理系统数字信息生成

在物理系统构成分析和信息分类的基础上，需要对这些信息进行数字化处理，确保这些信息能够被信息系统高效处理。数字信息生成涵盖了从发电、输电、变电、配电到用电全过程，覆盖设备元部件、设备、系统乃至环境等各个层面，贯穿设备制造、安装、运行直至退役的每一个环节，并以文字、数字、声音、图像、视频等方式输入到信息系统中进行处理。

6.4.1　设备信息数字化技术

设备信息数字化处理是物理系统数字化的重要组成部分。过去，设备信息主要以纸质文件形式存在，存在修改困难、保存不便，沟通成本高，易产生偏差，更新不及时等弊端。随着计算机技术的进步，设备信息数字化逐步推进，极大地提升了信息处理的效率和准确性。设备信息数字化的关键技术如下：

1. 计算机辅助设计技术

计算机辅助设计（computer-aided design，CAD）技术利用计算机及其图形设备辅助设计人员进行工程或产品设计，通过将设计者的创意转化为计算机可理解的指令，生成图形、模型和数据。主流 CAD 软件包括 AutoCAD、SolidWorks、SketchUp 等，这些软件不仅支持二维绘图，更具备强大的三维建模能力，CAD 技术在设备设计领域中已得到广泛应用，极大地提升了设计效率和质量。

2. 纸质文件数字化技术

鉴于电网企业积存的大量纸质文件，为了实现纸质文件的电子化，可利用扫描仪等设备将纸质文件转换为数字图像，并运用图像处理软件对扫描得到的图像进行必要的处理，如裁剪、去噪、调整亮度和对比度等，最后，根据图纸的具体内容和需求，选择适当的软件将图像转换为可编辑的电子格式。例如，对于工程图纸，可采用 CAD 软件进行转换和编辑；若图纸包含文本和图形，则可以利用光学字符识别（optical character recognition，OCR）技术将图像中的文字转换为可编辑的文本形式。

3. 计算机辅助制造技术

计算机辅助制造技术（computer-aided manufacturing，CAM）利用计算机系统进行生产制造的规划、控制与管理，通过集成计算机科学、数学及工程知识，优化制造流程，提高生产效率和产品质量。CAM技术原理在于将产品设计数据转化为机器可读的指令，指导制造设备完成零件加工、装配等任务。目前，计算机辅助制造技术已广泛应用于电网设备制造业，不仅提高了制造业的效率和质量，还降低了生产成本和资源消耗。

4. 嵌入式系统技术

嵌入式系统作为一种专用的计算机系统，被广泛应用于各种设备中，实现设备的智能化控制和管理。通过嵌入式系统技术，设备可以实现数据的实时采集、处理和传输，从而支持设备的远程监控、故障诊断和预测维护等功能，极大地提升了设备的智能化水平和运行效率。

5. 传感器技术

传感器作为感知被测对象并将其转换为电信号的重要装置，由敏感元件、转换元件和测量电路三部分构成。随着半导体技术的发展，传感器的灵敏度、高精度和可靠性得到了显著提升。物联网、大数据和人工智能等技术的进步推动了传感器的智能化和网络化。智能传感器集成了敏感技术和信息处理技术，具备认知能力，可瞬时获取并处理大量信息，显著提升了信息质量并扩展了功能。网络化智能传感器则以嵌入式微处理器为核心，实现了多功能和多点检测，推动了系统化、网络化和远程测控的发展。无线传感器网络等相关衍生技术也在不断发展，为实时感知、采集与检测提供了重要支持。

传感器在电网中的应用极为广泛。首先，传感器能够实时监测电网设备的运行状态，包括温度、湿度、电压、电流等参数，为电网的安全运行提供了重要数据支持。通过数据分析可及时发现潜在故障隐患，采取预防措施，降低故障风险。其次，传感器在电网能量管理中发挥了关键作用，能够准确测量电能的消耗和分布，支持电网的精细化管理和节能降耗。此外，传感器还推动了电网的自动化控制，实现了远程监控和调节，提高了电网的运行效率和稳定性。

6. 无人机与机器人技术

无人机（unmanned aerial vehicle，UAV）和电力机器人等技术在电力系统中的应用日益广泛。无人机通过挂载可见光或红外探头，实现了巡视、拍摄和分析的自动化与智能化，支持了日常巡视、特殊巡视和灾情巡视等任务。电力机器人则集成了高精度定位、AI语音和图像识别等技术，能够在恶劣的自然环境下高效完成人工难以完成的作业，如高压巡检等。变/配电站电力巡检机器人（见图 6-10 和图 6-11）通过配备红外热像仪等检测装置，实现了无轨导航、智能读表、红外测温等核心功能，同时具备了视觉检测、远程控制、智能分析等多种功能，显著提高了运维效率和安全性。输电线路爬行机器人（见图 6-12）则通过集成带电作业工具和检测设备，沿输电线路移动进行维护和检修，有效提升了检修效率和质量。

图 6-10　变电站巡检机器人

图 6-11　配电站巡检机器人

图 6-12　架空线路巡检机器人

6.4.2　系统信息数字化技术

系统信息用以描述设备的连接关系及其运行状态。具体而言，设备连接关系通常借助系统接线图、地理沿布图等直观形式进行管理，系统的运行状态信息则依靠各类监测装置获取。

1.GIS

GIS 的起源可追溯至 20 世纪 60 年代，当时计算机科学和地理学领域的研究者开始探索将地理数据与计算机技术结合的新途径。随着计算机技术的不断进步，GIS 逐渐发展成为一种集计算机科学、信息科学、地理学等多学科于一体的综合性技术系统。GIS 以地理空间数据为基础，采用地理模型分析方法，将表格型地理数据转换为地理图形显示，进而对显示结果进行浏览、操作和分析，能够对地理空间数据进行高效地采集、存储和管理，还能够通过空间分析、评价、可视化和模拟等手段，为各种应用场景提供强大的决策支持。自 20 世纪 90 年代，地理信息系统在电网中得到应用，GIS 不仅能够构建包含电网及其周边环境的电子地图，还能有效处理各类设备参数、实时数据、运行记录、设备缺陷等信息，为设备、系统、环境提供了全景展示与管理功能，使得电网企业能够更加全面、准确地掌握电网运行状态和周边环境情况。

2. 高速传输网络技术

高速传输技术主要包括光纤通信技术、以太网交换技术、无线通信技术以及数据压缩与解压缩技术等。其作为实现大量数据实时、高效传输和处理的关键技术，确保数字化信息能够在电力系统的发电厂、变电站、输电线路以及用户端等各个节点之间实现即时共享和高效利用，为电力系统的实时监控提供了有力支持。通过高速传输网络，电力系统运行数据可以实时传输到监控中心，为电网的优化调度、故障的快速定位和恢复供电等提供强有力的支持。

3. 同步时钟技术

同步时钟技术，作为电力系统中的一项关键技术，通过确保系统中各个设备、传感器的时钟同步，实现了对电力系统状态的实时监测和准确记录，为电力系统的稳定运行和控制提供了精确的时间基准，极大地提高了电力系统的可靠性和稳定性。

在电力系统中，各个设备和传感器需要实时采集和传输大量的数据，如电流、电压、频率等。而这些数据的准确性和时效性对于电力系统的稳定运行至关重要。同步时钟技术通过确保所有设备和传感器的时钟同步，使得这些数据能够在统一的时间基准下进行采集、传输和处理，从而避免了因时钟不同步而导致的数据误差和时延问题。与此同时，同步时钟技术还为电力系统的故障分析和定位提供了有力的支持。在电力系统发生故障时，同步时钟技术能够准确记录故障发生的时间，帮助运维人员快速定位故障点，及时采取措施进行修复，从而减少了故障对电力系统的影响。

4. 互感器技术

在电力系统中电压互感器与电流互感器应用十分广泛。电压互感器（TV）的功能是将高压电网中的高电压信号降低到安全范围内，以便仪表、计量装置、保护装置等进行精确测量和控制，为电力系统的稳定运行提供了关键数据支持，实现了对电力系统的有效监测和保护；电流互感器（TA）的主要功能是将高电流信号转换为安全的低电流信号，保护测量和控制设备免受高电流的损害。TV 与 TA 主要应用于高压侧的开关设备、线路、变压器等场景，具有高精度测量、宽测量范围、良好的暂态特性以及高可靠性等技术特点，在电力系统动态监测、稳定性分析、故障检测与定位等方面发挥重要作用。

5. 数据采集器技术

数据采集器是电力系统的关键组件，负责实时、准确地采集各种运行参数，为系统监控、分析和控制提供基础数据。其主要由输入模块、转换模块、处理模块、存储模块和通信模块构成，能够接收来自传感器、远程终端单元等现场设备的数据信号，将其转换为数字信号，并进行初步处理，最后通过通信网络传输到监控中心。数据采集器广泛应用于发电、输电、配电和变电站自动

化等环节，用于监测发电机组、输电线路、配电设备和变电站内各种设备的运行状态和参数，支撑了电力系统的安全稳定运行。

6. 同步相量测量技术

同步相量测量装置（phasor measurement unit，PMU）起源于 20 世纪 90 年代，随着电力系统对实时动态监测需求的增加而逐渐发展成熟。其核心是利用 GPS 或其他高精度时钟信号实现全网时间同步，从而精确测量电力系统中各节点的电压和电流相量，具有高精度、高实时性和高可靠性的特点，能够在毫秒级时间内捕捉电力系统的动态变化，为电力系统稳定控制提供关键数据支持。在动态监测与稳定性分析方面，PMU 能够实时监测电力系统的电压、电流、频率等关键参数，为系统运行状态提供准确的数据支持，帮助调度人员及时发现并处理潜在的安全隐患；在分布式能源接入与管理方面，PMU 通过实现全网同步相量测量，支持广域同一时间断面的分析，为分布式能源的优化配置和调度提供了科学依据；同时，PMU 具备高精度测量能力，能够对谐波、间谐波等电能质量问题进行精确监测，保障电力系统的供电质量等。

6.4.3　环境信息数字化技术

环境信息广泛涵盖了地理、环境污染、自然灾害以及气象等多个领域，这些信息为电力系统的安全稳定运行和科学管理提供了有力支持。环境信息是一个复杂而多元的数据集，它涵盖了多个方面，每一类都承载着独特的环境特征和变化信息。在环境信息的获取中，数字技术发挥着至关重要的作用。

1. 地形地貌测量技术

地形地貌测量技术主要用于获取地表的起伏、形态、高程等空间信息，它结合了激光扫描仪、无人机航拍、卫星遥感以及地面测量仪器等多种手段。在电力系统中，地形地貌测量技术被广泛应用于输电线路的规划和设计，以确定最佳的线路路径和塔基位置。此外，它还可以用于监测地表变化，如滑坡、泥石流等自然灾害的预警。通过地形地貌测量技术获得高精度的地形数据，为电力系统的数字化建模和仿真提供基础。同时，这些数据还可以用于环境监测和灾害预警，提高电力系统的抗灾能力。

2. 遥感技术

遥感技术是一种远距离、非接触式的探测技术，它利用传感器对地表进行感知，并获取地表的光谱、热辐射等信息，广泛应用于环境监测、资源调查、灾害预警等领域。在电力系统中，遥感技术被用于监测输电线路周边的植被覆盖、土地利用变化等，以及评估太阳能和风能资源的潜力。遥感技术为环境信息的快速获取和及时处理提供了有力手段，通过遥感图像的处理和分析可以提取出地表的各种特征信息，为电力系统的规划、设计和管理提供科学依据。

3. 日照传感技术

日照传感技术用于测量太阳辐射强度、日照时数等参数，是气象观测和太阳能利用的重要设备。在电力系统中，日照传感技术被广泛应用于光伏发电系统的监测和管理，以确保光伏发电系统的稳定运行和高效发电。通过日照传感技术可以实时获取太阳辐射强度的数据，为光伏发电系统的预测和优化提供基础。

4. 风速传感技术

风速传感技术用于测量空气流动的速度和方向，是气象观测和风力发电的重要设备。在电力系统中，风速传感技术被广泛应用于风力发电站的监测和管理，以确保风力发电系统的稳定运行和高效发电。通过风速传感技术，可以实时获取风速和风向的数据，为风力发电系统的预测和优化提供基础，这些数据还可以用于气象预报和气候变化研究等。

5. 地质灾害传感技术

地质灾害传感技术用于监测和预警地质灾害，如地震、滑坡、泥石流等，它结合了地震仪、倾斜仪、泥位计等多种传感器。在电力系统中，地质灾害传感技术被应用于监测变电站、输电线路等周边的地质灾害风险，以及评估塔基和变电站的稳定性。地质灾害传感技术可以实时获取地质灾害的预警信息，为电力系统的应急响应和灾害恢复提供科学依据。

6. 碳排放传感技术

碳排放传感技术用于测量大气中的二氧化碳等温室气体浓度，是环境监测和气候变化研究的重要工具。在电力系统中，碳排放传感技术被应用于监测发电厂的碳排放量，以及评估不同发电方式的环保性能。通过碳排放传感技术，可以实时获取大气中的二氧化碳浓度数据，为环境保护和气候变化研究提供科学依据。同时，这些数据还可以用于制定和实施碳减排政策。

6.5 物理系统数字化建模

物理系统数字化建模旨在将物理系统中的多元信息对象以计算机可识别的形式进行模型化。数字化模型能有效呈现物理系统中实体对象的状态，模拟其

在现实环境中的行为模式，并深入分析其发展趋势。基于数字化建模，可对电力系统的静态与动态特性进行深入分析，推演其未来的发展趋势，并验证保护控制程序或装置的有效性。在现代电力系统的规划设计与控制保护中，数字仿真工具的作用至关重要，基于物理系统的详细信息进行建模分析，将为电网规划、运行等提供高性能的数字仿真技术支撑，具有重要的应用价值。物理系统数字化建模技术如图 6-13 所示。

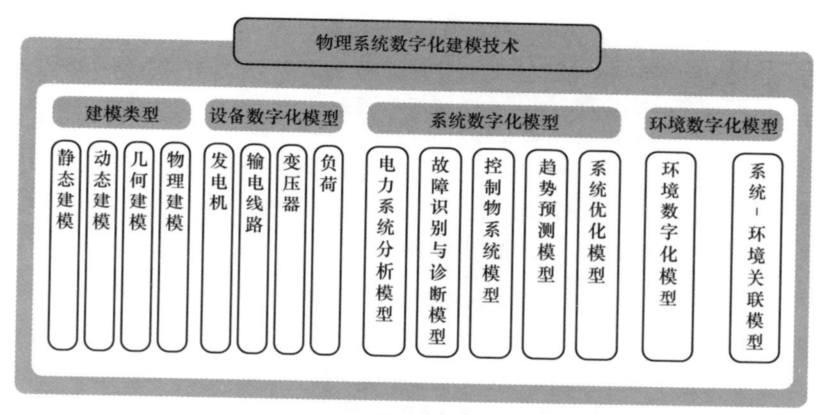

图 6-13 物理系统数字化建模技术

6.5.1 数字化建模类型

从时空变化特性划分，物理系统建模主要分为静态建模与动态建模两大类。在静态模型构建方面，可以充分利用设备从制造、安装、运行到退役的全生命周期信息，构建对时空变化不敏感的数字模型；动态模型则是基于不同的时间尺度，对包括电力场景中的电、热、磁等多物理场进行动态建模，需要考虑时空信息的多尺度信息流，要求从多物理场、多尺度的角度出发，进行全面、综合且真实的模型构建。

从物理对象建模的内容划分，又可以分为几何建模与物理建模。几何建模主要关注的是对象的形状、大小、位置以及它们之间的空间关系，是构建物体在三维空间中视觉表现的基础，侧重于精确地描述物体的几何特性，如点、线、面以及更复杂的几何结构，为后续的仿真、渲染或分析提供必要的形态基础；物理建模则是在几何模型的基础上，进一步赋予物体物理属性和行为规则，如质量、材质、纹理、硬度以及物理量之间的相互作用关系等，使得模型在模拟环境中能够按照物理规律进行动态响应和交互。

1. 静态模型

静态建模主要通过信息收集与数据分析来建立数字化模型，在建模过程中，一方面要关注系统静态结构，即系统的组成部分及其之间的关系，而不涉及系统的动态行为；另一方面需要关注物理对象的属性，这有助于进一步细化系统的结构和功能。以设备制造信息建模为例，需要收集相关的技术手册、规格表和测试数据等信息，对其进行静态建模。具体步骤见表 6-1。

表 6-1 静态信息建模步骤

步骤	描述
信息收集	收集来自设备制造商的技术手册、规格表、测试数据和其他相关文档，以获取设备的详细制造信息。这些信息包括设备的额定容量、额定电压、额定电流、短路阻抗、效率、电压调整范围和特性曲线、设备故障率、维护周期等
确定参数类型	根据收集到的制造信息，确定需要建立的设备参数类型。这可以根据设备的种类和特性进行分类，如发电机参数（额定功率、转速、电压调整范围等）、变压器的参数（额定容量、额定电压、短路阻抗等）、断路器的参数（额定电流、开断能力等）等
选择参数值	根据制造信息，选择适当的参数值并进行数值化。有些参数可能是直接给出的，而其他参数可能需要根据提供的公式、曲线或其他相关信息计算或推导。参数应确保使用正确的单位和标准化约定
建立数学模型	根据所选的设备参数，建立数学模型来描述设备的行为，模型的具体形式取决于设备类型和建模目的
验证和校准	对建立的设备参数模型进行验证和校准。与实际测量数据进行比较，以确保模型的准确性和可靠性。准确性评价指标根据实际情况可以选取绝对误差、相对误差或均方根误差等。对于检验模型的可靠性，可以通过长时间的历史数据验证，也可以考虑开展故障模拟试验，检验模型在异常情况下的鲁棒性。如果模型与实际测量结果存在差异，可能需要对模型进行调整和修正，可以采用系统辨识、非线性回归等参数优化方法重新拟合模型，以使其与实际情况一致
应用和分析	使用建立的设备参数模型进行电力系统的分析和应用，如包括潮流计算、短路计算、稳定性分析、故障仿真等。根据具体需求，可以将设备参数模型与其他系统模型进行耦合，以获取更全面准确的电力系统分析结果

2. 动态模型

动态信息建模是一种专门用于模拟系统动态行为的技术手段，其核心目的在于深入挖掘并揭示系统的结构特征和性能表现，进而为提出系统改进方案提供科学依据。在清晰界定动态建模概念的基础上，该技术通常可以根据其核心理念和应用方法被划分为两大类：一类是以时间为基础的动态建模技术，另一类则是以空间为基础的动态建模技术。

以时间为基础的动态建模技术，其核心优势在于采用基于时间序列的分析方法来对系统进行建模和仿真。这种方法在处理一系列随时间变化的复杂问题时，展现出了更高的灵活性和适应性。通过该技术，我们可以清晰地观察到系统在不同时间点之间的行为演变过程，这为深入理解系统的动态特性提供了有力的工具和支持；以空间为基础的动态建模技术则更加专注于考虑系统中的空间关系和空间分布特性。该技术通过深入分析系统中不同元素之间的空间相互作用，以及这种相互作用如何对系统的整体行为产生影响，这种方法有助于揭示系统中隐藏的空间规律和模式。

在电力系统中，动态信息的建模方法主要是通过对电力系统运行状态、设备运行参数等动态信息进行建模，用以全面描述电力系统的动态特性。目前，较常用的动态信息建模方法主要包括以下几种：

（1）时序模型：该模型通过对电力系统状态、设备运行参数等信息进行时间序列分析，建立一种基于时间维度的动态模型。时序模型主要采用离散化的方式对连续信号进行抽样和量化，并对信号进行时序分析和预测，以达到对电力系统动态特性的建模目的。这种方法在负荷预测、电力系统状态估计等领域具有广泛的应用价值。

（2）传递函数模型：该模型基于线性系统理论，将输入和输出之间的关系表示为传递函数。在电力系统中，传递函数模型常用于描述传输线、发电机励磁系统和控制系统等动态行为，通过测量或仿真手段可以确定系统的传递函数，并利用它们进行频域分析和稳定性评估，从而为电力系统的稳定运行提供有力保障。

（3）状态空间模型：该模型将电力系统看作一个多输入、多输出、多状态的动态系统，通过对电力系统状态进行建模，建立系统的状态空间模型。这类模型能够准确地描述电力系统的状态演化过程，并用于预测电力系统未来的状态和行为，为实现电力系统的实时监控和控制提供了有力的技术支持。

（4）神经网络模型：该模型作为一种模仿人类神经系统工作方式的计算模

型，在电力系统动态建模中也展现出了巨大的潜力，它可以通过对大量数据的学习和训练，建立电力系统的非线性动态模型，准确地预测电力系统未来的状态和行为，为电力系统的优化运行和故障预测等提供了新的思路和方法。

3. 几何模型

在计算机图形学中，几何模型可以用来描述和表示物体的形状、位置和运动，从而实现计算机生成的图像，广泛应用于计算机辅助设计、计算机辅助工程等领域。几何建模可以运用专业的建模软件进行，如 Blender、Houdini、Rhino 和 Modo 等，这些软件为几何建模提供了强大的工具支持。

几何建模主要应用于对电网设备、场站以及整个电网系统，为电网的设计、分析和优化提供了新的解决思路。通过对电网进行几何建模，可以更加直观地了解电网的结构和布局，为电网设计、运行、优化等提供基础数据。在电网设计中，可以利用几何建模软件创建电网的三维模型，并在数字环境中进行设计，通过调整模型参数和位置可以模拟不同的设计方案，对设计方案进行优选，提高电网设计效率与质量；在电网分析方面，通过对电网进行几何建模，可以获取电网设备、场站的空间位置、形状和尺寸等详细信息，这些信息对电气计算、故障定位等方面至关重要。例如，在潮流计算中需要的线路的长度、阻抗等参数可以通过电网几何模型获取，在故障定位中，几何模型可以帮助我们快速确定故障发生的位置和范围。除了设计和分析外，几何建模还在电网优化中发挥着重要作用，通过对电网进行几何建模，可以发现电网中存在的问题并提出针对性的优化方案。例如，在电网重构中，我们可以利用几何建模技术，对电网结构进行优化调整，以提高电网的供电能力和可靠性。

以变压器几何建模为例，其建模过程涉及多个步骤，见表 6–2。

表 6–2 变压器几何建模过程

建模过程	描述
确定基本形状和尺寸	首先，需要明确变压器的基本形状和尺寸，这通常包括线圈、铁芯和其他组件的外形和尺寸。这些参数将作为建模的基础
创建基本几何体	使用建模软件中的基本几何体工具，如立方体、圆柱体等，来创建变压器的各个部分。例如，线圈可以表示为一系列的圆柱体或圆环，铁芯可以表示为长方体或更复杂的形状

续表

建模过程	描述
细节处理	在创建了基本的几何体之后，需要进一步处理细节，如线圈的绕制方式、绝缘层的添加、散热片的布局等。这些细节的处理对于模型的准确性和真实性至关重要
布尔运算和组合	使用布尔运算（如并集、交集、差集）来组合或修改几何体，以形成更复杂的结构。这有助于创建具有嵌套关系或相互交错的部件
添加材料和属性	为模型的各个部分分配正确的材料和属性，如电导率、磁导率等。这些属性将影响模型在电磁场中的行为
验证和优化	在建模过程中，不断进行验证和优化，以确保模型的准确性。可以通过与实际的变压器数据进行比较，或者使用仿真软件进行验证

4. 物理模型

物理模型是通过数学建模和计算机技术来模拟和预测真实物理现象的方法，通过建立物理模型可以对各种物理现象进行研究，包括物体运动、力学行为、电磁活动等。

（1）机理建模：在面对数据量相对有限、特征显著的物理对象时，可采用特定的机理模型，以实现参数的精确转换与模型的高效表达，进而模拟特定器件或系统在不同应用场景下的参数性质变化。物理建模需要明确所要研究的物理现象或问题，利用物理定律和数学建模方法建立物理模型，然后将物理模型转化为数学模型，并在计算机上运行模拟实验；最后通过对模拟实验结果进行分析，得到各类物理现象的计算结果，通常该类模型可称为机理模型。

（2）数据驱动建模：随着物联网、大数据、人工智能等技术的进步，物理建模技术逐步向数据驱动方向发展，对于数据关联性较强的物理对象，数据拟合等方法被选作耦合表达的优选。数据驱动建模是通过收集大量数据，运用机器学习等方法分析数据之间的关系和规律，从而建立数学模型的过程，其核心是通过对数据的特征提取和选择，建立能够反映数据特征的模型，并对模型进行评估和优化。数据驱动建模一方面减少人工干预和错误操作，提高建模效率和准确性，同时具有强大的泛化能力，可以适应不同的环境和数据分布情况，提高模型的可靠性和稳定性。

在传统电网计算分析中，设备建模通常采用机理模型，随着新型电力系统的发展，由于新能源等设备受环境因素影响大且机理复杂，随着大数据、人工智能等技术进步，对这些设备的建模方式已逐步向数据驱动模型构建转变。

6.5.2 设备数字化模型

为了确保电力系统的稳定性和可靠性，需要对系统中的主要设备进行详细的建模和分析，不同的计算类型对设备建模的要求往往有较大差异，以下介绍发电机、变压器、电力线路和负荷这四种主要设备模型在稳态计算、故障计算、机电暂态计算和电磁暂态计算中的模型与特性。

1. 发电机

发电机作为电力系统的核心设备，其建模的准确性对于整个系统的分析与设计具有至关重要的意义。在稳态计算中，发电机模型主要关注励磁电动势、功角、电磁转矩等电磁特性和运行限额，这些特性描述了发电机在正常运行状态下的电气行为；而在故障计算中，模型则需考虑故障类型对电气特性的影响，分析故障时的电流、电压变化以及转速和转矩的变化，以评估发电机对故障的响应能力；机电暂态计算则更关注发电机的动态行为，包括转子运动方程和电磁暂态过程的详细描述，以预测发电机在暂态过程中的变化特性；在电磁暂态计算中，模型的复杂性进一步增加，需要精确描述发电机内部电磁场的瞬态行为，并考虑磁饱和效应和非线性特性，以准确预测发电机在电磁暂态过程中的行为。通过这些计算与分析可以更准确地理解发电机的行为特性，为电力系统的稳定运行提供有力保障。

新型电力系统背景下，发电机建模过程更为复杂。如在风机装备建模方面，需用数学模型描述发电机的动态特性，包括转子运动方程、电磁转矩方程和电气方程等，用于研究电力系统的暂态稳定性和电力质量等问题，并需配合控制保护逻辑，通过调整具体参数以模拟装备的不同特性。在集中式新能源场站建模方面，通常需要建立风电场或光伏电站的聚合等值模型。常见方法主要有单机等值法和分群（聚类）法，单机等值法将风电场内所有发电机进行等值，风电场模型输入的机械功率取各单台机组的机械功率之和或根据机组的功率曲线和各台机组的输入风速来计算风电场模型的等效风速，将该等效风速作为单机输入，最后根据机组的数量倍乘该单机的输出得到风电场的整体出力，即所谓的倍增模型。对于该方法，考虑到各机组实际运行状态存在差异，要选

择合适的聚合方法确保机械部分和电气部分模型等值效果与实际系统的一致性，需结合大量统计性研究和现场实测进行验证。

2. 输电线路

输电线路是电力系统中传输电能的主要通道。在稳态计算中，输电线路模型通常采用分布式参数模型，如单位长度电阻、电抗、电导和电纳等，以描述线路沿线的电气特性；在故障计算中，输电线路模型需要考虑故障类型对线路电气特性的影响，以及故障对系统稳定性和保护设备动作的影响；机电暂态计算中，模型通常采用集中参数模型或分布参数模型的简化形式，以描述线路在暂态过程中的电压和电流变化；而在电磁暂态计算中，模型则需要精确描述其内部的电磁场瞬态行为，考虑线路与大地之间的电容效应以及波过程对电压和电流分布的影响等。

对电力系统中的传输线路进行建模时，通常使用传输线模型来描述其行为。传输线模型考虑了传输线的电气特性，例如电阻、电感、电容和导纳等参数，基于传输线方程，可以用于研究电力系统的电磁暂态过程、电压稳定性和电磁兼容性等问题。主要分为时域传输线模型和频域传输线模型两种类型。

（1）时域传输线模型（又称为波动方程模型）：此模型基于时域电磁场分布，使用偏微分方程来描述传输线上的电压和电流行为。常见的时域传输线模型包括电压波动方程（或称为传输线方程）和电流波动方程。这种模型适用于研究传输线上的电磁暂态现象，如过电压、短路和雷击等。

（2）频域传输线模型：此模型通过将时域传输线模型中的变量转换为频域中的复数形式，采用复数域分析方法进行分析。频域传输线模型通常使用传输线阻抗矩阵或传输线传输矩阵来描述传输线的电气行为。这种模型适用于频率响应分析、潮流计算和谐波分析等。

3. 变压器

变压器是电力系统中连接不同电压等级的关键设备。在稳态计算中，变压器模型主要关注其电阻、电抗、电导和电纳等参数，这些参数描述了变压器在正常运行状态下的电气特性；在故障计算中，变压器模型需要考虑故障对内部电磁场的影响，以及绕组温度升高和绝缘损坏的风险；机电暂态计算中，变压器模型通常简化为集中参数模型，以描述其在暂态过程中的电压和电流变化；而在电磁暂态计算中，变压器模型则需要精确描述其内部的电磁场瞬态行为，考虑磁饱和效应、非线性特性以及冷却系统对温度分布的影响等。

4. 负荷

负荷建模对于分析系统的供需平衡和动态响应至关重要。在稳态计算中，负荷模型通常采用综合负荷模型，以反映实际电力系统负荷的频率、电压和时间特性；在故障计算中，负荷模型需要考虑故障对负荷特性的影响，以及负荷的动态响应特性；机电暂态计算中，负荷模型通常采用动态负荷模型，以描述负荷在暂态过程中的功率变化特性；而在电磁暂态计算中，负荷模型则通常简化为恒定阻抗或恒定电流模型，但在需要精确模拟负荷对系统电磁暂态行为影响的情况下，也可以采用更复杂的动态负荷模型。

6.5.3　系统数字化模型

系统仿真建模技术是一种基于计算机技术的数学建模方法，用于模拟电力系统的运行特性和行为。通过仿真建模可以获得电力系统的运行数据和性能指标，为电力系统的规划设计和安全运行提供有力支持。同时，仿真建模技术还可以预测电力系统未来行为和响应，可以对系统进行局部或全局优化，为电力系统生产经营管理等提供决策支撑。从发展历程看，电力系统仿真建模技术发展大致可以分为三大阶段。

第一阶段是 20 世纪 60 年代以前，这个阶段的电力系统仿真建模技术主要基于经典控制理论和电路理论，开发了一些简单的仿真程序，用于分析电力系统的稳定性和控制问题。由于当时的计算机技术和算法水平有限，程序的计算速度和精度都较低，以物理模拟为主。

第二阶段是 20 世纪 60—80 年代，这个阶段的电力系统仿真建模技术得到了快速发展，主要得益于计算机技术的进步和数值计算方法的改进，出现了许多高精度的仿真程序，用于分析电力系统的稳态和暂态行为，包括负荷预测、最优潮流、故障诊断等方面。

第三阶段是 20 世纪 90 年代至今，这个阶段的电力系统仿真技术发展迅猛，仿真计算不仅包括潮流、短路、稳定等计算，仿真程序的计算速度和精度得到了明显提高，还研发了大量优化程序，如潮流优化、无功优化、机组组合等，软件本身也逐步发展为大型综合仿真计算分析系统。

随着人工智能技术的发展，人工智能技术逐步应用于电力系统仿真计算中，如神经网络、深度学习等。神经网络是一种模拟人脑神经元网络结构的计算模型，具有强大的自学习和自适应能力，能够自动提取数据中的特征并进行分类和预测。神经网络可被应用于负荷预测、故障诊断、电能质量监测等方

面。例如，利用神经网络对电力系统负荷进行预测，可以有效地提高预测精度，降低误差率；可以应用于电力系统的故障诊断中，通过对故障数据的训练和学习，可以自动识别出故障类型和位置，提高故障处理的效率和准确性。深度学习是一种基于人工神经网络的机器学习方法，能够自动提取数据中的特征并进行分类和预测。深度学习可以应用于电力负荷预测、电能质量分析、风力发电预测等方面。例如，利用深度学习对电力负荷进行预测，可以通过对历史数据的自动学习，提取出更为准确的负荷预测模型；同时，深度学习还可以应用于电能质量分析、设备故障或缺陷概率预测、巡检图像识别等场景。

当前，人工智能技术在电力系统建模中的应用范围不断拓宽，这些模型包含电气计算、分析、优化、预测、缺陷识别、故障识别等，所采用数据样本也包含文本、图像、声纹、时序数据等，这些技术的应用可以提高电力系统的运行效率和维护水平，降低电力系统的运行成本和风险。未来，随着大模型等新一代人工智能技术的不断发展，人工智能技术在电力系统建模中的应用将会越来越广泛和深入。

为了使读者对系统数字化模型有更全面的了解，在这里我们介绍几类常用的系统数字化模型。

1. 电力系统分析模型

电力系统算法模型作为电力系统分析与设计的基础，其分类主要基于电力系统的运行状态和分析目的。这些模型大致可以分为稳态计算模型、短路计算模型和暂态计算模型。其中，稳态计算模型关注电力系统在正常运行状态下的电气特性，如电压、电流、功率等；短路计算模型则用于评估系统在短路故障下的行为，包括短路电流的大小、分布等；而暂态计算模型则用于分析系统在受到扰动后的瞬态响应过程，包括机电暂态和电磁暂态。这些模型在电力系统的规划、设计、运行和维护中发挥着至关重要的作用。

电力系统建模过程主要包括电网系统结线图的获取与处理、关联矩阵和导纳矩阵的生成，以及结合元件模型构建各类算法模型。首先，需要获取电网系统的结线图，这是建模的原始数据，应包含所有电气元件的连接关系和参数信息；然后，根据结线图，可以生成关联矩阵和导纳矩阵等，分别描述元件与节点之间的连接关系以及节点之间的电气特性；最后，将上一节介绍的发电机、输电线路、变压器、负荷等元件的模型与导纳矩阵相结合，构建出各类算法模型，用于后续的电力系统分析。

（1）稳态计算。稳态计算是电力系统分析的基础，其原理基于电力系统的潮流方程。模型求解方法通常采用牛顿－拉夫逊法或高斯－赛德尔法等迭代算法，通过不断迭代更新电压和功率的值，逐步逼近潮流方程的解。收敛判据用于判断迭代是否结束，通常基于电压和功率的残差。

在稳态计算中，发电机通常采用恒阻抗模型或等值电路模型，考虑其有功和无功输出；输电线路考虑其阻抗和导纳特性，以及线路的长度和类型；变压器考虑其变比、阻抗和损耗；负荷考虑其有功和无功需求，以及负荷特性。

（2）短路计算。短路计算是评估电力系统短路故障承受能力的重要方法。短路计算原理包括三相短路和不对称短路，三相短路是指三相导体之间直接相连，形成短路回路，三相电流幅值相等、相位相同；不对称短路则是指一相或多相导体与地（或中性点）之间相连，形成短路回路，导致系统失去对称性，产生负序和零序分量。

短路计算中，发电机考虑其短路阻抗和励磁系统响应；输电线路考虑其故障阻抗和电流分布；变压器考虑其短路阻抗和磁饱和效应等。

模型求解方法方面，三相短路通常采用阻抗矩阵法或节点电压法求解短路故障下的电流分布；不对称短路则利用对称分量法将不对称网络分解为正序、负序和零序三个对称网络，分别计算各序网络的故障分量，再进行合成得到实际电流和电压分布情况。

（3）暂态计算。暂态计算是分析电力系统在受到扰动后的瞬态响应过程的重要方法。暂态计算原理包括机电暂态计算和电磁暂态计算。机电暂态计算关注发电机转子运动方程和电力系统网络方程的耦合求解；电磁暂态计算则关注电力系统元件（如输电线路、变压器等）的电磁暂态过程。

暂态计算对元件建模的要求包括：发电机考虑其转子运动方程、励磁系统、调速系统等动态特性；输电线路考虑其电磁暂态过程，如行波的传播和反射；变压器考虑其饱和特性、绕组电阻和电感等参数；负荷考虑其动态响应特性，如负荷恢复过程等。

模型求解方法通常采用数值积分方法，如欧拉法、龙格－库塔法等。通过离散化时间域，将连续的系统动态过程转化为离散的数值解。收敛性和稳定性判据用于评估数值解的质量和可靠性。

随着电力系统的发展，交直流混联已经成为电力系统的重要组成部分。在这种情况下，电力系统算法模型需要适应这种复杂的电力系统结构，包括考虑交直流系统的相互作用和影响，建立更加精细和准确的元件模型，模拟交直流系统的协调控制过程，以及评估不同控制策略对系统稳定性和经济性的影响

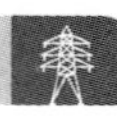

等。同时，新能源的大量渗透也使得电力系统的结构和运行特性发生了显著变化。为了适应这种变化，需考虑新能源发电机的运行特性和控制策略，建立更加精细和准确的负荷模型，研究新能源接入后对电力系统电气特性的影响，以及考虑新能源与常规能源的协调运行。

2. 故障识别与诊断模型

电力系统的故障诊断从诊断级别上可分为部件级、设备级和系统级。深度学习方法无须人工参与特征提取，可直接通过训练原始底层数据得到故障特征，适应不同周期的数据并便于有效处理高维非线性数据。深度信念网络、卷积神经网络、堆叠自编码器和递归神经网络等深度学习模型在故障诊断中得到了广泛应用。相对而言，卷积神经网络因其强大的图像特征提取能力，在缺陷图像识别等计算机视觉任务中已取得较好的场景应用效果。

（1）深度信念网络在故障诊断中常常被用作分类器和特征提取与识别。其原理是基于多层非线性变换的深度学习模型，通过逐层贪婪预训练和全局微调的方式，学习数据的深层表示。在电力变压器的故障诊断中，深度信念网络通过训练变压器油中溶解气体的浓度数据，利用多层非线性变换逐渐提取出数据的故障特征，并实现对变压器故障的准确分类。

（2）卷积神经网络可提取输入数据的局部特征，并逐层组合抽象生成高层特征。其算法原理是利用卷积层、池化层和全连接层等结构，通过局部连接、权值共享和池化操作，实现对输入数据的特征提取和分类识别。在电网设备的故障诊断中，卷积神经网络通过对设备振动信号进行特征提取和学习，能够自动提取出振动信号中的故障特征，并实现对设备故障类型的精确识别。

（3）基于堆叠自编码器的故障诊断方法多着眼于滤波降噪和特征提取。其算法原理是通过多个自编码器层的堆叠，实现对输入数据的非线性变换和特征提取。在训练时，该方法需要少量的样本数据，通过逐层贪婪预训练和全局微调的方式，学习数据的深层表示。在风力发电机的故障诊断中，堆叠自编码器通过训练少量的正常运行和故障数据，成功地提取出了风机的故障特征，并实现了对风机故障的准确诊断。

（4）递归神经网络较前三类算法最大的不同之处在于其自身的记忆能力。其算法原理是利用循环连接和记忆单元，使网络能够处理序列数据并保留历史信息，这一特性使得递归神经网络特别适用于设备的实时状态监测与故障诊断。

3. 控制系统模型

控制系统是指通过一定的控制策略和控制手段，使被控对象按照预定的目标或规律运行的系统。在电力系统中，控制系统主要用于实现对电力设备的监控、调节和保护，以确保电力系统的安全、稳定和经济运行。根据控制对象和控制策略的不同，电力系统中的控制系统可以分为多种类型。其中，按照控制对象的不同，电力系统控制系统可以分为发电机控制系统、变压器控制系统、输电线路控制系统、配电设备控制系统和用电设备控制系统等。这些系统各司其职，共同维护电力系统的正常运行。

按照控制策略的不同，电力系统控制系统可以分为开环控制系统、闭环控制系统和复合控制系统等。开环控制系统是一种较为简单的控制方式，其控制作用仅取决于输入量，与系统的输出量无关；闭环控制系统则通过反馈机制，将系统的输出量作为控制作用的依据，以实现更精确的控制；复合控制系统则结合了开环和闭环控制的优点，既具有开环控制的快速性，又具有闭环控制的精确性。此外还有一些特殊的控制系统，如自适应控制系统、智能控制系统和鲁棒控制系统等。这些系统具有更强的适应性和鲁棒性，能够更好地应对电力系统中的不确定性和复杂性。

在电力系统中，控制系统广泛应用于发电、变电、输电、配电和用电等各个环节。下面将分别详细介绍各类控制系统的原理和功能。

（1）发电控制系统。发电控制系统主要用于控制发电机的输出功率和电压，以满足电力系统的负荷需求和电压稳定要求。其中，最常见的发电控制系统是自动发电控制（automatic generation control，AGC）系统。AGC 系统通过实时监测电力系统的频率和负荷变化，自动调整发电机的有功功率，以维持电力系统的频率稳定。同时，AGC 系统还可以与自动电压控制（automatic voltage control，AVC）系统相配合，共同维持电力系统的电压稳定。AVC 系统通过实时监测发电机的端电压和无功功率，自动调整发电机的励磁电流，以维持发电机的端电压在给定水平，并改善电力系统的稳定性。

除了 AGC 和 AVC 系统外，发电控制系统还包括其他重要的组成部分，如发电机保护系统等。发电机保护系统用于监测发电机的运行状态，一旦发现异常情况，如过载、短路等，立即启动保护动作，切断故障设备或线路，防止故障扩大，保护发电机的安全稳定运行。

（2）变电控制系统。变电控制系统在电力系统中发挥着重要作用，主要用于控制变压器的分接头位置和运行状态，以实现电压的调节和变压器的保护。

其中，最常见的变电控制系统是自动电压调节器（automatic voltage regulator，AVR）和变压器保护装置。AVR 通过实时监测变压器的输出电压和无功功率，自动调整变压器的分接头位置，以维持输出电压的稳定。变压器保护装置则用于监测变压器的运行状态，一旦发现异常情况，如油温过高、绕组过热等，立即启动保护动作，防止变压器损坏。

除了 AVR 和变压器保护装置外，变电控制系统还包括其他重要的组成部分，如变电站自动化系统。变电站自动化系统通过集成各种自动化设备和技术，实现对变电站的全面监控和管理。它可以实时监测变电站的运行状态、设备状态、负荷情况等，为运行人员提供准确的数据和信息支持，帮助他们做出正确的决策和操作。

（3）输电控制系统。输电控制系统主要用于控制输电线路的功率流动和线路保护。其中，最常见的输电控制系统是输电线路保护装置和柔性交流输电系统（flexible AC transmission systems，FACTS）控制器。输电线路保护装置用于监测输电线路的运行状态，一旦发现故障，如线路短路、接地故障等，立即切断故障线路，防止故障扩大。FACTS 控制器则是一种先进的输电控制技术，通过调节输电线路的阻抗、相位和电压等参数，实现输电线路的功率控制和稳定。它可以提高输电线路的传输能力、改善电力系统的稳定性和经济性。

除了输电线路保护装置和 FACTS 控制器外，输电控制系统还包括输电线路巡检系统等。输电线路巡检系统是通过无人机、机器人等先进技术，实现对输电线路的定期巡检和故障排查。它可以及时发现和处理输电线路的缺陷和故障点，确保输电线路的安全稳定运行。

（4）配电控制系统。配电控制系统主要用于控制配电设备的运行状态和负荷分配。其中，最常见的配电控制系统是配电自动化系统和智能配电系统。配电自动化系统通过实时监测配电设备的运行状态和负荷情况，自动调整设备的运行状态和负荷分配，以提高配电系统的可靠性和经济性。配网自动化系统一般具备故障的快速定位、隔离和恢复供电等功能，减少停电时间和范围。智能配电系统则进一步利用先进的信息技术和人工智能技术，实现对配电系统的全面优化和管理。它可以通过数据分析、预测和优化算法等手段，提高配电系统的运行效率和服务质量。

除了配电自动化系统和智能配电系统外，配电控制系统还包括分布式电源接入控制系统等。分布式电源接入控制系统用于管理和控制分布式电源（如太阳能发电、风力发电等）的接入和运行。它可以实现分布式电源的自动并网、功率控制和保护等功能，确保分布式电源与配电系统的协调运行和安全可靠。

（5）用电控制系统。用电控制系统是电力系统中的末端环节，主要用于控制用电设备的运行状态和能耗。其中，最常见的用电控制系统是智能家居系统和智能电表系统。智能家居系统通过实时监测用电设备的运行状态和能耗情况，自动调整设备的运行状态和能耗模式，以实现节能减排和舒适生活的目标。它可以实现用电设备的远程控制、定时开关、能耗统计等功能。智能电表系统则用于实时监测用户的用电量和用电行为，为用户提供更加精准的用电信息和计费服务。它可以实现用电量的远程读取、数据分析和用电行为识别等功能。

用电控制系统还包括需求侧管理系统等。需求侧管理系统通过激励措施和技术手段，引导用户合理使用电力资源，降低峰值负荷和能耗。它可以实现用电负荷的监测、预测和控制等功能，为电力系统的稳定运行和节能减排作出贡献。

（6）新能源站场智能控制系统。以高分辨率的数值天气预报数据为基础，结合新能源场站的微地形特点，实现场站功率的智能化精细预测。基于新能源场站发电单元的功率特性、状态参数和电网环境，实现区域智能化能量综合管理。研究风力发电、光伏发电的并网特性，揭示不同场景下其规模化并网与电网的相互作用机理，实现新能源场站对电网的动态主动支撑。设计包括智能叶片/变桨控制、智能变频器控制的自适应协调控制策略，实现新能源发电系统控制装备的智能化。

（7）微网控制系统。微电网是一种由分布式电源、储能装置、负荷和监控保护装置等组成的小型发配电系统，具有灵活性和可靠性的优点。微网控制系统通过实时监测微电网的运行状态和负荷需求，自动调整分布式电源的输出功率和储能装置的充放电策略，以实现微电网的能量平衡和稳定运行。同时，微网控制系统还可以与主电网进行互动，实现微电网与主电网的协调运行和优化调度。随着微电网技术的不断发展，微网控制系统还在不断引入新的控制策略和技术，如多智能体协同控制、分布式优化等，以提高微电网的自治能力和运行效率。

（8）虚拟电厂控制系统。虚拟电厂是一种通过先进的信息技术和通信技术将分布式电源、储能装置、负荷等资源整合起来形成的一个虚拟的发电厂。虚拟电厂控制系统主要用于实现虚拟电厂的资源调度和优化运行，通过实时监测虚拟电厂内各资源的运行状态和负荷需求，自动调整各资源的输出功率和运行

状态，以实现虚拟电厂的能量平衡和经济效益最大化。同时，虚拟电厂控制系统还可以与电力市场进行互动，参与电力市场的竞价和交易过程。

4. 趋势预测模型

在电力系统中，趋势预测模型通过对历史数据的分析和学习预测未来的负荷需求和新能源功率等。负荷预测在电力系统中应用十分广泛，主要分为中长期预测、短期预测和超短期预测。其中，中长期预测用于电网规划、电力市场运营和能源政策制定等方面，用以预测未来的负荷增长趋势和新能源发展趋势，从而制定合理的电网发展计划和能源政策；短期预测则主要用于电力调度和运行控制，帮助调度人员提前了解未来几天或几周的负荷需求，以合理安排发电计划和电网调度，确保电力系统的稳定运行。超短期预测则更加关注未来几小时或几分钟的负荷变化，对于实时调整发电功率和维持电网平衡具有重要意义。这些预测模型的应用场景广泛，涵盖了电力系统的多个方面，为电网的稳定运行和高效管理提供了有力支持。

负荷预测方法可以分为传统统计学方法和人工智能方法。传统统计学方法，如时间序列分析、回归分析等，具有模型简单、易于理解的优点，这些方法通常基于历史数据来建立数学模型，通过对模型的参数进行估计和预测，来得到未来的负荷值。然而，传统统计学方法在处理大规模、非线性数据时存在局限性，往往难以捕捉到数据中的复杂特征和模式；相比之下，人工智能方法如深度学习、机器学习等，具有强大的数据处理能力和特征提取能力，能够更好地应对复杂多变的负荷数据。这些方法通过训练大量的历史数据，学习到数据中的特征和规律，从而能够更准确地预测未来的负荷需求。然而，人工智能方法也存在一些缺点，如模型复杂、训练时间长等。在实际应用中，需要根据具体场景和数据特性选择合适的预测方法，综合考虑预测的准确度、计算效率以及模型的可解释性等因素。

随着人工智能技术的不断发展，大模型在负荷预测中的应用也逐渐受到关注。大模型具有参数多、结构复杂的特点，能够学习更丰富的数据特征，提高预测的准确度。在负荷预测中，大模型可以通过训练大量的历史负荷数据学习负荷变化的规律和趋势，从而更准确地预测未来的负荷需求。同时，大模型还可以对新能源功率进行预测，综合考虑多种因素的影响，提高电力系统的整体预测能力和运行效率。

5. 系统优化模型

电力系统优化是指通过将生产问题归纳为数学优化问题，对电力系统的规划、运行等环节进行合理调整和优化，以实现电力系统的安全、稳定、经济和环保运行，优化目标通常包括提高电力系统的供电可靠性、降低运行成本、减少损耗、提高运行效率等。

电力系统优化算法见表 6–3。

表 6–3　　电力系统优化算法

优化算法	内容
线性规划	线性规划是一种常用的数学优化方法，用于求解具有线性约束条件的优化问题。在电力系统优化中，线性规划可以用于确定最佳的发电计划、最优潮流分配等问题
非线性规划	非线性规划是一种处理非线性约束条件的优化方法。在电力系统优化中，非线性规划可以用于解决电压稳定、无功功率优化等问题
混合整数规划	混合整数规划是一种同时考虑连续变量和整数变量的优化方法。在电力系统优化中，混合整数规划可以用于求解电力系统的最优调度问题
动态规划	动态规划是一种用于解决多阶段决策过程的优化方法。在电力系统优化中，动态规划可以用于解决最优潮流、最优调度等问题
遗传算法	遗传算法是一种模拟生物进化过程的优化方法。在电力系统优化中，遗传算法可以用于求解最优潮流、最优调度等问题

由于电力系统地域分布广泛，且包含大量特性各异的设备和控制系统，电力系统优化技术得到广泛和深入的应用，见表 6–4。

表 6–4　　电力系统优化技术应用

优化技术	优化目标
输电网规划优化	输电网规划目标是在负荷预测及电源布局已知的情况下，确定在何时、何地投资建设何种类型输电线路以满足经济、可靠的输送电力要求。规划方案最终体现为规划水平年的负荷及电源分布状况的分层分区，发电厂、变电站的出线数目及供电区之间的联络线数目，确定采用的网络结构、主接线方式等
无功优化	无功优化问题的目标函数是网损最小、电压质量最佳、补偿容量最小、投资最少或者综合经济效益最好等。新能源比例提升，新能源功率波动给电力系统的无功优化带来了新的挑战，主要是无功电压变化更快，更频繁；且有部分新能源电源的并网装置也消耗大量无功

续表

优化技术	优化目标
配网重构与优化	随着主动配电网、微电网、虚拟电厂等发展，多优化控制中心协调优化问题成为配电网优化的一个关键问题，采用新一代人工智能数据驱动技术，建立及求解主动配电网多控制中心全局优化模型有重大意义

6.5.4　环境数字化模型

在物理系统运行过程中，外部环境因素是造成电网事故的主要原因之一。在物理系统建模方法中引入外部环境信息作为判据有助于进一步实现对系统故障原因的分析，同时辅助电网规划和运行决策。

1. 环境数字化模型

基于环境信息的建模方法，主要是通过对电力系统周围环境的监测和分析，建立相应的数学模型，以便更好地预测和管理电力系统的运行。建模分类见表 6–5。

表 6–5　环境数字化模型建模分类

建模分类	内容
气象数据建模	气象数据是环境信息的重要组成部分，对电力系统规划设计和运行具有重要影响。气象数据建模可以包括温度、湿度、风速、日照强度和降水量等信息，这些数据模型用于建立电力系统的负荷模型、风力发电模型、太阳能发电模型和水力发电模型等
水文数据建模	通过监测水文数据，如水位、流量、降雨等，建立水文模型，这种模型可以用于水电站的规划设计预测和运行调度
大气污染数据建模	通过监测大气污染数据，如 PM2.5、SO_2、NO_x 等，建立大气污染模型。这种模型可以用于发电机组排放控制和电网调度
地质地貌数据建模	电子地图提供了关于地理位置、地形地貌和土地利用等环境信息。将这些数据模型用于评估输电线路的走廊选择、变电站布置等。通过考虑环境因素，如地形、土壤类型和气候条件等，可以提升电网规划设计的技术经济合理性
生态环境数据建模	通过监测生态环境数据，如植被覆盖率、水生态环境等，建立生态环境模型。这种方法可以用于水电站等电力工程对生态环境的影响评估和管理

2. 系统－环境关联模型

环境因素对电力系统规划、建设、运行有着重要影响，这些环境因素包括气候、地形、资源、地质灾害等。气候变化，如温度、湿度降雨量、风力等的变化，都会对电力系统的运营和稳定性产生影响。例如，极端高温或低温会影响电力设备的效率和稳定性，高温可能导致设备过热，增加故障风险，而低温则可能导致设备结冰，引发设备损坏。过高的湿度可能使设备生锈或导致电路短路，而过低的湿度则可能导致静电积累，对设备造成损害。强降雨可能导致洪涝灾害，影响电力设备的正常运行，而强风则可能吹倒电线杆，造成供电中断等。此外，气候变化还会影响电力需求，如夏季空调的大量使用会导致电力负荷增加，而冬季则相反。因此，电力企业需要根据气候变化预测电力需求，以保障电力系统的稳定运行。

根据各种环境因素对电力系统影响的特点，可以建立环境因素引发系统变化的关联模型。这些模型能够综合考虑气象、地形、资源、地质灾害等多种环境因素，以及它们与厂站、设备的关联结果，评估（超）短期和未来某时段内各时点上的故障设备、故障概率、故障原因、故障类型、故障位置等信息。

（1）气象对电网设备寿命的影响。气象条件是影响电力设备寿命的重要因素。例如，结合气象信息和设备的设计、运行参数，可以评估高温、低温、湿度、降雨、风等气象因素对设备寿命的影响。长期暴露在恶劣气象条件下的设备，其材料老化、腐蚀、磨损等速度会加快，从而缩短设备的使用寿命。模型应能计及由设备自身状态所引发的故障概率，并根据实际情况中的各类故障参数和状况进行修正。

（2）地形对电网设备选型的影响。地形条件对电力设备的选型具有重要影响。在平原地区，地势平坦，有利于电力设备的布局和建设，但可能面临洪涝灾害的风险，需要选择具有较高防洪能力的设备。而在山区，地势复杂，电力设备可能需要面对高海拔、强风和冰雪等挑战，因此需要选择适应这些恶劣环境的设备，如耐寒、防风的电力设备等。模型可以综合考虑地形因素和设备性能，为设备选型提供科学依据。

（3）水文对电网规划建设的影响。水文条件对电网规划同样具有重要影响。在水电站的建设和运营过程中，需要考虑河流的水文条件，如水量、水位、流速等。这些因素直接影响水电站的发电能力和运营稳定性。因此，在电网规划阶段，需要详细勘测水文条件，评估其对水电站建设和运营的影响，并制定相应的防治措施。例如，在洪水频发地区，需要规划相应的防洪设施，以

确保水电站的安全运行。模型可以模拟不同水文条件下的电网运行状态，为电网规划提供科学依据。

（4）地质灾害对电网规划建设的影响。地质灾害也是影响电网建设的重要因素。地震、滑坡、泥石流等地质灾害可能导致电网设施的破坏和电力中断。因此，在电网规划和建设过程中，需要考虑地质灾害的风险，并选择适当的建设地点和防灾措施。例如，在地震频发地区，需要采用抗震设计，确保电网设施的稳定性。模型可以评估地质灾害对电网设施的影响，为防灾减灾提供科学依据。

随着新型电力系统的建设和发展，环境因素对电力系统的影响更加复杂，新能源发电的快速发展使得电源结构发生根本性变化，风、光等新能源的发电出力受到气象条件的强约束。例如，风力发电的输出功率受到风速、风向等气象因素的影响，而光伏发电则受到光照强度、日照时间等气象条件的制约。在新型电力系统的规划、设计和运营中，需要更加充分考虑气象条件对新能源发电效率的影响，以确保电力系统的稳定运行和电力供应的可靠性。

6.6　物理系统数字驱动

数字化模型搭建完成后，需要将模型表达为计算机算法代码，对物理系统模型进行驱动，完成模型输入参数 – 转换 – 输出过程。在上一节中我们将模型分为机理模型、数据驱动模型，在实际应用场景中，往往是需要这些模型组合或融合发挥作用，形成综合的应用场景，对物理系统的驱动是指模型驱动指令发送到物理系统本身，实现对物理系统的控制或调节。整体而言，对于物理系统的驱动可分为改进类、提升类、重构类三种驱动模式。物理系统数字驱动如图 6–14 所示。

6.6.1　提升物理系统效能

首先，数字驱动设备制造、安装、运行、退役全生命周期效能提升。在设备制造阶段，数字技术的广泛应用显著增强了设计与制造的效率与质量。具体而言，计算机辅助设计软件的应用不仅使设计师能够精确创建三维模型，还通过模拟仿真技术预先识别设计中的潜在问题，进而优化设计方案并减少实物试验次数，大幅缩短了产品研发周期，三维设计技术的引入使设计师能在虚拟环境中进行装配模拟和运动仿真，确保部件间配合无间，降低了因设计错误导致

- 对物理系统的数字驱动是指驱动指令发送到物理系统本身，实现对物理系统的控制或调节。
- 对物理系统的数字驱动可分为改进型、提升型、重构型三种驱动模式。

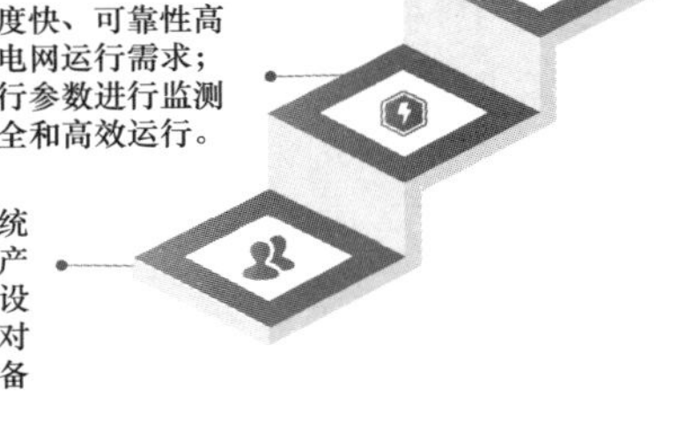

图 6-14 物理系统数字驱动

的返工率。同时，自动化生产线结合先进的数控技术和机器人技术，实现了设备制造的精密化和高效化，显著提升了电网装备的质量和一致性；在设备安装与调试阶段，建筑信息模型（building information modeling，BIM）技术的应用构建了包含设备位置、连接关系、管线布局等信息的三维模型，为现场安装提供了直观指导。同时，传感器网络和远程监控系统的应用使调试人员能够实时获取设备运行状态数据（如电流、电压、温度等），通过数据分析快速定位问题并采取相应调试措施，这不仅缩短了调试周期，还提高了调试的准确性和可靠性；在设备运行与维护阶段，数字化驱动使运行维护更加智能化、精细化。例如，将传感器部署在变电站、输电线路、配电网络等关键位置，实现对设备运行状态的实时监测和数据采集，能够及时发现并预警潜在故障，为运行人员提供决策支持。同时，运行管理系统进一步提升了设备维护管理水平，通过设定点检保养计划，规范了维护作业流程，确保每台设备都能得到及时有效的维护，从而提升设备运行的健康水平；在设备退役阶段，大数据分析的应用能够评估设备的剩余寿命和价值，为退役决策提供科学依据。对于仍有再利用价值的设备，可以通过升级改造等方式延长其使用寿命。

其次，数字技术在电网各环节全面应用驱动物理系统效能的全面增强。在发电领域，数字化技术的应用主要表现在设备状态监控、智能化巡检以及新型状态监测设备的部署；输电领域的数字化建设重点涵盖了三维数字化通道的构建、无人机自主巡检技术以及智能终端的应用；变电领域的数字化转型则主要体现在变电站的巡视、操作以及安全智能化水平的提升，通过引入红外摄像

机、可见光摄像机、巡检机器人和无人机等技术，实现了巡视的无人化；配电领域的数字化建设以故障自愈为目标，全面推进配电自动化，显著提升了配电网的可靠性和供电质量；用电环节，数字化技术的应用则主要集中在需求侧管理和智能用电服务方面。总的来说，这些数字技术的应用极大地进了电网效能。

从电网运行指标的维度，数字驱动电网安全性、可靠性、经济性等指标提升。在电网安全性方面，通过部署智能传感器和监控系统，实现对电网关键设备和线路的实时监测和预警，有效防止事故的发生；在电网可靠性方面，智能电网技术和大数据分析手段使电网企业能够实时监测电网运行状态并预测潜在故障风险，同时智能设备和传感器的应用使电网具备了自我修复和快速恢复的能力；在电网经济性方面，数字技术的应用通过优化资源配置、提高运行效率和降低运维成本等途径显著提升了电网的经济性。

6.6.2　促进物理系统功能升级

在电力系统中，数字技术的广泛应用不断推动着物理系统功能升级，实现了新旧技术的跨代转换，显著提升了电网的运行效率、可靠性和安全性。具体而言，智能电表的应用通过数字技术实现了电能的精确计量，并具备远程通信、数据实时传输等功能，为电网企业提供了更加精准的数据支持，优化了电网运行和用电管理效率；微机继电保护技术的引入，替代了传统的电磁保护，不仅具有保护功能全面、动作速度快、可靠性高等优点，还能通过软件升级来适应不同的电网运行需求，显著提升了电网的安全性和稳定性；无人机巡视技术的应用也实现了对输电线路的全方位、高精度巡视，降低了人工巡视的成本和风险；变电站综合自动化系统的应用更是实现了变电站的无人值守，提高了运行效率，降低了运行成本，为电网的智能化、自动化发展提供了有力支持。

自动控制技术的迭代升级在支撑物理电网升级方面的作用尤为突出，电力系统自动控制技术是指利用自动化设备和技术手段，对电力系统进行监测、控制和优化，以实现电力系统的安全、稳定和经济运行。新型电力系统背景下，自动控制场景也呈现出多样化和复杂化的特点，需要运用数字技术支撑物理系统的功能升级。如风电控制系统、光伏控制系统等新型控制场景极大地支撑了电力系统向新型电力系统的方向发展。

1. 风电控制系统

风电控制系统主要用于控制风力发电机的运行状态和输出功率。由于风力发电具有间歇性和波动性的特点，风电控制系统需要具备较强的适应性和鲁棒性。常见的风电控制系统包括恒速恒频控制系统和变速恒频控制系统。恒速恒频控制系统通过保持风力发电机的转速恒定来实现输出功率的稳定；而变速恒频控制系统则通过调节风力发电机的转速和桨距角等参数来实现输出功率的优化和控制。同时，随着风电技术的不断发展，风电控制系统还在不断引入新的控制策略和技术，如模糊控制、神经网络控制等，以提高风电系统的运行效率和稳定性。

2. 光伏控制系统

光伏控制系统主要用于控制光伏电池板的输出电压和电流，以实现MPPT和电池充电管理等功能。由于光伏发电受到光照强度和温度等环境因素的影响，光伏控制系统需要具备较强的环境适应性和稳定性。常见的光伏控制系统包括集中式控制系统和分布式控制系统。集中式控制系统通过集中控制多个光伏电池板的输出电压和电流来实现最大功率点跟踪；而分布式控制系统则将每个光伏电池板作为一个独立的控制单元，通过分布式算法实现全局最优控制。同时，随着光伏技术的不断发展，光伏控制系统还在不断引入新的控制策略和技术，如智能算法、预测控制等，以提高光伏发电系统的效率和稳定性。

6.6.3　重塑物理系统结构与形态

随着新一代数字技术在物理系统中的深入应用，其与电网技术的融合演进已从局部改进扩展至对系统的全面升级，不仅支撑了规模日益扩大、结构愈发复杂的物理系统的运行，还进一步促进了系统结构与形态的重塑。

从设备研制的维度，嵌入式技术发展推动了电网设备的一二次融合进程。在传统电力系统中，一次设备与二次设备在功能上是分离的，随着嵌入式技术的不断进步，二次设备的功能逐渐被集成到一次设备中，实现了设备层面的高度集成与智能化，这不仅简化了场站结构，提高了设备的可靠性和维护效率，还为电网的数字化、智能化转型奠定了坚实的基础，同时通过大规模部署传感器网络，电网存量设备的数字化问题得到了有效解决，这为后续的数据分析、故障诊断和预测性维护打下坚实基础，还为物理系统与信息系统的深度融合创造了条件。

从电网运行的维度，网络、算力、算法的发展共同推动了电力系统的深刻变革。这些技术的进步使得系统及外部环境的各类运行数据能够实现实时采集、高速传输、高性能处理和精准控制，为重塑物理系统结构和形态提供了强

大的技术支撑。

（1）通过广泛采用物联网（internet of things，IoT）技术，部署智能传感器、无线通信设备等手段，实现了对电网运行状态的全面监控。无论是发电侧的风速、光照强度，还是输电侧的线路电流、电压，乃至用户侧的用电量、负荷特性，都能被实时采集并上传至数据中心。

（2）高速光纤网络、5G 等通信技术的应用，确保了海量数据能够在极短的时间内完成传输，为实时分析和决策提供了可能。这一变革显著提高了电力系统的信息感知和传输能力。

（3）大数据、云计算和人工智能技术的兴起，为电力系统的数据处理提供了前所未有的计算能力。通过对采集到的海量数据进行清洗、整合、分析，可以挖掘出电网运行的深层次规律，识别潜在风险，优化资源配置。例如，利用机器学习算法对历史数据进行训练，可以建立精准的负荷预测模型，为电网调度提供科学依据。高性能计算技术的应用，使得电力系统能够应对更加复杂多变的运行场景，提高了系统的灵活性和韧性。

（4）先进的控制算法和人工智能技术的引入，使得电力系统能够实现更加精细化的控制。通过实时分析电网运行状态，结合优化算法，可以自动调节发电机的输出功率、调整输电线路的负载分配，甚至预测并预防大规模停电事故的发生。此外，微电网、分布式能源等新型电网形态的出现，也依赖于先进的控制系统来实现高效、稳定地运行。精准控制不仅提升了电力系统的运行效率，还有效降低了能耗和排放，促进了绿色低碳转型。

从电网发展维度，随着物理系统规模的扩大，电网发展需要大量的数据支撑决策过程。在电网规划中，需要考虑电源、负荷两大边界条件；在网架规划中，需要解决供电区域、容量传输、选址选线等大量优化问题。这些问题的解决都需要应用大量的趋势预测模型和优化模型，数字驱动技术在物理系统发展中越来越具有不可替代性。这一变革体现了数字技术对于电网发展决策过程的深刻影响。新型电力系统背景下，风光等新能源分布广泛且具有随机性、波动性、间歇性等特点，这给电网发展带来了更大的挑战。为了应对这些挑战，电网发展需要更大规模的数据支撑，并需要全新的电网算法模型及高性能的算力来支撑电网的高质量发展。

从能源生态融合的维度，随着可再生能源的快速发展和分布式能源系统的兴起，能源系统的结构和运行方式正在发生深刻的变化。通过数字技术，电网企业可以与其他能源供应商、用户等实现信息的共享和互动，从而构建出一个更加智能、高效的能源生态系统，各种能源可以得到更加合理、高效的利用，用户的需求也可以得到更加及时、准确的响应。这不仅有力推动了能源产业的转型升级，还促进了可再生能源的利用和能源的可持续发展。

随着新一代数字技术在物理系统中的深入应用，其与电网技术的融合演进已从局部改进扩展至对系统的全面升级，不仅支撑了规模日益扩大、结构愈发复杂的物理系统的运行，还进一步促进了系统结构与形态的优化重塑。

第 7 章　业务系统数字化技术

现代企业由组织架构和业务架构组成。企业组织架构是指企业内部的组织结构，包括各个部门、岗位、职责、权责等方面的安排和分配，企业组织架构是为了实现企业的管理、协调、控制等目标。企业的业务架构包括企业的战略、产品、服务、流程、价值链等。企业组织架构和业务架构虽然目的和角色不同，但它们之间的联系十分紧密，共同支撑企业运营。在本章中，将分析电网企业的业务构成，梳理业务的信息，并介绍业务系统数字化的三大技术，分别是业务系统数字信息生成、数字化建模与数字驱动。

7.1　业务系统构成

电网企业业务系统由电网企业主营生产业务、电网企业管理支撑业务两大部分构成，如图 7-1 所示。

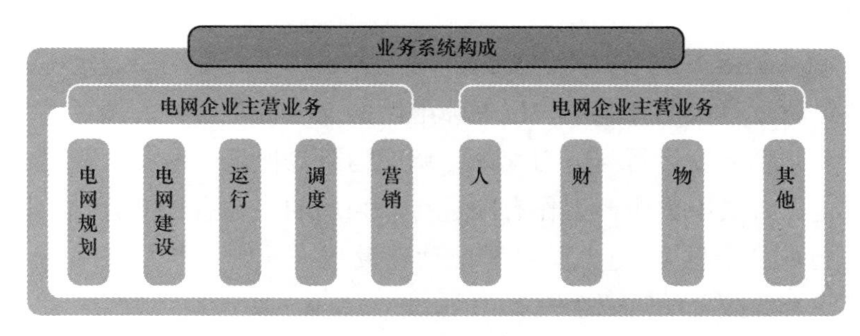

图 7-1　业务系统构成

7.1.1　电网企业主营业务

电网主营业务覆盖发电、输电、变电、配电和用电全环节，业务范围包括规划、基建、运行、调度、营销等业务域。

1. 电网规划

电网规划以电力供应满足经济社会发展和民生为导向，以规划期内的负荷需求预测和电源规划方案为规划边界，确定电网发展的技术路线、网架方案和建设时序，为电网基建打下基础。电网规划包含电源规划、负荷预测、电力电量平衡、选址选线、电气计算、规划评估等过程。

2. 电网建设

电网建设是基建项目从初步设计到竣工验收全过程管理，涵盖设计、物资采购、工程实施、工程竣工等各阶段。电网基建可分为电网基建、小型基建、抽水蓄能工程建设，电网基建主要是指变电站、输电线路、配电房等电网设施的建设，包括主配网基建项目、主配网迁改项目、业扩配套项目；小型基建是指诸如供电所、办公楼等建设的建设；抽水蓄能工程建设是指抽水蓄能电厂建设。

3. 电网运行

电网运行主要指输电线路、变电站、配网等设备的运行、监控及维护，是电网持续正常运转的重要保障。电力设备是电力系统的重要组成单元，其运行的安全平稳至关重要。电网运行中通过运用多种手段动态监测现场设备运行状态，提升电网设备健康水平。

4. 电力调度

电力调度是指根据电力的供需情况对电力系统中的发电机、输电线路、变电设备等进行运行控制和调度，以保障电网的安全稳定运行，满足用户的用电需求。调度包括调度运行与电力交易，调度运行是保证电网安全稳定运行、对外可靠供电、各类电力生产工作有序进行而采用的一种有效的管理手段，是电力系统运行的“中枢”。电力交易是推动建设统一开放、竞争有序的电力市场和优化能源资源配置的重要手段。

5. 电力营销

电力营销是指电力企业通过市场营销手段将电力产品推向市场，满足用户的用电需求以获取收益的过程。电力营销以满足电力客户需求为目的，通过供用电关系提供电力产品并提供相应的服务，它是为提高企业经济效益的一系列

市场经营的活动，属于电力生产经营的最后一个环节。其目标包括：对电力需求的变化做出快速反应，及时满足客户的电力需求；与电力客户建立良好业务关系，提供优质、高效的服务；在助力客户高效节能用电的同时，实现电网企业的经济效益。电力市场营销作为电网企业生产经营的重要业务，不仅提高电网经营效益的关键手段，而且是电网企业承担社会责任的重要途径。

7.1.2　电网企业支撑业务

支撑电网企业运转的业务包括人力资源、财务、供应链以及其他包括党政工团、行政办公、后勤管理、档案管理、巡视巡察、审计监察、法律事务、合同管理以及年金管理等。

1. 人力资源

对人力资源的招聘、甄选、培训、激励等方面的管理，确保能够对组织内外的人力资源进行科学有效的运用，是保障组织实现发展目标和成员实现可持续发展的一系列活动。人力资源管理包括人力资源计划管理、员工招聘管理、组织与岗位管理、干部管理、用工管理、人才管理、培训管理、员工绩效管理等。

2. 财务管理

财务是企业管理的重要组成部分，是涉及资产的购置与投资、资本的融通、经营中现金流量以及利润分配的一系列管理活动。财务管理包括预算管理、资金管理、价格管理、报账管理、产权管理、资产价值管理、会计核算和报表管理等。

3. 供应链管理

供应链是协调企业内外部资源来共同满足消费者需求的管理活动，以可控成本支撑供应链从采购到满足客户需求的全部过程。供应链管理包括供应链需求管理、供应链采购管理、供应商管理、供应链仓储配送管理、供应链品控管理、供应链合约管理等。

4. 其他

包括除人财物管理外，支撑电力企业运转的管理业务。包括党政工团、行政办公、后勤管理、档案管理、巡视巡察、审计监察、法律事务、合同管理以及年金管理等综合管理业务。

7.2　业务系统信息分类

业务信息是指业务系统中不同业务主体在各类业务活动中产生的相关信息，涵盖电网规划、基建管理、调度交易、电网运行、安全生产、市场营销计财管理、人力资源管理、供应链管理和综合管理的全过程、全环节信息，具体包括人员信息、实物信息、基金信息和环境信息等。其中，人员信息和实物信息涵盖了业务主体和业务对象，是业务过程的主体与客体，同时，为更好管理业务系统，企业需洞察业务环境，业务环境信息伴随业务全过程并对业务状态产生直接或间接的影响。

7.2.1　人员信息

人员信息指业务系统中有关人员的信息。人员包括企业内部员工、客户、合作伙伴等，人员信息则包括上述主体的名称、标签、关联关系、联系方式等核心信息，具体又可分为基础信息、角色信息和行为信息。

（1）基础信息是对参与业务活动的人员的基本属性、资格、职责、绩效等进行描述的数据集合。包括了员工的基本信息（如姓名、性别、年龄、联系方式等）、教育背景、工作经历、技能专长、职位角色、薪资水平、绩效表现等多方面的信息。人员基础信息类型见表 7-1。

表 7-1　人员基础信息类型

信息类型	内容
基本信息	包括员工的姓名、性别、出生日期、联系方式、家庭地址等，这些是组织对员工进行基础管理的基础数据
教育背景	包括员工的学历、学位、所学专业、毕业院校等，这些信息有助于组织了解员工的知识结构和专业技能
工作经历	包括员工曾经的工作单位、职位、工作时间等，这有助于组织了解员工的工作经验和职业发展轨迹
技能专长	描述员工具备的专业技能、语言能力、计算机操作能力等，这些信息对于岗位匹配和人力资源配置至关重要
…	…

（2）角色信息是对参与业务流程的人员所承担的职责进行描述和定义的信息，包括角色名称、角色职责、角色权限、角色所属部门等。通过明确角色信息，可以确保业务流程的顺畅进行，并实现不同角色之间的协同。人员角色信息类型见表 7–2。

表 7–2　人员角色信息类型

信息类型	内容
职责信息	根据角色在业务流程中所承担的职责，可以将角色信息分为不同的类型，如决策者、执行者、监督者等。这种分类有助于明确各角色在业务流程中的定位和作用，从而更好地进行信息化管理和优化
职位角色	描述员工在组织中的职位、职责、上下级关系等，这有助于明确员工的角色定位和工作职责
薪资水平	包括员工的基本工资、奖金、津贴等，这些信息对于薪酬管理和激励制度设计有重要意义
绩效表现	反映员工的工作成果、工作效率、工作态度等，是组织对员工进行评价和奖惩的依据
业务权限	根据角色在业务系统中的访问和操作权限，可以将角色信息分为不同的级别，如普通用户、管理员、超级管理员等。这种分类有助于保障业务系统的安全性和稳定性，防止未经授权的访问和操作

（3）行为信息涵盖了员工在企业内部的各种行为和活动数据。对于优化人力资源配置、提高业务工作效率、评价员工绩效以及保障员工权益等都具有重要意义。人员行为信息类型见表 7–3。

表 7–3　人员行为信息类型

信息类型	内容
工作进度与效率	如员工在项目中的进度、完成任务的时间、工作效率等。能够反映员工的工作能力和绩效，有助于企业进行合理的考核和奖惩
登录与访问记录	包括员工的登录时间、登出时间、登录设备、访问的页面或系统等。有助于了解员工的工作习惯、工作时长以及是否存在异常行为

续表

信息类型	内容
沟通与协作记录	如员工之间的邮件往来、会议记录、协作平台的活动等。有助于了解团队的协作情况和沟通效率，为企业优化团队协作提供数据支持
异常行为检测	如未经授权的访问、数据泄露、违规操作等。这些异常行为信息能够帮助企业及时发现潜在的安全风险，并采取相应措施进行防范和应对
…	…

7.2.2　实物信息

实物信息主要描述了实物的属性、数量、状态、位置、流转情况等。它包括了实物的基本属性（如名称、规格、型号）、数量信息（如库存量、需求量）、状态信息（如可用、损坏、维修中）、位置信息（如存储地点、分布情况）以及实物的流转信息（如采购、供应、销售、运输等过程中的数据）。这些信息对于组织的实物管理、决策制定和业务流程优化至关重要。事物信息类型见表 7–4。

表 7–4　　事物信息类型

信息类型	内容
实物属性	描述了实物的基本属性和特征，如名称、规格、型号、材质、重量、尺寸等
实物数量	涉及实物的数量和计量单位，如库存量、需求量、采购量、销售量等
实物位置	反映了实物的使用状态、维护情况、损坏程度等，如可用状态、维修状态、报废状态等
实物状态	如未经授权的访问、数据泄露、违规操作等。这些异常行为信息能够帮助企业及时发现潜在的安全风险，并采取相应措施进行防范和应对

续表

信息类型	内容
实物流转	涵盖了实物的采购、供应、销售、运输等过程中的数据和信息，如采购订单、供应商信息、运输单据等
实物价值	涉及实物的成本、价格、价值评估等，如采购成本、销售价格、市场价值等
…	…

7.2.3　资金信息

资金信息是对组织资金活动的详细记录和分析，包括资金的流入和流出、账户余额、交易明细、财务报告等。这些信息反映了组织的经济状况、运营效率和资金安全情况。资金信息不仅涉及组织的日常运营，还与组织的战略规划、投资决策、风险管理等方面密切相关。资金信息主要包括以下主要信息种类，资金信息类型见表 7–5。

表 7–5　资金信息类型

信息类型	内容
资金来源	包括企业从各种渠道获得的资金，如销售收入、银行贷款、股东投资、债券发行等。资金来源信息有助于企业了解其资本结构的构成，以及不同资金来源的成本和风险
资金运用	涉及企业如何使用资金，包括日常运营支出、投资支出、偿还债务等。通过资金运用信息，企业可以了解其资金流动的去向，以及资金的使用效率和效果
资金流动	反映了企业资金的流入和流出情况，包括现金流量表、银行账户余额、应收账款、应付账款等。资金流动信息有助于企业掌握其现金流状况，预测未来的资金缺口，确保企业的流动性
资金成本	包括企业使用资金所需支付的成本，如利息、股息、手续费等。了解资金成本信息有助于企业评估不同资金来源的成本效益，制定合理的财务策略

续表

信息类型	内容
资金风险	涉及企业资金运作中可能面临的风险，如信用风险、市场风险、流动性风险等。通过对资金风险信息的分析和管理，企业可以及时发现潜在风险，并采取相应措施进行防范和应对
资金合规	包括企业资金运作中需要遵守的法律法规、监管要求等。资金合规信息有助于确保企业的资金运作符合法律法规和监管要求，避免合规风险
…	…

7.2.4　环境信息

环境信息是对组织运营所处的外部和内部环境条件的描述和分析。它包括了与业务活动相关的自然环境、政策环境、市场环境、技术环境等多方面的信息。环境信息不仅涉及组织的当前运营状况，还与组织的长远发展、战略规划、风险管理等方面密切相关。环境信息可分为自然环境和社会环境。

1. 自然环境信息

描述了组织所在地的自然环境和气候条件，如地理位置、地形地貌、气候类型、资源分布等。这些信息对于组织的生产、物流、销售等方面具有重要影响。

2. 社会环境信息

社会环境信息主要包括政策环境、市场环境、技术环境三大类，见表 7–6。

表 7–6　　社会环境信息类型

信息类型	内容
政策环境	反映了与组织运营相关的政策、法规、规章制度等。它包括了国家、地区和行业层面的政策调整、税收优惠、环保要求等，对组织的经营策略、合规管理等方面具有直接影响
市场环境	描述了与组织业务相关的市场需求、竞争状况、消费者行为等。这包括了市场规模、市场趋势、竞争对手分析、消费者偏好等，对组织的市场定位、产品开发和营销策略具有关键作用

续表

信息类型	内容
技术环境	反映了与组织业务相关的技术发展、创新趋势和行业标准等。它包括了新技术的发展动态、行业标准的更新、技术趋势等，对组织的技术创新、产品研发和竞争优势具有重要影响
…	…

7.3　业务系统数字信息生成

业务系统信息数字生成是指针对人员信息、实物信息、资金信息、环境信息的不同特性采取科学合理的方式进行数字化，其目的是使上述信息可以用计算机进行处理，业务信息数字化是业务数字化建模和数字驱动的基础。

7.3.1　人员信息数字化

在业务系统建设过程中，获取人员信息的基础信息、角色信息和行为信息是构建分析基础的关键环节，以下是针对基础信息、角色信息、行为信息的主要获取方法：

1. 基础信息的获取

（1）人工录入：在员工入职时，要求员工在企业人力资源系统中自助填报这些信息，以确保信息的准确性和完整性。

（2）数据导入：已经有员工的电子档案或数据库，可以通过数据导入的方式将这些基础信息批量导入到企业人力资源系统中。

（3）第三方验证：对于一些重要的基础信息，如学历、身份证明等，企业可以与第三方验证机构合作，对员工提供的信息进行核实。

2. 角色信息的获取

（1）组织架构：角色信息的获取首先参考组织架构图，通过绘制清晰的组织架构图，展示各个部门和职位之间的关系。通过查看组织架构图，可以了解员工在组织中的位置和角色。

（2）职位说明：确定员工在组织中的位置和角色基础上，通过制定详细的职位说明书，明确每个职位的职责、权限和任职要求。员工的角色信息可以根据其所在的职位的岗位职责说明书来确定。

（3）系统权限：细化到员工的职位说明书后，系统权限设置：在数字化系统中，企业可以为每个职位设置相应的操作权限。员工的角色信息可以通过其在系统中的权限设置来体现。

3. 行为信息的获取

（1）工作行为数据跟踪：可以跟踪员工在工作中产生的数据，如完成的任务数量、质量、时长等。能够反映员工的工作效率和绩效表现。

（2）统日志记录：通过数字化系统记录员工在工作中的操作行为，如登录时间、访问页面、操作频率等。通过对这些日志数据的分析，可以揭示员工的工作习惯和行为模式。

（3）360° 反馈评价：企业可以实施 360° 反馈评价，邀请员工的上级、同事、下属等对其工作表现进行评价。通过收集多方面的反馈意见，可以全面了解员工的行为特点和优势不足。

7.3.2　实物信息数字化

对电力企业而言，涉及的主要实物包括设备、站房、营业场所等资产，感知这些实物的信息可以从设计文件、设备台账、铭牌参数等结构化、非结构化数据获取，以下是针对实物信息的主要获取方法：

（1）物联网采集：利用 IoT 技术，如射频识别（radio frequency identification，RFID）标签、传感器等，可以自动收集和传输资产数据，如资产的位置、状态、使用情况等。

（2）信息管理系统：资产管理系统可以帮助企业集中管理、跟踪和报告资产信息。提供用户友好的界面，方便用户输入和查询资产信息。

（3）集成其他系统：企业可能已经有其他的业务管理系统，如企业资源计划（enterprise resource planning，ERP）、客户关系管理（customer relationship management，CRM）系统等，这些系统中可能包含有关资产的信息，可以通过集成来获取。

7.3.3　资金信息数字化

资金信息帮助企业实时监控资金流动、优化资金管理、降低风险，并为决策提供数据支持，多采取应用程序接口（application program interface，API）集

成方式，将不同的财务系统和数据源连接起来，实现数据的自动化获取和整合。以下是针对资金信息的主要获取方法：

（1）财务管理软件：财务管理软件（如 SAP Finance、Oracle Financials 等）提供了强大的资金管理和报告功能，帮助企业实现资金的实时监控和预测。软件内置的报表和工具来跟踪资金流动、管理账户和进行财务分析。

（2）ERP 系统：ERP 系统通常集成了财务管理模块，可以跟踪订单、发票、付款等业务流程，并提供资金流动的全面视图。

（3）银联接口：许多银行提供数据接口，允许企业直接连接到其银行账户，实时获取交易记录、余额、对账单等信息。

7.3.4　环境信息数字化

环境信息中的自然环境和社会环境信息，可以采用数字化和社会学方式进行获取，以下是针对环境信息的主要获取方法：

1. 自然环境信息获取

（1）电子地图：管理和分析地理空间数据，感知设备所处地理位置的地形、地貌、植被等，电网设施的自然环境信息作为采集与应用的输入。

（2）气象数据 API：通过气象数据 API，电网企业可以获取实时的气象数据，包括风速、风向、温度等，作为设备状态和应用的气象数据输入。

（3）环境传感器网络：环境传感器网络可以部署在关键区域，实时监测温度、湿度、气体等环境感知信息，作为设备环境信息的表征数据输入。

2. 社会环境信息获取

（1）经济社会信息：政府部门和社会组织发布的关于社会经济、人口分布、城市规划等方面的数据和信息，这些信息主要用于支撑电网规划建设的相关决策。

（2）城乡规划信息：通过收集城乡规划数据，作为城乡电网发展规划的重要数据支撑。

（3）舆情监测：社交媒体平台是获取公众意见和反馈的重要渠道。通过监测社交媒体上的讨论和趋势，了解公众对电网项目的关注度和态度，如问卷调查、访谈等，可以收集公众对电网建设和运营的看法和意见。

7.4　业务系统数字化建模

7.4.1　业务数字化建模步骤

业务模型是业务规则可视化表示的另一种形式，可以形象直观地帮助企业更清晰地定义业务活动主体“人”与业务活动对象“业务”的处理流程及规则，以便发现和解决其中存在的问题，以便优化和改进业务流程以及提高业务效率和质量，以便企业信息系统建设与信息技术人员建立沟通联系的桥梁。

业务建模的关键技术主要涉及对业务过程进行分析、抽象和描述，以明确业务需求、功能、流程和规则等信息，从而指导业务系统的设计和实现。针对电网企业的管制业务、新兴业务、国际业务、产业金融业务、共享服务五大类业务划分，进行全量业务的关键业务过程分解、梳理、分析、重构，形成业务优化持续迭代完善模式。

首先以客户或用户的需求为导向，从客户价值导向来分析业务过程；充分考虑业务系统的复用性与易用性，把握降低成本原则与低代码（无代码）工具的普及；注重业务建模的可读性和可理解性，确保一线业务人员能够理解和接受业务模型；建立优化完善机制，后续持续优化和完善业务模型，以满足实际需求的变化和发展。

具体来说，业务建模的关键技术包括：

（1）业务过程分析：通过对业务过程进行分解和分析，了解业务过程中的各个活动、角色、资源等要素，以及它们之间的相互关系和作用。

（2）业务抽象建模：通过对业务过程进行抽象和概括，形成具有代表性的概念、元素和属性，以此为基础建立业务模型。

（3）业务流程描述：通过对业务过程进行流程化描述，明确流程中的各个环节、任务和决策点，以及它们之间的顺序和关系。

（4）业务功能分析：通过对业务过程的功能进行分析和定义，明确业务系统的功能需求和功能模块，以及它们之间的相互关系。

（5）业务规则制定：通过对业务过程的规则进行分析和制定，明确业务系统的规则约束和规则处理方式，以及它们对业务过程的制约和影响。

1. 业务过程分析

业务过程分析对业务过程进行分解、分析和理解的过程，以便发现和描述业务过程中的关键活动、决策点、依赖关系和瓶颈等。

（1）业务过程的目标和价值：了解业务过程的目标和价值，有助于确定业务过程的核心内容和优先级。电网企业的企业级业务架构蓝图（一级业务）体现企业业务愿景，指导各业务领域按照公司整体发展方向，支撑各业务领域明确自身业务定位，为企业价值创造同向发力，推动实现业务能力共享复用和企业资源科学配置。

（2）业务过程中的活动和任务：对业务过程中的活动和任务进行分解和分析，以便了解每个活动的输入、输出、所需资源和关键成功因素等。电网企业基于一级业务，根据各专业域管理需要，结合专业域业务现状和未来谋划，设计二级业务，支撑一级业务确保企业级业务架构蓝图，并全面涵盖各专业域业务。企业级业务架构蓝图二级业务实现主要业务过程的活动过程，完成业务任务。

（3）业务过程中的依赖关系：识别业务过程中的各种依赖关系，如数据依赖、控制依赖和资源依赖等，以便了解业务过程的瓶颈和优化点。电网企业数据架构是以结构化的方式描述在业务运作和管理决策中所需要的各类信息及其关系，通过分析业务对象所表达的业务含义，使用抽象、整合等方式，设计出具有相对独立业务价值的概念实体，并将其作为数据架构的重要管理对象，更能聚焦主要的业务价值表达，有利于建立基于数据资产目录的数据消费，并指导数字化建设。控制依赖和资源依赖主要体现在业务流程环节流转的制约关系，生产、财务、供应链、人资等主流程的交叉与协同推进。

（4）业务过程中的决策点：确定业务过程中需要做出决策的关键点，了解每个决策点的风险、影响和约束条件等。电网企业业务流程体系中的决策点主要取决于对应业务人员的决策判断与前序流程环节的风险控制与约束满足情况，通过数字化手段尽量多地标准化与线上化，将人工决策不断被系统决策优化。

（5）业务过程的绩效指标：建立业务过程的绩效指标体系，以便对业务过程的效果和质量进行定量评估和监控。电网企业通过业务任务节点与里程碑管控，对效率与效果进行过程控制。

在进行业务过程分析时，可以采用多种方法和技术，如流程图、活动图、数据流图、统一建模语言（unified modeling language，UML）建模等。通过对业务过程进行分析，可以明确业务需求、功能、流程和规则等信息，从而指导业务系统的设计和实现。

2. 业务规则制定

业务建模中的业务规则制定是对业务过程中需要遵循的规则和约束进行定义和描述的过程。业务规则制定通常涉及对业务定义和约束的描述，用于保持业务的结构或限定和控制业务的某些行为。业务规则本质是一种业务逻辑，与业务相关的操作规范、管理章程、规章制度、行业标准等都可以称为业务规则。电网企业可以通过标准、制度、作业指导书等线下指导企业业务、技术、流程运转的规则线上化、流程化，实现匹配实际业务运转的业务规则制定。

（1）识别业务规则：首先需要识别出业务过程中需要遵循的规则和约束，这些规则可能涉及业务操作、决策过程、限制条件等。整合电网企业信息化业务流程，结合业务流程流转逻辑、关键节点、法律法规等约束，形成覆盖电网全业务的业务流程规则元。

（2）定义业务规则：对识别出的业务规则进行定义和描述，明确规则的目标、适用范围、条件、操作和约束等，这个过程需要考虑到业务的需求、目标和实际情况。根据用电客户需求满足、电网企业战略落地、业务效率提升设计等，将业务流程规则元组合形成业务流程规则。

（3）组织业务规则：将定义好的业务规则进行组织和分类，根据业务过程的需要，将相关的规则组合在一起，形成规则集或规则库。形成贯穿规划、基建、运行、营销、调度以及人财物等电网企业牵引性、增值性、支撑性业务规则库。

（4）验证业务规则：在制定好业务规则后，需要进行验证和测试，确保规则的正确性、合理性和有效性，这个过程中需要与业务人员进行沟通和协商完成。业务数字化的过程需要信息技术（information technology，IT）人员与业务人员深度业技融合，实现业务流程准确反映业务运转，数字化规则、决策、指标方式推进业务运转效率。

（5）更新和维护业务规则：随着业务需求的变化和业务环境的发展，业务规则也需要进行更新和维护，需要及时调整和修改规则，以确保其适应新的业务需求和实际情况。业务数字化的过程是一个持续迭代完善的过程，保证数字化工具及时满足业务需求。

在业务建模中，制定合理的业务规则对于确保业务过程的正确性、合规性和一致性非常重要。同时，通过业务规则的制定和实施，可以提高业务系统的

自动化程度和效率，运用数据与工具，减少人工干预和错误，提升电网企业业务的整体运营水平和工作效率。

3. 业务抽象建模

业务建模的抽象建模技术是一种对业务过程进行概括和总结的方法，它通过对业务过程进行分析、抽象和描述，以明确业务需求、功能、流程和规则等信息，从而指导业务系统数字化的设计和实现。

（1）业务单元提取：在业务分析过程中，将业务划分成若干个小的单元与模块。例如，电网企业供应链域采购管理系统包括设备中心、订单、支付、物流、用户等组件，通过这些组件共同组建起一个完整的供应链采购管理系统。这种业务组件提取的方法有助于将复杂的业务过程分解为更易于理解和处理的部分。

（2）业务活动分析：对每个组件或模块中的业务活动进行分析，了解每个活动的输入、输出、所需资源和关键成功因素等。这种分析有助于发现业务过程中的瓶颈和优化点，为业务系统的设计和实现提供指导。例如，电网企业供应链域包含需求与计划、采购管理、合约管理、品控管理等主要业务子域，并以供应链规范化管理、供应链监督管理、供应商管理、客服管理为主要基础支撑。

（3）流程抽象：对业务过程进行流程化描述，明确流程中的各个环节、任务和决策点，以及它们之间的顺序和关系，这种流程抽象的方法可以描述业务过程的整体结构和运作方式。电网企业供应链域包含需求与计划—采购管理划—合约管理划—品控管理划—仓储和配送主业务流程，辅以供应链规范化管理、供应链监督管理、供应商管理、客服管理基础支撑性业务流程。

（4）功能抽象：对业务过程的功能进行分析和定义，明确业务系统的功能需求和功能模块，以及它们之间的相互关系，通过这种功能抽象的方法指导业务系统的功能设计和实现。电网企业供应链域基于主业务流程和支撑性业务流程，将业务环节抽象为业务节点，业务节点业务目的抽象为系统实现的功能模块，进行数字化实现。

（5）规则抽象：对业务过程的规则进行分析和制定，明确业务系统的规则约束和规则处理方式，以及它们对业务过程的制约和影响。这种规则抽象的方法有助于确保业务系统的合规性和正确性。如电网企业供应链域基于主业务流程和支撑性业务流程，业务节点之间的逻辑关系抽象为系统实现的规则逻辑，并定义功能模块之间的逻辑关系，利用 IT 实现。

抽象建模技术的应用可以帮助产品设计人员和开发人员更好地理解业务过程，明确业务需求和规则，从而为业务系统的设计和实现提供有力的支持。同时，面向对象的抽象建模技术还可以提高业务模型的复用性和可维护性，减少重复工作和浪费。业务建模方法见表7–7。

表7–7 业务建模方法

建模元素	建模说明	建模举例
业务域	企业的核心业务价值链，根据其业务相关性进行组合形成的较为高阶的业务领域。是企业架构设计的源头，细分为业务分类，用于指导应用域和数据域的设计	规划建设领域、安全生产管理领域、市场营销领域等
业务分类	公司各业务领域按照业务模块细分为业务分类，业务分类分为两级，包括一级业务分类和二级业务分类。业务分类来源于一体化设计成果，细分为业务流程。业务分类之间的协同关系体现为业务分类协作	市场营销领域一级业务分类如：抄核收、业扩、客户服务。 抄核收下二级业务分类，如：抄表、核算、收费、电费催收
业务流程	由业务分类细分而成，是为支撑业务分类而由不同组织或岗位共同完成的一系列业务活动。业务流程之间的关系体现为业务流程协作。业务流程是设计应用模块的重要输入	物资需求计划管理流程；物资登记流程
业务分类协作	展现二级业务分类与二级业务分类之间的协作关系。业务分类协作是业务流程协作设计的依据。	二级业务分类市场分析预测与市场交易计划管理存在协作关系，市场需求分析预测结果作为市场交易计划编制的输入
业务流程协作	展现业务流程与业务流程之间的协作关系。在总体架构设计过程中设计业务流程之间的衔接关系和传递的业务信息。在系统架构设计过程中，落实为两个业务流程中业务活动之间的关系。业务流程协作关系是应用交互设计的重要输入	电力市场分析与预测业务流程与市场交易计划管理流程存在协作关系，市场需求分析预测结果作为市场交易计划编制的输入

4. 业务流程设计

业务建模中的业务流程描述是对业务过程中各个活动和任务之间的顺序、关系和逻辑进行详细说明的过程。业务流程描述的主要目的是明确业务过程的结构和运作方式，以便更好地理解和分析业务过程。

（1）流程的起点和终点：描述流程的起始点和结束点，明确流程的起点和终点是谁，以及它们与流程之间的关系。

（2）流程的环节和任务：将业务流程划分为若干个环节和任务，每个环节和任务对应一个具体的活动或操作。需要对每个环节和任务进行详细的说明，包括输入、输出、所需资源、关键成功因素等。

（3）流程的顺序和逻辑：描述流程中各个环节和任务之间的顺序和逻辑关系，包括它们之间的依赖关系、条件判断、循环等。需要确保流程的顺序和逻辑是合理和准确的。

（4）流程的数据流：描述流程中的数据流动情况，包括数据的输入、输出、存储和处理等。需要明确数据的来源、去向和转换过程。

（5）流程的规则和约束：描述流程中的规则和约束条件，包括业务规则、安全规则、性能规则等。需要确保流程的规则和约束是合规、合理和有效的。

业务流程描述是业务建模的关键环节之一，它能够帮助开发人员更好地理解业务过程，为业务系统的设计和实现提供有力的支持。同时，业务流程描述还有助于发现业务过程中的瓶颈和优化点，为业务系统的优化和改进提供指导。

5. 业务功能设计

业务建模中的业务功能分析是对业务过程中各个功能模块和功能关系进行详细说明和分析的过程。

业务功能分析的主要目的是明确业务系统的功能需求和功能模块，以及它们之间的相互关系，从而指导业务系统的设计和实现。

（1）功能模块划分：将业务过程划分为若干个功能模块，每个模块对应一个具体的业务功能。需要合理划分功能模块，确保每个模块的功能明确、独立且具有可维护性。

（2）功能关系分析：分析各个功能模块之间的相互关系，包括数据依赖、控制依赖和资源依赖等。需要确保功能关系的合理性和正确性，避免出现复杂的依赖关系和重复的功能模块。

（3）功能实现方式：描述每个功能模块的实现方式，包括功能的输入、输出、处理过程、所需资源等。需要确保每个功能的实现方式合理、高效且符合业务需求。

（4）功能性能分析：对每个功能模块的性能进行分析和评估，包括响应时间、吞吐量、并发量等指标。需要确保每个功能的性能满足业务需求，避免出现性能瓶颈和过多的资源浪费。

（5）功能安全分析：分析每个功能模块的安全需求和安全措施，包括访问控制、数据加密、权限管理等。需要确保每个功能的安全性，避免出现安全漏洞和数据泄露等安全问题。

业务功能分析是业务建模的关键环节之一，它能够帮助开发人员更好地理解业务需求和功能要求，为业务系统的设计和实现提供有力的支持。同时，业务功能分析还有助于发现业务系统中的瓶颈和优化点，为业务系统的优化和改进提供指导。业务功能分析见表 7–8。

表 7–8　业务功能分析

功能元素	功能说明	功能举例
应用域	由应用根据其业务耦合程度聚合而成的高阶应用群，一般与业务域有着紧密的对应关系	资产管理、财务管理、人力资源管理、营销管理、协同办公、综合管理、企业分析决策
应用	一组同类型的或紧密耦合的、实现同一业务目标的功能逻辑组合	规划计划管理应用、项目管理应用、物资管理应用、固定资产管理应用
应用系统	应用组件的组合，是应用或者一组应用模块的物理实现	资产管理系统、营销管理系统
应用模块	根据业务流程，对应用的进一步细化，实现应用所支撑业务的某一个具体逻辑场景，应用模块分为两级：一级应用模块和二级应用模块。一级应用模块是应用交互和数据分布的重要输入	一级应用模块：采购与供应商管理；二级应用模块：采购项目准备、开标管理、发标管理
应用功能	根据需求规格对应用模块的细化，应用功能可以分为多级，最细级别的应用功能为功能用例。应用功能之间存在依赖关系。应用功能及其依赖关系的设计指导应用组件的开发	计划分解下达二级应用模块：年度计划下达、调整计划下达、下达批次管理应用功能

7.4.2　业务数字化建模关键技术

业务模型是业务规则可视化表示的一种形式，可以更清晰地定义业务活动主体“人”与业务活动对象“业务”的处理流程及规则，以便优化和改进业务流程以及提高业务效率和质量。基于业务系统信息的分类与数字化，构建业务系统信息处理的模型，驱动业务场景。

策划－管理－运转－提高（strategy-manage-operate-Improve，SMOI）循环方法，为企业业务数字化中业务建模的关键技术内容，SMOI 循环方法在业务建模过程中四个阶段如图 7-2 所示。

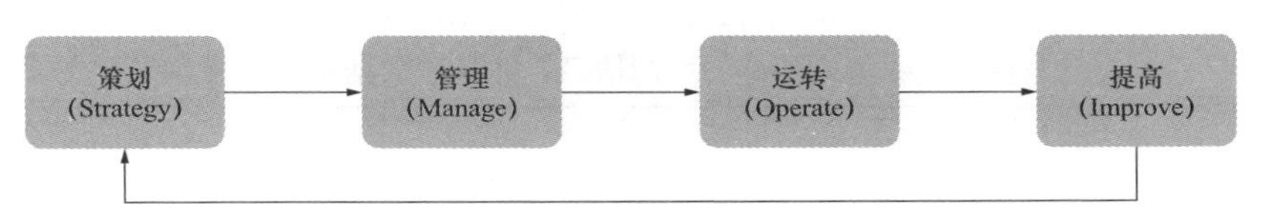

图 7-2　业务建模四阶段

在构建企业业务数字化的过程中，业务建模是核心环节，它涉及业务流程的梳理、数据的标准化，以及业务场景的模拟等。SMOI 循环方法作为一种系统化的战略实施框架，可以有效地指导企业在数字化转型中进行业务建模，从而驱动业务场景的实现。业务建模四阶段内容见表 7-9。

表 7-9　业务建模四阶段内容

四个阶段	内容
策划阶段	明确业务战略与目标，制定业务建模的计划和策略，包括选择适当的建模方法、确定建模范围等。在这一环节，企业需要定义数字化转型的长期目标和短期里程碑，明确业务建模的战略方向和预期成果。这包括市场定位、客户细分、价值主张的制定，以及如何利用数字化技术来实现业务增长和优化
管理阶段	主要是计划与协调，基于制度和流程提前计划；根据计划，制订相应战略、路径、制度、流程进行管理与控制，运用计算机技术和工具进行业务建模，包括数据建模、流程建模、功能建模等。此环节涉及业务流程的标准化、数据治理、组织结构调整以及人才和技能的发展。管理环节的目的是确保业务建模过程有序进行，并与企业的整体管理框架相协调

续表

四个阶段	内容
运转阶段	企业业务环节和人财物的运营与流转，根据管理落地模型对推进的结果进行检查和评估，确保模型的准确性和完整性，同时发现可能存在的问题。在操作环节，企业将战略和管理层面的决策转化为具体的业务操作。这包括业务流程的自动化、信息系统的集成、用户界面的设计以及业务规则的实施
提高阶段	（循环）根据检查结果，对模型进行调整和优化，持续改进业务建模过程，提升模型的质量和效率。改进环节的目标是通过持续的监控、评估和优化，提高业务建模的效率和效果。这要求企业建立反馈机制，收集内外部的反馈信息，并基于数据驱动的洞察进行决策

1. 策划（strategy）阶段

（1）主要内容。

1）关键活动：进行市场和内部能力分析，制定数字化战略规划，确定业务建模的关键绩效指标（key performance indicator，KPI），并进行风险评估和资源分配。

2）业务目标明确：在数字化转型的初期，企业需要明确其业务目标和愿景，这将指导整个业务建模的过程。

3）市场分析：深入分析市场趋势、竞争对手以及客户需求，确保业务建模与市场发展同步。

4）技术评估：评估现有技术资源和能力，确定技术升级或引入新技术的需求，以支持业务建模的实施。

（2）关键技术。

1）愿景与目标设定：明确企业的长远愿景和具体目标，确保业务建模与企业的长期发展战略相一致。

2）环境分析：运用 PEST 分析、SWOT 分析等管理工具，评估外部环境和内部资源，为业务建模提供决策支持。

3）价值链分析：识别和优化企业的核心价值链活动，确保业务建模能够提升价值创造的效率和效果。

2. 管理（manage）阶段

（1）主要内容。

1）关键活动：建立业务流程管理（BPM）体系，制定数据治理政策，进行组织架构调整以适应数字化需求，以及开展员工培训和技能提升计划。

2）流程标准化：对现有的业务流程进行标准化处理，确保业务建模的准确性和一致性。

3）数据治理：建立数据治理机制，确保数据的质量和安全性，为业务建模提供可靠的数据支持。

4）组织结构调整：根据业务需求调整组织结构，确保业务建模与组织结构相匹配，提高管理效率。

（2）关键技术。

1）流程重构：采用企业流程重组（business process reengineering，BPR）方法，对现有业务流程进行优化，以适应数字化转型的需求。

2）数据治理框架：建立数据治理框架，确保数据的质量和一致性，为业务建模提供准确的数据基础。

3）组织变革管理：通过知识管理（knowledge management，KM）和组织变革管理（organizational change management，OCM）确保组织结构和文化的变革能够支持业务建模的实施。

3. 操作（operate）阶段

（1）主要内容。

1）业务流程自动化：利用机器人流程自动化（robotic process automation，RPA）和 AI 技术，自动化标准化的业务流程，提高操作效率。

2）信息系统集成：通过企业服务总线（enterprise service bus，ESB）或微服务架构，实现不同业务系统间的信息整合和协同工作。

3）用户参与和培训：确保业务用户参与到业务建模的过程中，并提供必要的培训，以提高系统的接受度和使用效率。

（2）关键技术。

1）业务流程建模：采用流程图、业务流程模型注解（business process model and notation，BPMN）等工具对业务流程进行建模，明确各个环节的操作步骤和责任分配。

2）数据模型构建：基于业务流程，构建数据模型，包括实体关系图、数据字典等，确保数据的准确流转和存储。

3）系统集成：将业务建模与现有的 IT 系统集成，实现业务流程的自动化和信息化。

4. 改进（Improve）环节

（1）主要内容。

1）关键活动：开展业务性能监控和分析，实施持续改进计划，如采用 PDCA 循环；收集客户和员工反馈，进行用户体验优化；以及利用数据分析和机器学习技术，预测和适应市场变化。

2）持续监控与优化：通过业务智能（business intelligence，BI）和数据分析工具，持续监控业务流程的执行情况，及时发现问题并进行优化。

3）反馈机制建立：建立有效的反馈机制，收集用户和员工的反馈，不断调整和完善业务模型。

4）创新驱动：鼓励创新思维，探索新的业务模式和技术应用，以持续改进业务建模和业务流程。

（2）关键技术。

1）绩效评估与监控：建立 KPI 体系，对业务建模的成果进行评估和监控，确保持续达成业务目标。

2）持续改进机制：采用循环－改进－行动－改善－（plan-do-check-act，PDCA）循环，不断收集反馈，优化和调整业务模型，以适应变化的业务需求。

3）创新管理：鼓励创新思维，利用设计思维（design thinking）等方法，探索新的业务模式和技术应用，推动业务的持续创新。

整体上，通过策划（strategy）、管理（manage）、运转（operate）和提高（improve）四个环节的循环迭代，企业能够确保业务建模过程与战略目标保持一致，管理适配，操作高效，并持续改进以适应不断变化的业务环境和技术进步。该方法论的应用有助于企业构建一个灵活、可持续、自提升的业务系统，实现业务数字化驱动。

7.5 业务系统数字驱动

近年来，云计算、大数据、物联网、移动互联、人工智能等新技术的迅速崛起与融合，形成推动业务变革的重要力量。具体技术包括了人工智能、机器人、大数据、区块链、物联网、云计算、5G、可穿戴链接设备、量子计算、VR、AR 等。

数字技术深化应用至电网各环节，将对作业模式、业务流程、组织结构、企业决策等带来深刻影响。数字技术引领实现业务的效率提升、流程优化、组织重构，主要包括改进技术、升级技术和变革技术三个层级。业务系统数字驱动如图 7–3 所示。

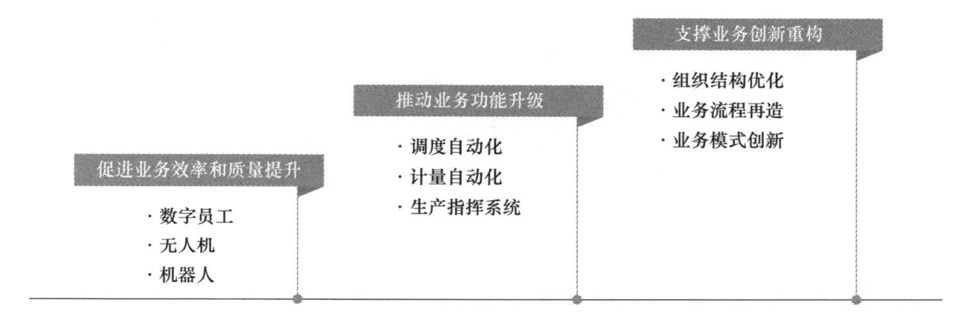

图 7–3　业务系统数字驱动

7.5.1　促进业务效能提升

将数字技术植入业务过程，可对部分业务过程数字化，促进业务工作效率和质量。改进类技术主要是针对特定的业务进行，一方面，以数字技术替代业务人员的简单、重复的工作，提升业务工作效率；另一方面，以数字技术促进业务管理从定性向定量转变，提升业务质量，减少业务过程的主观因素影响。例如，在电网业务管理中，通过引入智能巡检系统，可以实现对电力设备的远程监控和故障诊断，减少人工巡检的成本和时间，提高设备运维的效率。此外，通过引入大数据分析技术，可以对电网运行数据进行实时监测和分析，及时、客观地发现潜在的问题和隐患，避免故障的发生，提高电网的可靠性和稳定性等。

7.5.2　推动业务转型升级

数字技术与业务的深度融合，将促进业务流程再造和组织结构的优化，大幅提升业务流程的自动化、智能化和高效化水平。例如，在电网业务管理中，通过引入人工智能技术，可以实现对电力负荷的预测和调度，优化电力资源的配置和利用，提高电力系统的运行效率和经济性。此外，通过引入区块链技术，可以实现电力交易的去中心化和透明化，提高电力市场的公平性和效率。

这些新技术的引入不仅提高了电网业务管理的效率和质量，也带来了业务管理模式的创新，实现了业务层面的升级和改造。

7.5.3　支撑业务创新重构

数字技术在电网企业中的全方位应用将促进“软件定义企业”的构建，数字技术在业务流程重组、组织机构变革乃至企业战略决策中发挥主导作用。例如，以数据驱动的业务流程再造是通过海量数据驱动流程建模，可自动生成满足企业战略和管理目标的业务流程，在流程运作过程中，依赖业务流程执行数据又可以进行业务流程的自适应调整和优化。近年来，人工智能大模型的成熟度与应用不断深化，为企业管理决策的数字化和智能化提供了新的技术方向。

第 8 章　信息系统

>>>

随着信息社会的不断进步，以电子计算机为基础的单一信息设备已无法满足人类对复杂活动对象海量信息的感知、交互、处理和分析的需求，基于物联网和互联网技术，规模庞大、结构复杂、高度自动化和智能化的信息共享和协同处理的信息机器集群应运而生，称之为信息大机器。信息大机器具有多模态信息感知能力、复杂任务超级处理能力、泛在信息驱动能力和多源异构数据的自动化和智能化处理能力等特征，并作为连接人类社会活动扩展 π 模型中物理系统与业务系统的纽带，深刻影响着人们的生产方式、生活方式乃至思维方式，促进了社会生产力的发展和进步。

信息系统负责将物理系统、业务系统等数字信息输入，经过计算、存储等处理过程后，将数字信息处理结果输出到物理系统、业务系统中。信息系统如图 8-1 所示。

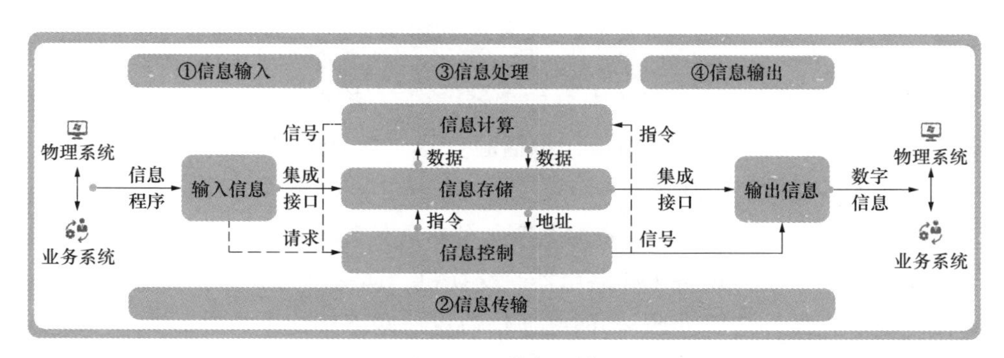

图 8-1　信息系统

（1）信息输入：是指汇集物理系统、业务系统产生的数据、指令或其他形式的数字化信息（如数值、符号、文本、图像、音频、视频等）输入到信息系统的过程，这个过程是信息系统处理的源头。

（2）信息处理：是指对输入到信息系统中的数据信息进行传输、计算、存储等处理，这个过程按照一定的业务规则、逻辑和模型对信息进行加工处理，形成更有价值的信息，以支持决策制定或问题解决等。

（3）信息输出：是指将处理后的信息从信息系统中导出或生成的数值、报告、图像、音频或其他形式的数字化信息，展示到桌面端、移动端和大屏端等设备进行应用。

8.1　信息系统构成

信息系统由硬件系统、网络系统和软件系统构成，用于处理电网物理系统、业务系统产生的数字信息。信息系统的构成如图 8-2 所示。

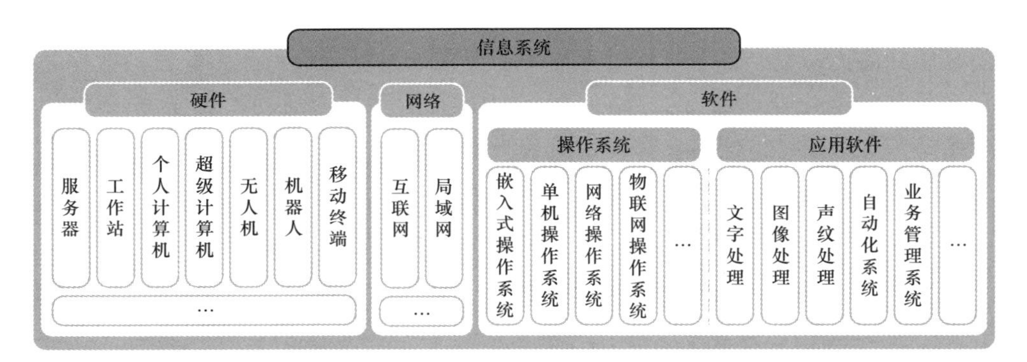

图 8-2　信息系统的构成

其中，硬件系统由主机（中央处理器、内存储器）和外部设备（输入设备、输出设备、外存储器）组成，包括服务器、桌面终端、无人机、机器人、移动电话等一系列硬件设施。

网络系统提供数据传送、资源共享、分布式处理等重要功能，包含局域网和互联网。包含硬件设备（如路由器、交换机、防火墙等网络设备和双绞线、同轴电缆、光纤等传输介质）、网络通信协议、网络架构（如星形网络、环形网络、总线网络）和网络安全等。

软件系统为信息系统提供研发及运行环境必备的操作系统、应用软件等计算机软件，包含操作系统、语言处理程序、数据库管理系统等以及应用程序、工具程序等。

8.2　信息系统体系架构

随着技术的不断进步和业务需求的不断增长，信息系统架构不断演进。根据信息系统的组成，信息系统架构又可分为硬件架构、网络架构和软件架构。

8.2.1　硬件架构

计算机硬件架构是指构成计算机的各个硬件组件以及它们之间的连接和交互方式。典型的计算机硬件架构包括 CPU、内存、存储设备、输入设备和输出设备。计算机硬件架构见表 8-1。

表 8-1　计算机硬件架构表

构成要素	主要介绍
CPU	CPU 是计算机的大脑，由数百万到数十亿的晶体管组成，负责执行程序中的指令，能够进行高速的数学和逻辑运算
内存	内存是计算机中用于存储程序和数据的临时存储设备，其速度远高于硬盘等存储设备
存储设备	存储设备是用于长期存储数据和程序的设备，比如硬盘、固态硬盘（solid state disk，SSD）等
输入设备	输入设备是允许用户与计算机进行交互，输入指令和数据的设备，比如键盘、鼠标、触摸屏等输入设备等
输出设备	输出设备用于显示或打印计算机处理的结果的设备，比如显示器、打印机等

这些硬件组件通过主板上的总线和接口相互连接，硬件架构的设计和优化对于提高计算机的性能和稳定性至关重要。业界对硬件架构主要基于不同的处理器架构划分类别，常见的主流硬件架构见表 8-2。

表 8-2　信息系统主流硬件架构

信息系统架构类型	处理器架构	主要介绍
硬件架构	x86 架构	常见于 Intel 和 AMD 的处理器中，支持 32 位和 64 位操作系统，具有广泛的应用和成熟的生态系统

续表

信息系统架构类型	处理器架构	主要介绍
硬件架构	ARM 架构	常见于移动设备、嵌入式系统，以及部分服务器和个人电脑。该架构也支持 32 位和 64 位操作系统，以低功耗和高效能著称
	MIPS 架构	常用于家用路由器、智能电视、智能家居等嵌入式设备。它主要支持 32 位操作系统，以简洁和高效为特点
	PowerPC 架构：	IBM 公司开发的处理器架构，主要在高性能计算机和服务器等领域使用。该架构支持 32 位和 64 位操作系统，具有强大的处理能力和稳定性
	SPARC 架构	支持 32 位和 64 位操作系统，以高性能和可靠性为主要特点，主要在服务器等领域使用
	RISC–V 架构	一种开源的处理器架构，被认为是未来的处理器发展方向之一，具有灵活性和可扩展性
	…	…

8.2.2 网络架构

网络架构是指构成计算机网络的各个组件以及之间的连接和交互方式。一个典型的网络架构包括网络设备、传输介质、网络协议和网络服务。网络架构构成要素见表 8–3。

表 8–3 网络架构构成要素

构成要素	主要介绍
网络设备	网络设备是构成网络的硬件基础，比如路由器、交换机、服务器、客户端等
传输介质	传输介质是用于在网络设备之间传输数据的介质，比如光纤、同轴电缆、双绞线等
网络协议	网络协议主要是规定数据在网络上传输的规则和格式，保证数据的准确传输和网络的安全性，比如 TCP/IP、HTTP、FTP 等
网络服务	网络服务提供网络通信和应用程序运行所需的各种功能，例如 DNS 服务、DHCP 服务、Web 服务等

网络架构的设计需要考虑到网络的规模、性能、安全性和可扩展性等多个方面。随着云计算、大数据和物联网等技术的发展，网络架构也在不断演变和优化。网络架构的分类主要基于网络覆盖范围和网络拓扑结构，见表 8-4。

表 8-4　网络架构

分类标准	架构类型	主要介绍
按网络覆盖范围	局域网	局域网（local area network，LAN）覆盖某个局部区域内的多台计算机互联组成的计算机网络，其分布范围小，容易管理与配置，拓扑结构组成简洁，速度快，延迟小
	广域网	广域网（wide area network，WAN）连接不同地区的局域网或城域网来进行计算机通信的远程网，所覆盖的范围可以跨越很大的物理范围
按网络拓扑结构	总线型网络	总线型网络是由一条高速共享总线连接若干个节点所形成的网络，其多个节点共用一条传输信道，信道利用率高
	星型网络	星型网络结构是一个中心、多个分节点，具有结构简单，连接方便，扩展性强，管理和维护相对容易的特征
	树型网络	树型网络是从总线拓扑演变而来，形状像一棵倒置的树，具备容易扩展的特征
	环型网络	环型网络由节点形成一个闭合环，工作站少，节约设备，具备节点关联性强、故障难以诊断的特征
	网状拓扑	网状拓扑节点之间的连接没有规律，具备结构复杂、任意性强、扩展性高、可靠性高的特征
	混合式拓扑结构	混合式拓扑结构是将上面两种或多种拓扑结构共同使用的结构

这些分类方式并非完全独立，一个具体的网络架构可能同时属于多个分类。例如，一个企业网按覆盖范围分类可能是局域网，按拓扑结构分类则可能是星型或树型拓扑结构，如图 8-3 和图 8-4 所示。

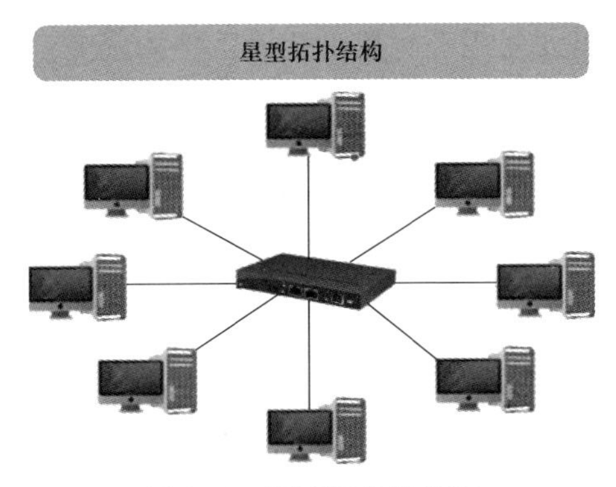

图 8-3　星型拓扑结构图

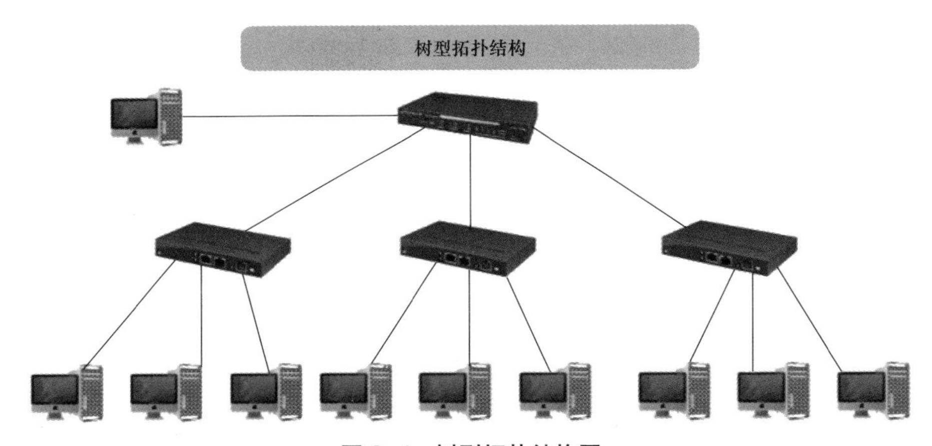

图 8-4　树型拓扑结构图

8.2.3　软件架构

软件是信息系统的重要组成部分，主要包括单体架构、分布式体系架构、微服务架构三类，见表 8-5。

表 8-5　软件架构

构成要素	主要介绍
单体架构	单体架构是一种传统的软件架构，通常是指将整个系统构建为一个单一的、可部署的、可扩展的单体应用程序

续表

构成要素	主要介绍
分布式体系架构	分布式体系架构是一种基于分布式系统的架构，将系统拆分成多个独立的组件，通过网络进行通信和协作，具备可靠性、可扩展性的特征
微服务架构	微服务架构是将中间层分解，将系统拆分成很多小的应用，并部署在不同的服务器上或相同服务器的不同的容器

早期，软件设计常使用单体架构，为了适应大型项目的开发需求，采用了分布式架构，实现每个系统可分布式部署，近年来，微服务架构兴起，通过将应用程序拆分成一系列小型、独立的服务，实现服务独立开发、部署和扩展。信息处理逻辑图如图 8–5 所示。

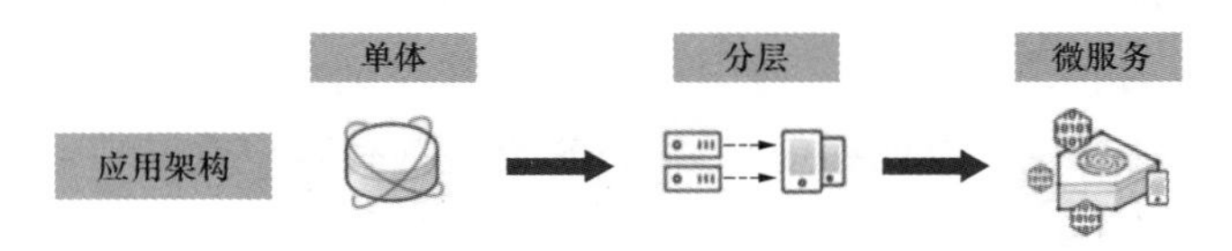

图 8–5 信息处理逻辑图

1. 单体架构

单体架构所有的业务逻辑、数据库访问、用户界面等包含在同一个进程中。单体架构具有部署简单、易于测试和维护的优点，但随着系统规模和复杂度增加，单体架构面临代码耦合度高、部署时间长、可靠性差等问题。

2. 分布式架构

分布式体系架构基于分布式系统，将系统拆分成多个独立的组件，这些组件通过网络进行通信和协作，实现更高的可靠性、可扩展性和性能。分布式体系架构如图 8–6 所示。

相对于单体架构，分布式架构提供了负载均衡的能力，大大提高了系统负载能力，解决了高并发需求。分布式架构具有降低功能模块耦合度、扩展方便、灵活部署等优点，但系统之间的交互需要远程通信，接口开发工作量增大。

（1）客户端 / 服务器架构。客户端 / 服务器（client/server，CS）架构是一种分布式计算模型，将所有应用程序划分为客户端和服务器两部分，客户端负

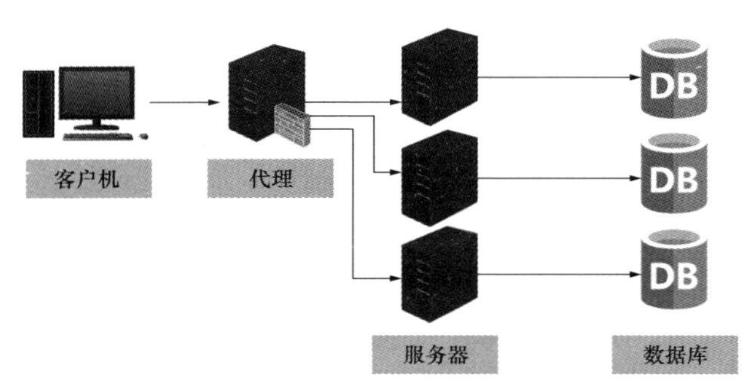

图 8-6　分布式体系架构

责与用户交互，并发送请求到服务器；服务器则负责处理这些请求，并返回相应结果。CS 架构具有灵活性强、安全性能高和可维护性强，但客户端服务器都具备一定的硬件资源支持，存在单点故障风险等。

（2）浏览器 / 服务器架构。信息系统浏览器 / 服务器（Browser/Server，BS）架构是基于 Web 的分布式计算模型，将应用程序划分为浏览器和服务器两部分，浏览器作为客户端，负责与用户交互，并发送请求到服务器；服务器则负责处理这些请求，并返回相应结果。BS 架构具有客户端简单、跨平台性好、可扩展性强、易于维护和升级等特点。BS 三层架构包含前端（Web/ 手机端）+ 中间业务逻辑层 + 数据库层，其架构如图 8-7 所示。

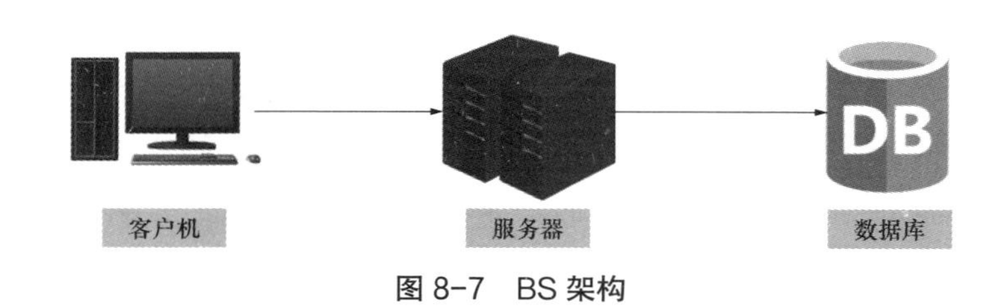

图 8-7　BS 架构

（3）微服务架构。微服务架构将系统拆分成许多小型、独立的服务，每个服务可以独立开发、部署和扩展，单个服务的故障不会影响其他服务。微服务可以部署在不同的服务器上，或者在相同的服务器不同的容器上。作为一种面向服务的架构模式，服务之间通过轻量级的机制（通常是 HTTP 资源 API）进行通信，其代表框架有 Spring cloud、Dubbo 等。微服务体系架构如图 8-8 所示。

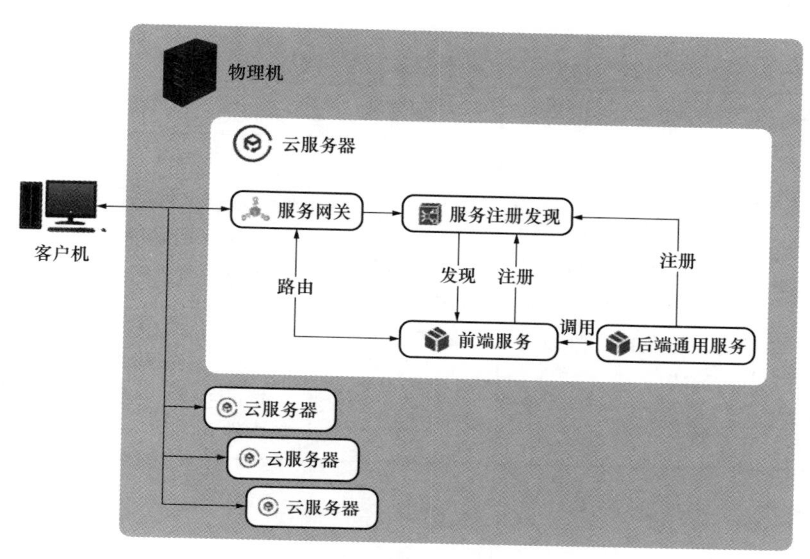

图 8-8 微服务体系架构

微服务架构具备独立性强（服务独立部署和扩展）、灵活性高（可使用不同的语言和技术栈）、可扩展性强（可按需对特定服务进行扩展）等优点，但微服务中需要 HTTP 来进行通信，会产生网络、容错、调用关系等问题，带来了服务管理和部署的复杂性。

8.3 信息系统的信息分类

从信息系统角度，主要分为结构化与非结构化两大类信息，涉及数值、字符、文本、图片、声音、视频等多种形式的数据。详细分类见表 8-6。

表 8-6 信息系统的信息分类

信息分类	定义描述	表现形式	具体示例
结构化信息	结构化数据是具有固定格式和结构的数据，具有模式明确，易于存储、处理、分析的特征	表格、数据库、电子表格、数值、字符等	数值：整数、小数、分数、百分数等； 字符：ASCII 字符集（26 个大小写字母、10 个数字等）、Unicode 字符集（技术符号、标点符号等）等

续表

信息分类	定义描述	表现形式	具体示例
非结构化信息	非结构化数据是格式不固定、结构不规则的数据，具有多样性、复杂性、难以分析的特征	文本、HTML 图片、音频、视频等	文本：自然语言文本、编程代码、数据文件等； 图片：动态图像、三维图像矢量图像、卫星图像、数字监控等； 音频：如 WAV、MP3 等音频数据； 视频：如 MP4、AVI 等格式视频文件

8.4　信息输入技术

输入 / 输出（I/O）技术是计算机系统中实现主机与外部通信的关键系统，它构建了信息处理系统（如计算机）与外部世界（包括人类或其他信息处理系统）之间的桥梁。具体而言，输入是指系统接收来自外部的信号或数据，而输出则是系统向外部发送的信号或数据。I/O 系统可以细分为计算机与外围设备的 I/O 系统和系统间的 I/O 系统。信息处理逻辑如图 8-9 所示。

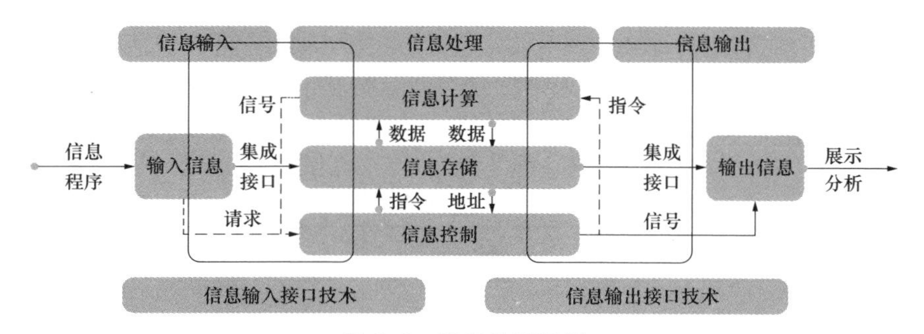

图 8-9　信息处理逻辑

8.4.1　信息输入设备

信息输入设备可将外部信息转化为计算机可识别的内部数据。这主要包括语音识别技术、文字识别技术、网络输入技术等。早期，信息输入技术以打

点机为代表，随后逐渐发展为包含数字、文字、图形、表格、音频、视频等多种形式的输入方式，支持物理系统与业务系统中的各种信息输入。如键盘作为文字输入的主要设备，极大地提升了信息输入的效率和准确性；在音频输入方面，麦克风和录音设备的出现使得声音信息得以录制、保存，并作为音频文件进行存储和传输，丰富了信息的传递方式。随着人工智能技术的不断进步，信息输入方式将更加智能化、人性化，进一步提升信息传递的效率、准确性和便捷性。

为加深读者对信息输入设备的理解，以下介绍常用的信息输入设备列表，见表 8–7。

表 8–7　常用信息输入设备

设备类型	常见设备	主要介绍	输入信息
信息输入设备	传感器	传感器种类繁多，广泛应用于各个领域，实现信息的准确获取与转换	温度数值、湿度数值、压力数值、气体浓度、声音信号、位置和姿态数据等
	键盘	键盘是一种常见的信息输入设备，包括有线键盘和无线键盘	特殊字符、字母和数字字符等
	鼠标	鼠标是一种常见的指针输入设备，用于在图形用户界面中进行导航和操作，实现与计算机的交互	执行指令等
	触摸屏	触摸屏是一种直接的输入设备，在智能手机、平板电脑等移动设备上广泛应用	控制界面、执行指令等
	扫描仪	扫描仪是一种能够将纸质文档或图片转换为数字格式的设备	图像数据、分辨率数据等
	数码相机或摄像头	数码相机或摄像头这些设备可以将图像和视频输入到计算机中	实时图像、视频等

续表

设备类型	常见设备	主要介绍	输入信息
信息输入设备	麦克风	麦克风是一种音频输入设备，用于捕捉声音将其转换为计算机可以处理的数字信号	声音信号
	游戏手柄或操纵杆	游戏手柄或操纵杆，这些设备主要用于电子游戏，控制游戏中的角色或物体	执行指令
	光学阅读设备	光学阅读设备可以通过扫描条形码、二维码或文字来快速输入信息	文本数据
	…	…	…

在此之外，存在一系列专业化的输入设备，如数字化仪和绘图板等，这些设备被广泛应用于特定的场景之中，以满足用户应用需求。

8.4.2　信息接口技术

信息接口技术，作为定义和实现不同信息系统或组件间交互的标准化约定与规范，其核心在于确立并规范各系统或组件间信息交互的方式与规则，以确保信息的精确、高效传递与交换。该技术不仅构成了信息系统间数据交换与通信的基石，同时也是实现系统集成、数据共享及业务流程自动化的关键环节。通过遵循预定的交互规则，不同系统或组件实现无缝衔接，从而确保信息流通的顺畅与高效。

1. 硬件接口技术

在硬件层面，接口技术则包含具体的物理连接与数据传输机制。在信息处理流程中，输入的数字信息须先经标准接口输入至信息机器。作为连接信息机器与外部设备的关键桥梁，信息接口技术在此过程中的作用至关重要。以下是常见的硬件接口技术列表，见表 8-8。

表 8-8 常见硬件接口技术

常见接口	主要介绍
PS/2 接口	PS/2 接口主要用于连接鼠标和键盘。它的物理外观完全相同，为了区分，鼠标通常使用浅绿色接口，而键盘则使用紫色接口
串行接口	串行接口（serial port）：也称为串口是计算机的主要外部接口之一。通过九针串口，我们可以连接各种设备，如串口鼠标、调制解调器（MODEM）、手写板等。现在的 PC 机一般至少有两个串行口，如 COM1 和 COM2
USB 接口	通用串行总线（universal serial bus，USB）是由多家公司联合提出的接口标准，用于规范计算机与外部设备的连接和通信。USB 接口已经逐渐取代了传统的串、并口，成为现代计算机的主要接口之一
并行接口	并行接口主要作为打印机端口，采用 25 针 D 形接头
RJ-45（网络）接口	RJ-45（网络）接口主要用于计算机与网络的连接，是上网冲浪的必备接口
音频接口	音频接口通常计算机主机上会有两个音频接口，一个用于连接耳机、音响等设备，供音频信号的输出；另一个用于连接麦克风，供音频的输入
IEEE1394 接口	IEEE1394 接口主要用来接入数码摄像机等设备
HDMI 接口	即高清晰度多媒体接口（high definition multimedia interface，HDMI）。它可以提供高达 5Gbps 的数据传输带宽，能够传送无压缩的音频信号及高分辨率视频信号
DVI 接口	即数字显示接口（digital visual interface，DVI），主要用于与具有数字显示输出功能的计算机显卡相连接，以显示计算机的 RGB 信号
VGA 接口	VGA 接口是将显存内以数字格式存储的图像（帧）信号在 RAMDAC 里经过模拟调制成模拟高频信号，再输出到等离子成像
…	…

此外，存在一系列常见的输入接口，包括标准视频输入（RCA）接口、S 视频输入接口、视频色差输入接口、BNC 端口、RS232C 串口以及音频输入输

出接口等。这些接口各自具备独特的特点和用途，因此，在连接计算机与外部设备时，应根据实际需求选择适当的接口，以确保最佳连接效果。

2. 软件接口技术

在软件领域，接口技术是实现不同软件系统或组件之间交互的关键手段。它允许不同的程序或服务之间进行数据交换和功能调用，从而促进了软件系统的模块化和复用性。API、HTTP 接口、远程过程调用（remote procedure call，RPC）接口以及 Web Service 接口等，是实现软件接口技术的常见方式，在软件系统的设计和实现中为软件的模块化、复用性以及跨平台交互提供了强大的支持。

（1）API：API 是软件间通信的桥梁，它定义了一套明确的规范和协议，使得不同的软件应用程序能够相互理解和交互。API 可以是操作系统提供的用于访问其功能的接口；也可以是某个软件库或框架提供的用于实现特定功能的接口。通过 API，开发人员可以在不了解内部实现细节的情况下，使用这些功能和服务。

（2）HTTP 接口：HTTP 接口基于 HTTP 协议，是一种轻量级的、基于文本的接口技术。它通常用于 Web 应用开发中，客户端通过发送 HTTP 请求（如 GET、POST 等）到服务器，服务器响应请求并返回数据。HTTP 接口因其简单性和广泛的支持而成为 Web 服务中最常用的接口方式之一。

（3）RPC 接口：RPC 是一种允许程序调用另一个地址空间（通常是一个远程服务器）中的过程或函数的技术。它使得开发者能够编写调用远程系统功能的代码，就像调用本地函数一样简单。RPC 接口通常用于构建分布式系统，其中不同的服务可能分布在不同的服务器上，通过 RPC 可以实现这些服务之间的无缝通信。

（4）Web Service 接口：Web Service 是一种基于 Web 的跨平台、跨语言的远程调用技术。它使用标准的 Web 协议（如 HTTP、XML、SOAP 等）来交换信息，使得任何平台上的任何应用程序都能通过 Internet 进行通信和交互。Web Service 接口提供了一种在分布式环境中集成不同应用和服务的方法，广泛应用于企业级应用集成、B2B 集成等场景。

8.4.3　系统集成技术

系统集成技术涵盖了硬件、软件、数据及应用等多个层面的集成工作。通过运用标准化的方法与技术，构建不同业务系统间的数据传输通道，将数据终

端与计算机紧密连接，从而实现对多元化业务系统及外部信息系统数据资源的全面采集与共享。该技术能将各种独立的组件、部件、模块等有机整合，构建出一个功能协调、运行协同的整体系统。其目标在于解决不同技术系统间的兼容性问题，推动信息的无障碍共享与交流，进而提升系统的整体效率与性能。常见的信息系统集成技术见表 8–9。

表 8–9　　常见信息系统集成技术

接口技术	主要介绍
电子数据交换技术	电子数据交换（electronic data interchange，EDI）技术 是结构化的数据通过一定标准的报文格式从一个应用程序到另一个应用程序的电子化的交换
中间件技术	中间件技术作为不同系统之间的桥梁，提供了标准化的数据交换和信息传递机制
通信协议	通信协议规定数据传输格式、报文结构、错误检测和恢复机制等内容，确保不同设备或系统间的信息交互符合行业规范
OPC 技术	OPC（OLE for process control），面向过程控制的对象链接与嵌入是一种工业标准，简化应用程序与硬件设备之间的数据交换
数据模型与转换技术	数据模型与转换技术通过数据模型映射、转换工具来确保数据的一致性和准确性，提供了一种通用的数据模型标准，便于不同系统间的数据集成和互操作
数据抽取技术	数据抽取技术通过构建数据仓库、数据湖或使用（Extract，Transform，Load，ETL）工具，对来自不同来源的电力系统数据进行整合、清洗和转化
…	…

8.5　信息处理技术

信息处理涵盖多种类型的信息，包括物理系统的设备元部件、设备、系统和环境信息及业务系统中的人员、资金、实物、环境、业务规则信息等。在信息处理技术的过程中，针对不同类型的信息需实施相应的策略。以结构化数据为例，可采用关系型数据库进行高效存储与精准处理；对于非结构化数据，则适宜运用文件系统或对象存储系统进行妥善存储与处理。同时，为确保数字信息的可靠性与安全性，还需实施数据备份与数据加密等多种技术手段。

8.5.1　信息传输技术

信息传输技术历经数轮演进，从局域网发展至广域网，从单一协议扩展到多种协议并存，随着新一代数字技术的迅猛发展，对传输速度、延迟、数据处理效率以及数据安全和隐私保护等方面提出了更高的要求。

1. 信息传输模型

信息传输模型涵盖了信息从发送端到接收端的整个过程，主要包括信源、信宿、信道、编码器、译码器以及噪声等关键要素。信源是信息的发源地，它产生需要传输的消息或数据；信宿则是信息的最终接收者，负责接收并理解这些信息。信道是信息传输的媒介，它连接着信源和信宿，确保信息能够顺利传递。编码器的作用是将信源产生的原始信息转换成适合信道传输的信号形式，而译码器则负责将接收到的信号还原成原始信息，以供信宿使用。噪声是通信过程中不可避免的干扰因素，它可能影响信息的准确性和完整性。信息传输模型如图 8-10 所示。

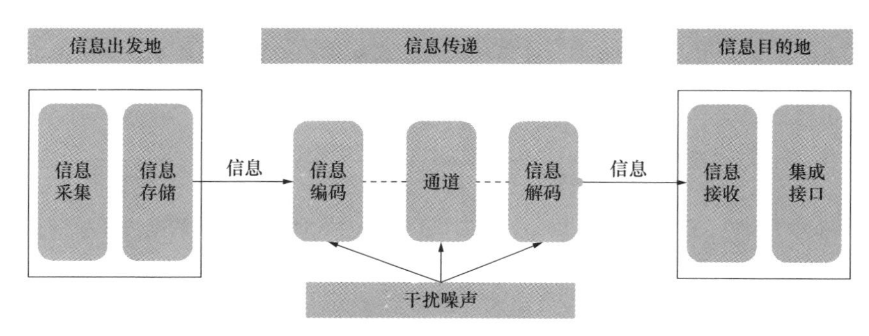

图 8-10　信息传输模型

2. 信息传输协议

信息传输技术是现代通信系统的核心，它能够支持多种适用于物理系统、业务系统的数字信息的传输。这些数字信息包括数字、文本、图像、音频和视频等多种类型。为了实现这些信息的有效传输，信息传输技术采用了多样化的传输协议和技术。其中，TCP/IP、HTTP、FTP、SMTP 等协议是广泛应用于各种网络环境中的基础传输协议，它们确保了数字信息在不同系统之间的可靠传输。针对特定类型的数字信息，如图像和音频，信息传输技术还采用了专门的协议优化传输效果。例如，JPEG 协议被广泛应用于图像传输中，它能够有效地压缩图像数据，降低传输所需的带宽和存储空间，同时保持较高的图像质量。同样，MP3 协议则是音频传输中的常用协议，它能够在保持音频质量的同时，显著减小音频文件的大小，便于在网络上进行传输和分享等。

除了这些通用的和特定的传输协议外，信息传输技术还持续不断地发展和创新，以适应日益变化的物理系统和业务系统的需求。例如，为了适应 IoT 的发展，信息传输技术开始融合低功耗广域网（low-power wide-area network，LPWAN）等新型网络技术，以实现远距离、低功耗的设备连接和数据传输。同时，在 5G、6G 等新一代移动通信技术的推动下，信息传输技术正朝着更高速度、更低延迟、更大容量的方向发展。

通过这些先进的传输协议和技术，信息传输技术能够高效地获取物理系统、业务系统产生的数字信息，无论是结构化数据还是非结构化数据，都能得到快速、准确的处理。更重要的是，这些信息能够被准确、及时地反馈至相应的物理系统、业务系统，使得信息的流通和共享变得更加无缝和高效。这种信息的实时交互和共享，不仅提升了系统的响应速度和决策能力，还为业务的创新和发展提供了强有力的支持。

OSI 模型是理解和设计网络系统的基础，由国际标准化组织（International Organization for Standardization，ISO）在 1984 年提出，旨在为不同厂商生产的设备和系统之间的通信提供一个通用框架。OSI 模型将网络通信过程划分为七个独立但相互依赖的层次，每一层都有其特定的功能和协议。通过这种分层结构，复杂的网络通信过程变得更易于管理和理解。从下到上，OSI 模型依次分为：物理层、数据链路层、网络层、传输层、会话层、表示层和应用层，见表 8-10。

表 8-10　　OSI 七层模型功能及常见协议

层级	名称	功能	常见协议
7	应用层	为应用程序或用户请求提供各种请求服务；文件传输，电子邮件，文件服务，虚拟终端	HTTP、FTP、SMTP、POP3、TELNETNNTP、IMAP4、FINGER
6	表示层	数据编码、格式转换、数据加密	LPP、NBSSP

续表

层级	名称	功能	常见协议
5	会话层	创建、管理和维护会话；建立或解除与其他接点的联系	SSL、TIS、LDAP、DAP
4	传输层	提供端对端的接口，数据通信	TCP、UDP
3	网络层	为数据包选择路由，IP 地址及路由选择	IP、ICMP、RIP、IGMP、OSPF
2	数据链路层	提供介质访问和链路管理，传输有地址的帧，错误检测功能	以太网、网卡、交换机、PPTP、L2TP、ARP、ATMP
1	物理层	管理通信设备和网络媒体之间的互联互通以二进制数据形式在物理媒体上传输数据	物理线路、光纤、中继器、集线器、双绞线

3. 信息传输设备

信息传输设备是计算机网络或通信系统中不可或缺的一部分，专门用于实现数据的传输。这些设备的核心功能在于确保数据的高效、准确传输，以保障信息的及时到达与共享。常见的信息传输设备主要见表 8-11。

表 8-11　常见信息传输设备

设备类型	常见设备	主要介绍
信息传输设备	网络交换机	网络交换机是用于连接多台计算机或网络设备的网络设备，通过数据包交换的方式实现数据的传输，能够根据数据包中的目标地址将数据包转发到相应的端口
	路由器	路由器是连接不同网络，实现网络间的数据传输，通过路由表来确定数据包的转发路径，能够根据最优路径进行数据的转发
	网卡	网卡（网络接口卡）是计算机与计算机网络之间进行数据传输的接口设备，将计算机内部的数据转换成网络可识别的数据格式，并通过物理介质将数据发送到网络上

续表

设备类型	常见设备	主要介绍
信息传输设备	传输媒介	传输媒介作为信息传输的通道，承载着数据信号从一个节点传输到另一个节点
	复用设备	复用设备将多个信号合并成一个信号进行传输，提高传输效率
	调制解调器	MODEM 实现数字信号与模拟信号之间的转换，以便在不同类型的传输媒介上进行传输
	光纤传输设备	光纤传输设备利用光纤作为传输介质，包括光纤收发器、光端机，实现高速、远距离的数据传输
	无线通信设备	无线通信设备通过无线电波或卫星信号进行数据传输，如无线电收发器、卫星通信设备
	…	…

4. 信息传输类型

从传输介质的角度出发，信息传输可以分为有线和无线两种类型。有线传输主要依赖于电话线或专用电缆等物理媒介来传输信息，这种方式通常具有传输稳定、受外界干扰较小的优点。而无线传输则借助电台、微波及卫星技术等手段，在不依赖物理连接的情况下实现信息的传输。无线传输具有灵活性高、覆盖范围广的特点，但可能受到更多环境因素的影响，如电磁干扰、信号衰减等。这两种传输方式各有优劣，在实际应用中需要根据具体需求和条件进行选择。

（1）有线传输。有线传输技术，作为一种基于物理线缆的电信号传输方式，通过光缆、电缆等介质实现信号的稳定、安全、可靠传输。其核心传输介质包括同轴电缆、双绞线以及光纤等，而常见的传输协议如 TCP/IP、HTTP、FTP 等，则确保了在不同场景下，信号能以特定的格式、传输速率及数据包大小实现高质量传输。

有线传输技术的历史可追溯至 19 世纪中叶，电报机的发明为其奠定了技术基础。此后，随着 1876 年贝尔和沃森成功试制出第一台实用电话，有线传输技术进入了快速发展阶段。同轴电缆的引入，使得长距离、高质量的信号传输成为可能，并随着电视和宽带网络的普及，其应用日益广泛。此外，对称电缆和光纤作为有线传输技术的代表性技术，以其大容量、长距离传输及强抗干扰能力，被广泛应用于各个领域。随着科技的进步和应用需求的增长，有线传输技术将持续向高速、大容量、远距离的方向发展，不断提升传输性能和稳定性，为人们的生产和生活提供更为便捷的信息传输服务。有线传输过程如图8-11所示。

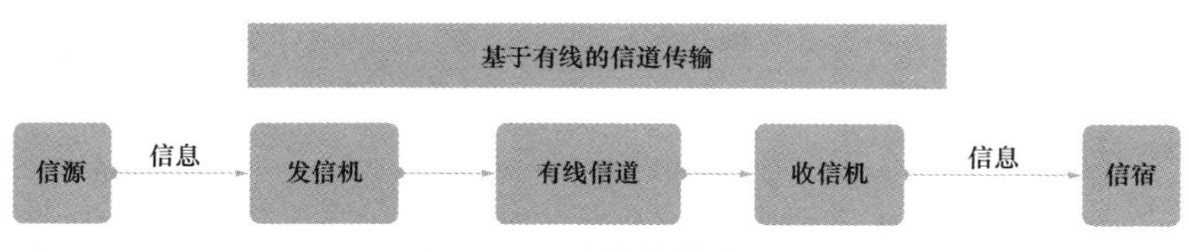

图 8-11　有线传输过程

有线传输技术核心组成部分包括传输介质和传输设备。传输介质作为连接两个传输终端的物理通道，传输介质主要包括双绞线、光纤等，确保电磁波沿通信路径传输；传输设备涵盖信号转换器、信号发射器及信号接收器，旨在将信号转换为适应传输介质的格式，并实现信号的发送与接收，进而在接收端恢复原始信号格式。此外，有线传输技术还可能配备中继器、放大器、滤波器等辅助组件和设备，以增强信号的稳定性和可靠性。

电力系统有线传输技术确保电力系统各环节的数据、命令与控制信号实现高效、精确、及时地传输。详细分类参见表8-12。

表 8-12　常见电力系统有线传输技术

传输技术类型	传输技术	传输技术简介
有线传输技术	光纤通信技术	光纤通信技术是电力系统中最主要的有线传输方式之一，尤其适用于长距离、高速率、大容量和高安全性的数据传输。通过光纤网络，可以实现远程监控、自动调度、故障检测等功能，满足智能电网的实时数据传输需求
	同轴电缆传输技术	同轴电缆传输技术在早期的电力系统中，尤其是LAN建设和有线电视（cable television，CATV）系统中，同轴电缆曾被广泛使用。例如，基带同轴电缆用于数字信号传输，如早期的以太网通讯；而宽带同轴电缆则可用于模拟信号传输，比如闭路电视信号的传输

续表

传输技术类型	传输技术	传输技术简介
有线传输技术	电力线载波通信技术	电力线载波通信技术利用现有的电力线路进行数据传输，适用于在电力系统内部实现配电自动化、抄表、远程控制等功能，无须额外布线，降低成本
	同步数字体系光纤通信	同步数字体系（synchronous digital hierarchy，SDH）光纤通信是一种国际标准的光纤传输体制，因其高带宽、高可靠性、强大网络管理能力等特点，已经成为电力通信网的核心传输方式。它能够承载语音、数据、图像等多种业务，实现电力系统内的实时通信和控制信息传输
	租用线路	租用线路在某些特定场合，电力系统也可能采用传统的电信租用线路进行数据传输，尤其是在老系统改造升级或临时应急通信中
	…	…

（2）无线传输。无线传输技术，作为一种利用无线电波、微波、红外线等非接触式电磁波进行数据传输的先进手段，涵盖了诸如 WiFi、蓝牙、4G/5G、微波、卫星等多种常见协议。其显著优势在于无需布线、高度灵活以及卓越的移动性，从而满足了物理系统、业务系统中移动设备与远程设备的通信需求。

无线传输技术的历史可回溯至 19 世纪末期，无线电波的发现与应用为其发展奠定了坚实的基础。随着通信科技发展，无线传输技术逐渐演进出多样化的形态，包括无线电波、微波、红外线以及蓝牙等。无线电波以其地形无限制的传输特性，在广播、电视、移动通信等领域发挥着重要作用；微波则以其高速传输的特质，广泛应用于卫星通信和高速网络接入；红外线则因其短距离传输与高保密性，在近距离无线数据传输领域占据一席之地；蓝牙技术则专注于短距离无线通信，实现设备间的无线数据传输与语音通信。

无线传输技术由传输介质、传输设备及通信协议等核心组件构成。其传输介质涵盖无线电波、微波、红外线等，其中无线电波作为最普遍应用的介质，具体又包含长波、中波、短波等多种类型。为实现无线传输，需借助多种传输设备，如发射机、接收机、天线、放大器等，其中发射机负责将信号转换为无线电波并发出，而接收机则负责接收无线电波并还原为信号。此外，无线传输技术需遵循一系列通信协议，包括调制方式、编码方式、传输速率等，以确保数据在无线传输过程中的稳定性和准确性。为确保数据传输的安全性和完整性，无线传输技术还需采取加密、认证等安全措施。无线传输过程如图 8–12 所示。

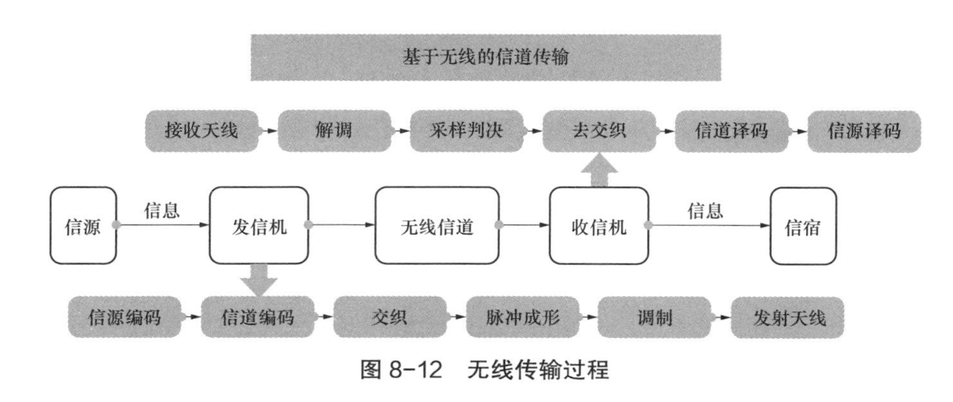

图 8–12 无线传输过程

近年来，电力系统无线传输技术取得了显著进步，这些技术旨在突破传统有线通信的局限，通过无线方式实现电力系统中设备与设备、设备与数据中心、数据中心之间的信息传输。表 8–13 列举了电力系统计算机系统中常见的无线传输技术。

表 8–13 常见传输技术简介

传输技术类型	传输技术	传输技术简介
无线传输技术	专网无线通信技术	专网无线通信技术经过定制和优化后用于电力通信网络，如全球互通微波存取（world interoperability for microwave access，WiMAX）和 LTE（长期演进技术提供远距离、高速率的无线数据传输，支持智能电网的分布式能源管理、远程抄表、智能电表数据回传等高级应用
	LPWAN 技术	LPWAN 技术适用于电力系统的远程监测和控制，安装在难以布线区域的智能设备，如传感器和执行器，提供低功耗、低成本的无线通信方案

续表

传输技术类型	传输技术	传输技术简介
无线传输技术	无线传感网络	无线传感网络（wireless sensor network，WSN）是由大量分布式的微型传感器组成，用于收集温度、电压、电流、湿度等电力系统参数，通过无线方式发送至中央处理系统，用于状态监测、故障预警和智能决策
	短距离无线通信技术	短距离无线通信技术用于本地化设备间的数据交换和控制指令传输，比如蓝牙、Wi-Fi，在电力设施内部，用于变电站、集控中心等场所
	卫星通信技术	卫星通信技术利用卫星通信系统进行无线传输，确保极端环境下电力系统的通信畅通
	…	…

8.5.2　信息存储技术

信息存储技术是指通过电子、光学、磁学等形式，实现信息的稳定存储。根据存储介质的不同，信息存储技术可分为磁盘、光盘、云存储等方式与技术；依据存储对象类型的差异，又可分为结构化、非结构化等方式与技术，它们各自具备独特的特点与应用场景。信息存储设备，作为存储与检索数字数据的硬件组件，允许用户保存与检索多样化的信息，包括但不限于文档、照片、视频、音乐和软件程序等。表 8-14 介绍常见的信息存储设备及其特点。

表 8-14　　常见的信息存储设备及特点

常见设备	主要介绍
硬盘驱动器	硬盘驱动器（hard disk drive，HDD）使用磁性材料记录数据。具有大容量、低成本和较快的数据读写速度。适用于长期存储大量数据，但功耗较高，易受物理冲击和磁场干扰
SSD	SSD 使用闪存芯片存储数据，无机械部件。数据读写速度快、能耗低、抗震性能好。存储容量相对较小，价格较高，但逐渐增加且价格下降。适用于需要快速访问数据的场景

续表

常见设备	主要介绍
光盘驱动器	光盘驱动器使用激光技术读取和写入数据。存储容量从几百兆字节到几十兆字节不等。寿命长，数据保护性能好，但读写速度相对较慢
闪存驱动器	闪存驱动器便携式存储设备，使用闪存芯片存储数据。小巧轻便、易于携带，适用于数据传输和备份。存储容量从几十兆字节到几百吉字节不等，价格相对较低
内存（RAM）	内存（RAM）用于临时存储数据和程序的设备。读写速度快，访问延迟低，但断电后数据会丢失。容量通常比硬盘和SSD小，价格较高。适用于存储正在运行的程序和临时数据
…	…

在数据存储方面，除主流设备外，还包括SD卡、CF卡等便携式闪存卡，这些设备广泛应用于数码相机、摄像机等电子设备中。

随着计算技术与互联网的迅猛发展，数据存储技术取得了显著进展。为应对异构（heterogeneous）、海量（massive）、多类型（multi-type）数据存储之挑战，数据中心广泛采纳云数一体化数据存储技术，显著增强了多源异构数据的云存储能力。如存储区域网络（storage area network，SAN）、数据存储技术、行列混合存储技术等。

其中，SAN技术通过高速连接技术[如光纤通道（fiber channe）l或以太网（Ethernet）]将存储设备与多台服务器相连，实现低延迟、高带宽的数据传输，满足了对性能要求极高的应用场景要求，成为数据中心处理大规模数据库、虚拟化环境与科学计算等场景的优选；行列混合存储技术作为一种创新的存储策略，通过结合行存储与列存储之优势，优化了不同类型数据的存取效率，尤其在处理大数据分析时，能显著提高查询速度与数据处理能力；此外，云存储系统作为建立在云基础设施之上的存储解决方案，提供了高可靠性、高可用性与高性能数据存储服务，不仅支持海量数据的存储与访问，还通过分布式架构实现了良好的可扩展性与容错性，有效应对了数据爆炸性增长带来的挑战。与此同时，随着能源成本的上升与环保意识的提高，数据中心日益注重存储系统能效与环保性能。例如，通过整合存储资源、采用自主自动化技术降低能耗，以

及探索新型存储介质，如线性磁带开放协议（linear tape-open，LTO）磁带、全息存储技术等，实现数据长期低成本存储等。

8.5.3　信息计算技术

信息计算技术，主要是指利用计算机科学、信息科学和数学等学科的理论、方法和技术，对信息进行高效处理、深入分析和精确计算的能力。信息计算技术体系涵盖了处理器芯片、网络、云计算、大数据技术以及人工智能技术等多个方面，它们共同构成了信息计算技术的核心架构。

1. 信息计算技术体系

信息计算技术是一个复杂而多元的技术体系，其构成主要包括处理器芯片、网络、算网融合、云计算、大数据技术以及人工智能技术等。处理器芯片作为信息计算技术的核心，承担着数据处理和运算的重任，从传统的 CPU 到 GPU、TPU 等专用加速芯片，处理器芯片技术发展推动着算力的持续提升；网络则是信息计算技术中不可或缺的一部分，它负责数据的传输和交换，随着网络技术的不断发展，带宽的增加和延迟的降低使得数据传输更加高效，为算力的高效发挥提供了有力支持；算网融合是信息计算技术中的一个重要趋势，它将计算资源与网络资源深度融合，形成一个统一的资源池，这种融合不仅提升了算力的整体效能，还增强了系统的灵活性与可扩展性。例如，云计算通过虚拟化技术将计算资源、存储资源及网络资源封装成一个独立的虚拟环境，按需提供给用户，云计算的弹性扩展能力使得用户可以根据实际需求动态调整算力资源；大数据技术则通过对海量数据的快速采集、存储、处理与分析，挖掘出有价值的信息与知识，为决策提供支持；人工智能技术作为信息计算技术的前沿领域，正在推动计算技术的深刻变革，深度学习、强化学习等先进算法的应用，使得计算机系统能够模拟人类智能进行复杂任务的处理与决策。

2. 关键计算技术

（1）计算机芯片技术。计算机芯片是信息计算技术的核心载体，其技术进步是推动算力提升的关键。CPU 作为传统意义上的计算核心，负责执行计算机程序的指令和逻辑运算。然而，随着大数据与人工智能时代的到来，单一的 CPU 已难以满足日益复杂的计算任务需求。因此，GPU、TPU 等专用加速芯片应运而生。

GPU 以其高度并行的计算能力，在图形渲染、视频处理及深度学习等领域展现出巨大潜力。GPU 的架构设计使其能够同时处理多个核心上的任务，从而显著提高计算效率。在深度学习等计算密集型应用中，GPU 的并行处理能力能够大幅加速训练过程，缩短模型收敛时间。

TPU 则针对机器学习任务进行了专门优化，其独特的架构设计使其在执行大规模张量计算时具有出色的性能。与 GPU 相比，TPU 在机器学习任务的执行上更加高效，因为它能够针对这类任务进行特定的硬件加速，提供更高的性能和能效比。

随着半导体制造工艺的不断进步，芯片集成度不断提高，功耗不断降低。这为芯片性能的提升提供了有力保障。同时，先进封装技术的出现，如系统级封装（system in package，SiP）、三维封装（3D packaging）等，进一步提升了芯片的集成度与互联效率，为计算机芯片技术的发展注入了新的活力。

（2）算网融合技术。网络技术是数据传输和算力提升的关键。随着网络带宽增加和延迟降低，数据传输效率的提升支持了算力的高效发挥，高速以太网、光纤通信等技术提升数据中心间数据传输速度，算网融合技术实现了计算资源与网络资源的高效协同。通过算网融合，计算任务可以根据网络状态、资源负载等因素进行智能调度与分配，从而实现算力的最大化利用。其中，云计算平台作为算网融合的重要载体之一，通过虚拟化技术将计算资源、存储资源及网络资源封装成一个独立的虚拟环境提供给用户，用户可以根据实际需求动态调整算力资源规模并支付相应费用，从而实现了算力的按需使用与弹性扩展；大数据技术作为算网融合的另一个重要方面，通过对海量数据的快速采集、存储、处理与分析挖掘出有价值的信息与知识。大数据平台与云计算平台的紧密结合使得数据处理能力得到显著提升并能够更好地支撑了人工智能等前沿技术的发展。

（3）人工智能技术。人工智能技术发展日新月异。深度学习、强化学习等先进算法的应用使得计算机系统能够模拟人类智能进行复杂任务的处理与决策。在深度学习领域，算法的不断优化使得神经网络模型能够更加准确地识别、分类和预测数据。同时，深度学习框架的不断发展也为算法的实现提供了更加便捷和高效的工具，这些优化和进步使得深度学习算法在图像识别、语音识别、自然语言处理等领域取得了显著成果；强化学习则是一种通过让计算机系统在不断试错中学习并优化策略的方法，其算法的应用使得计算机系统能够在复杂环境中进行自主决策和控制。例如，在自动驾驶、智能机器人等领域，强化学习算法的应用已经取得了重要进展。然而，这些算法的实现离不开高性能算力的支持。因此，人工智能技术的普及与发展对算力提出了更高要求也推

动了处理器芯片网络云计算等技术的不断创新与优化。

3. 计算技术的相互融合

随着技术的不断演进，信息计算技术体系中的各个组成部分正在相互融合、演进，共同构成更为强大的算力。处理器芯片与网络技术的融合使得数据传输与处理更加高效，算网融合技术进一步推动了算力与网络资源的协同优化。云计算平台通过动态调度和分配计算任务与网络资源，实现了算力的最大化利用。同时，大数据技术为云计算平台提供了丰富的数据处理和分析能力，使得算力能够更加智能地服务于各种应用场景；人工智能技术的融入则为信息计算技术带来了革命性的变革，深度学习、强化学习等先进算法的应用使得计算机系统能够处理更加复杂和多样化的任务。同时，算法的优化和进步也使得算力能够更加高效地服务于人工智能应用，推动了算力与算法的双轮驱动发展。

8.6　信息输出技术

信息输出技术能够将物理系统和业务系统的信息，以文字、图片、声音或视频等多种形式，有效地反馈至两大系统。该技术涵盖了多种方法和手段，包括显示技术、硬拷贝技术、声音系统、视频输出技术、三维现实技术、交互界面技术、数据可视化技术以及流媒体技术等，这些技术手段分别应用于显示、打印、声音、视频、三维现实、交互界面和数据可视化等多个领域。信息输出技术的广泛应用，不仅显著提升了信息传输的效率与质量，同时也为用户带来了更加丰富、直观且便捷的交互体验。

在早期阶段，信息输出的方式相对单一，主要依赖于打印、复印等传统手段。然而，随着信息技术的快速发展，显示屏逐渐普及，人们开始通过电脑、电视等设备获取和展示信息，提高了信息输出的效率和便捷性。进入 21 世纪，随着互联网的广泛应用和大数据的兴起，信息输出技术迎来了新的发展机遇，互联网打破了传统信息传播的时空限制，使得信息能够迅速、广泛地传播到全球范围内的受众。同时，大数据技术的出现为信息输出提供了更加丰富的数据源和更加精准的分析手段，使得信息输出更加个性化和智能化。

目前，信息输出技术已经涵盖了多种方法和手段，包括显示技术、硬拷贝技术、声音系统、视频输出技术、三维现实技术、交互界面技术、数据可视化技术以及流媒体技术等。这些技术手段在各个领域都有着广泛的应用。在显示技术方面，随着LED、OLED等新型显示技术的不断发展，显示屏的分辨率、色彩表现力和亮度等性能得到了显著提升。在硬拷贝技术方面，打印机、复印机等设备已经成为现代办公和家庭生活的必备品。在声音系统方面，音响、耳机等设备能够将数字音频信息转换为声音输出。在视频输出技术方面，电视机、投影仪等设备能够将数字视频信息转换为图像和声音输出。在三维现实技术方面，虚拟现实和增强现实技术为人们提供了全新的沉浸式体验。在交互界面技术方面，触摸屏、手势识别、语音识别等技术的出现使得人们能够更加自然地与设备进行交互。在数据可视化技术方面，通过将大量数据转换为图表、图像等可视化形式，人们能够更加直观地理解数据的含义和趋势。在流媒体技术方面，随着互联网的发展，人们可以通过流媒体技术实时地观看视频、听音乐等。在实际应用中，常见的信息输出设备见表8-15。

表8-15 常见信息输出设备

常见设备	主要介绍	输出信息
显示器	显示器是将计算机生成的图像和文字信息显示	图像、视频、图形、图表、文字、字符等
打印机	打印机将计算机中的数据打印到纸张上	标签、贴纸、图像、视频、图形、图表、文字、字符等
音响和耳机	音响和耳机将计算机中的声音信息转换成可听到的声波	语音、声音信号、声效等
投影仪	投影仪将计算机屏幕上的内容投影到墙壁或屏幕上，适用于演示和教学等	图像、视频、图形、图表、文字、字符等
触觉反馈设备	触觉反馈设备通过振动或其他方式为用户提供触觉反馈	图像、视频、图形、图表、文字、字符等
LED指示灯或显示屏	LED指示灯或显示屏，通过LED灯的闪烁或显示屏上的信息来传递简单的状态或指令	图像、视频、图形、图表、文字、字符等
VR或AR设备	VR或AR设备，指创建一个虚拟的环境，在现实世界中叠加虚拟信息	视觉图像、触觉反馈、运动追踪等

续表

常见设备	主要介绍	输出信息
绘图仪	绘图仪是用于工程制图、建筑设计等领域的专业输出设备，绘制图纸	图像、表格、标签、图表、文字等
…	…	…

随着物联网、人工智能等技术的不断发展，信息输出技术将更加深入地融入人们的生活和工作中。首先，多元化的信息输出方式将成为未来发展的重要趋势。除了传统的显示屏、打印机等设备外，还将出现更多新型的信息输出方式，如可穿戴设备、智能家居等，这些新型设备将为人们提供更加便捷、丰富的信息输出体验。同时，智能化的信息输出技术将成为未来竞争的核心，通过人工智能技术的应用，信息输出系统将能够更加准确地理解用户的需求和行为习惯，从而提供更加个性化、精准的信息输出服务。

然而，随着信息输出技术的不断发展，也面临着一些挑战和问题。其中，安全和隐私保护是首要关注的问题。由于信息输出技术涉及大量的用户数据和个人信息，因此必须采取有效的安全措施来保护用户的隐私和数据安全。同时，还需要关注信息输出的真实性和可信度问题，避免虚假信息的传播和误导。此外，信息输出技术的标准化和互操作性也是未来发展的重要方向，由于目前存在多种不同的信息输出技术和设备，因此需要制定统一的标准和协议来实现不同设备和系统之间的互操作性和兼容性。

第 9 章　数字电网技术标准体系

数字电网标准体系框架是技术体系的标准化映射，以物理、业务和信息系统为核心，确保各部分标准一致性和通用性，支撑数字电网建设。体系架构包括基础标准、物理系统、业务系统、信息系统四部分，如图 9–1 所示。

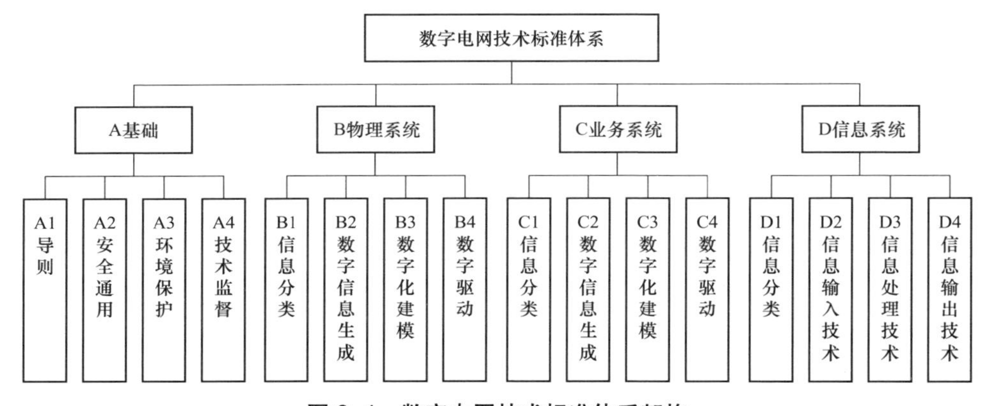

图 9–1　数字电网技术标准体系架构

数字电网核心标准是指保障数字电网物理系统、信息系统、业务系统核心业务运作的标准，具备普适性、重要性、战略性、安全性等特征，包括以下内涵。

（1）普适性：一是技术适用性强，在发输变配用调某一环节中起统领作用；二是基础通用性强，提出技术领域架构或者通用技术要求，跨专业技术领域；三是业务适应性强，涵盖生命周期业务规划、建设、验收、运维等多个环节；四是环境适应性强，对地域等环境因素限定较少。

（2）重要性：电网核心设备开展关键业务的标准，直接影响数字电网技术水平和运行能力。

（3）战略性：涉及数字电网核心产业和战略新兴领域，对提升公司核心竞

争力，对行业未来发展具有关键影响和重要作用的标准。

（4）安全性：为数字电网安全稳定运行保驾护航的标准，直接影响设备安全、运行安全和网络安全。

9.1 基础标准

数字电网通用基础技术标准主要包括导则、安全通用、环境保护、技术监督类标准，主要标准化需求包括：

（1）导则：数字电网建设的总体目标、原则、方法以及具体实施步骤等。

（2）安全通用：数字电网的安全性标准，包括物理安全、网络安全、数据安全等方面。

（3）环境保护：数字电网建设和运行过程中环境影响进行评估和控制的标准。

（4）技术监督：数字电网的技术监督和管理标准，确保数字电网设备、系统、应用等符合相关技术标准和要求。

9.2 物理系统

数字电网物理系统重点关注信息分类、数字信息生成技术、数字化建模技术、数字驱动技术领域标准。

9.2.1 信息分类

物理系统信息分类标准主要包括物理电网设备制造、安装、运行、退役等阶段信息标准，系统发电、输电、变电、配电、用电全环节的连接关系和运行状态信息标准，气象、地理、环境污染、自然灾害等环境信息标准。

1. 设备信息标准

设备信息标准研制领域包括设备分类与编码、技术参数与性能、设计与制造、安装与调试、运行维护、退役与处置等，主要标准化需求包括：

（1）设备分类与编码：根据设备的功能、结构、用途等属性，制定统一的设备分类体系，为每类设备分配唯一的编码，确保设备身份的唯一性和可追溯性。

（2）技术参数与性能：明确设备的技术参数、性能指标及其测试方法，确保设备制造符合统一的质量和技术要求，便于后续的比较和评估。

（3）设计与制造：规定设备设计图纸、材料选择、生产工艺等标准，确保设备制造过程的一致性和互换性，同时考虑设备的可维护性和易安装性。

（4）安装与调试：制定设备现场安装、调试的操作流程、技术要求和质量控制标准，确保设备正确无误地安装并达到预期运行状态。

（5）运行维护：包括设备运行参数、维护计划、故障处理流程、定期检查和维护作业指导书等，确保设备运行的安全性、可靠性和高效性。

（6）退役与处置：规定设备退役的评估标准、退役流程、拆卸方法、废弃物处理和资源回收利用要求，确保设备退役过程的环保和资源最大化利用。

2. 系统信息标准

系统信息标准研制领域包括系统架构与组成、状态信息、连接关系等，主要标准化需求包括：

（1）系统架构与组成：系统整体架构和组成设备的标准化描述。包括系统拓扑结构、设备连接关系、系统层次结构等。

（2）状态信息：将设备运行状态细分为实时状态（如电压、电流、功率）、故障状态（如告警、故障代码）、维护状态（如维修历史、预防性维护计划）等。

（3）连接关系：根据电气连接的逻辑，划分为主网连接、次网连接、馈线连接、用户接入点等，明确设备间的物理和电气联系。

3. 环境信息标准

环境信息标准研制领域包括气象信息、地理信息、环境污染信息、自然灾害信息等，主要标准化需求包括：

（1）气象信息：包括温度、湿度、风速风向、降水量、冰冻、雷电活动等。

（2）地理信息：地形地貌、海拔、土壤类型、植被覆盖度、水文条件等。

（3）环境污染信息：空气质量、水质状况、噪声污染、电磁辐射等，特别是对于发电厂周边环境的监测。

（4）自然灾害信息：地震、洪水、台风、山体滑坡、冰灾等，及其潜在影响区域。

9.2.2　数字信息生成技术

物理系统数字信息生成技术标准主要规范数字电网设备、系统和环境信息的采集过程，保障信息的准确性、实时性和安全性，为数字电网的运行、管理

和决策提供数据支持。

1. 设备信息采集标准

设备信息采集标准研制领域包括实时状态监测、故障诊断与预警等，主要标准化需求包括：

（1）实时状态监测：制定设备实时状态监测的技术标准，包括电压、电流、温度、湿度等关键参数的采集和处理。

（2）故障诊断与预警：设计故障诊断和预警系统，通过采集设备状态信息，实现故障的快速定位和预警。

2. 系统信息采集标准

系统信息采集标准研制领域包括系统运行数据、系统安全监控等，主要标准化需求包括：

（1）系统运行数据：规定系统运行数据的采集内容、频率和精度，包括负荷曲线、电压稳定性、频率波动等关键指标。

（2）系统安全监控：建立系统安全监控机制，通过采集系统安全信息，实现系统的安全防护和应急响应。

3. 环境信息采集标准

环境信息采集标准聚焦于环境参数监测领域，制定环境参数监测的技术标准，包括气象、地理、环境污染、自然灾害等信息的采集和处理。

9.2.3　数字化建模技术

物理系统数字化建模技术主要规范数字电网元部件建模、设备建模、系统建模、环境建模，相关标准包括：

1. 基础概念与框架标准

基础概念与框架标准研制领域包括模型分类、建模语言等，主要标准化需求包括：

（1）模型分类：定义元部件、设备、系统、环境等模型的分类体系，明确模型的层次结构和相互关联。

（2）建模语言：选择或定义适用于电力系统的统一建模语言，如 IEC 61970（所有部分）《能量管理系统应用程序接口（EMS-API）》[Energy management system application program interface（EMS-API）] 和 IEC 61968（所有部分）《公用事业运营的企业业务功能接口》(Enterprise business function interfaces for utility operations)，作为模型描述的基础。

2. 元部件建模标准

元部件建模标准研制领域包括模型元素定义、数据交换格式、几何与物理特性等，主要标准化需求包括：

（1）模型元素定义：规定元部件模型的基本属性、行为和关系描述规则。

（2）数据交换格式：确定模型数据的交换格式，如 XML、JSON-LD，以及相应的 Schema 定义。

（3）几何与物理特性：建立描述元部件几何尺寸、材质、电气特性的标准方法。

3. 设备建模标准

设备建模标准研制领域包括静态建模、动态建模，主要标准化需求包括：

（1）静态建模标准：描述设备的静态特性和结构，不涉及设备的运行状态或行为变化。主要关注设备的几何形状、尺寸、材料属性、装配关系等静态信息。

（2）动态建模标准：描述设备的运行状态和行为变化，包括设备的运动规律、控制逻辑、交互方式等。

4. 系统建模标准

系统建模标准研制领域包括拓扑模型、功能模型，主要标准化需求包括：

（1）拓扑模型：制定系统网络结构、设备布置、线路连接的建模规范。

（2）功能模型：规定系统运行状态、潮流计算、故障仿真等高级功能的模型构建。

5. 环境建模标准

环境建模标准研制领域包括环境因子建模、影响评估、灾害模拟等，主要标准化需求包括：

（1）环境因子建模：包括气象、地理、污染源等环境因素的数学模型构建方法。

（2）影响评估：定义环境因素对电力系统影响的评估模型和指标体系。

（3）灾害模拟：制定自然灾害（如风暴、洪水）对电力设施影响的仿真模型标准。

9.2.4　数字驱动标准

物理系统数字驱动标准主要规范开关控制、变频控制、逻辑控制要求，相关标准包括：

（1）开关控制标准：通过控制开关的状态（开 / 关），实现对电网中设备的简单控制。制定技术标准明确控制精度的要求，例如允许的最大误差范围，规定开关动作的时间要求，确保及时响应，开关的寿命标准，包括操作次数、抗疲劳性等，关于开关操作的安全要求，防止误操作导致的安全事故。

（2）变频控制标准：通过改变电源频率来控制电机的速度和输出功率，实现精确的调节。规定变频器的可调速度范围。变频器运行时的功率因数要求。对变频器产生的谐波水平进行限制。变频器在过载情况下的保护机制和能力。明确变频器的节能效率要求。

（3）逻辑控制标准：通过逻辑运算处理来自传感器和其他输入设备的数据，执行相应的控制命令。制定技术标准规定逻辑控制单元的运算速度和复杂度要求，明确处理大量数据的能力，包括数据吞吐量等，明确控制单元的可靠性指标，例如平均无故障时间（mean time between failure，MTBF），支持软件升级和扩展的能力，数据加密、防篡改等安全措施。

9.3 业务系统

数字电网业务系统重点关注信息分类、数字信息生成技术、数字化建模技术、数字驱动技术领域标准。

9.3.1 信息分类

数字电网业务系统的信息分类标准研制领域包括人员信息、财务信息、物资信息等，主要标准化需求包括：

（1）人员信息：定义人员信息的属性，如姓名、职位、联系方式、资质认证等。

（2）财务信息：定义财务信息的属性，如交易金额、账户信息、预算编制、成本中心等。

（3）物资信息：定义物资信息的属性，如物品编号、名称、规格、库存量、供应商信息等。

（4）环境信息：定义环境信息的属性，如自然环境、电磁环境、设备运行环境以及地理位置信息。

（5）规则信息：定义规则信息的属性，包括安全规则、调度规则、运维规则以及业务流程规则。

9.3.2　数字信息生成

数字电网业务系统的数字信息生成标准重点规范业务系统中数据采集、采集设备。

1. 数据采集频率与精度标准

数据采集频率与精度标准研制领域包括采集频率、数据精度等，主要标准化需求包括：

（1）采集频率：确定各类信息的采集周期，如财务信息每月汇总，物资库存每日更新，人员考勤实时记录等。

（2）数据精度：定义数据采集的精度要求，如货币金额至小数点后两位，时间记录至分钟等。

2. 数据采集设备与系统标准

数据采集设备与系统标准研制领域包括硬件设备、软件系统等，主要标准化需求包括：

（1）硬件设备：规范采集终端、传感器、读卡器等硬件设备的选型、安装与维护标准。

（2）软件系统：制定业务信息系统、ERP、人力资源管理（human resources management，HRM）、财务管理软件的功能要求、数据接口规范。

3. 数据输入与校验标准

数据输入与校验标准研制领域包括输入模板、数据校验等，主要标准化需求包括：

（1）输入模板：提供标准化的数据输入模板，确保信息的一致性和规范性。

（2）数据校验：实施数据完整性和格式校验，如字段非空检查、数据类型匹配、合理性范围检查等。

4. 信息安全与隐私保护标准

信息安全与隐私保护标准研制领域包括数据加密、访问控制等，主要标准化需求包括：

（1）数据加密：采用加密技术保护敏感信息，如员工个人信息、财务数据等。

（2）访问控制：设定访问权限，确保只有授权人员才能查看或修改特定信息。

9.3.3　数字化建模

数字电网业务系统的数字化建模技术标准重点规范业务系统建模技术。

1. 业务模型分类与定义标准

业务模型分类与定义标准研制领域包括定义业务模型类别、业务模型要素等，主要标准化需求包括：

（1）定义业务模型类别：明确电力系统业务模型的分类，如发电、输电、变电、配电、售电、客户服务、资产管理、财务管理、人力资源管理等。

（2）业务模型要素：确定每个业务模型的核心要素，包括业务流程、数据流、业务规则、决策点、KPIs 等。

2. 模型构建标准

模型构建标准研制领域包括模型构建方法、模型描述规范等，主要标准化需求包括：

（1）模型构建方法：采用如 BPMN、UML 等建模语言和工具。

（2）模型描述规范：规定模型描述的符号、图示、注释等标准化格式，确保模型的可读性和一致性。

3. 业务流程建模标准

业务流程建模标准研制领域包括流程定义、设计、实现、流程优化等，主要标准化需求包括：

（1）流程定义：详细描述每个业务流程的步骤、角色、输入输出、时间约束等。

（2）流程优化：建立流程优化原则和方法，如精益六西格玛、敏捷管理等，以提高效率和响应速度。

4. 决策模型与规则标准

决策模型与规则标准研制领域包括决策模型构建、规则引擎等，主要标准化需求包括：

（1）决策模型构建：定义业务决策的逻辑模型，包括决策树、规则引擎、算法模型等。

（2）规则引擎：制定规则引擎的开发、部署和管理标准，确保决策规则的灵活性和可维护性。

5. 模型验证与测试标准

模型验证与测试标准研制领域包括验证流程、测试标准等，主要标准化需求包括：

（1）验证流程：建立模型验证的方法和流程，确保模型的正确性和有效性。

（2）测试标准：制定模型测试的案例、工具和验收标准。

6. 模型更新与维护标准

模型更新与维护标准研制领域包括变更管理、版本控制等，主要标准化需求包括：

（1）变更管理：定义业务模型更新的流程，包括需求分析、设计变更、测试验证和上线部署。

（2）版本控制：实施模型版本控制机制，确保模型的历史版本可追溯和可回滚。

9.3.4 数字驱动

数字电网业务系统的数字驱动标准重点规范业务系统数字驱动下流程优化、平台建设、业务模式评价等。

1. 流程优化标准

流程优化标准研制领域包括流程自动化、效率提升等，主要标准化需求包括：

（1）流程自动化：规范业务流程自动化的实现方法与评估标准。

（2）效率提升：设定业务流程优化的目标、方法与成效评估标准。

2. 数字化转型标准

数字化转型标准研制领域包括技术集成、平台构建等，主要标准化需求包括：

（1）技术集成：制定IT与OT技术融合的标准，促进信息与运营技术的协同。

（2）平台构建：规范业务转型所需的数据平台、应用平台的构建与管理标准。

3. 服务模式评价标准

服务模式评价标准研制领域包括新型服务设计、客户体验提升等，主要标准化需求包括：

（1）新型服务设计：建立电力增值服务、定制化服务的设计与实施标准。

（2）客户体验提升：设定客户参与度、满意度提升的策略与评估标准。

9.4　信息系统

数字电网信息系统重点关注信息分类、信息输入、信息传输、信息处理和信息输出领域标准。

9.4.1　信息分类

数字电网信息系统的信息分类标准主要规范数值、字符、文本、图片、声音、视频等不同形式的信息，相关标准包括：

1. 信息分类原则与框架标准

信息分类原则与框架标准研制领域包括通用原则、分类框架等，主要标准化需求包括：

（1）通用原则：明确信息分类应遵循的原则，如实用性、可扩展性、兼容性等，确保分类体系的通用性和灵活性。

（2）分类框架：构建信息分类的多层次框架，包括结构化与非结构化信息的主分类，以及下属的子分类，如设备参数、环境数据、图像资料、语音记录、视频监控等。

2. 结构化信息标准

结构化信息标准研制领域包括数值数据、字符与文本信息、时间序列数据等，主要标准化需求包括：

（1）数值数据：定义数值型数据的格式、单位、精度要求，如电量计量、电压电流读数等。

（2）字符与文本信息：规范字符编码、文本格式、关键词提取和分类规则，适用于设备标识、操作日志、维护报告等。

（3）时间序列数据：针对连续采集的数据，规定时间戳格式、采样频率、压缩算法等。

3. 非结构化信息标准

非结构化信息标准研制领域包括多媒体信息、文档管理等，主要标准化需求包括：

（1）多媒体信息：为图片、声音、视频等多媒体信息制定编码格式、分辨率、压缩率等标准，确保兼容性和存储效率。

（2）文档管理：建立文档分类、存储路径、访问权限、版本控制等规则，涵盖技术文档、操作手册、研究报告等。

4. 数据流与信息流标准

数据流与信息流标准研制领域包括传输协议、接口与API、数据流管理等，主要标准化需求包括：

（1）传输协议：指定数据传输的通信协议，如TCP/IP、MQTT、HTTPS等，确保数据安全、高效地传输。

（2）接口与API：制定系统间数据交换的接口规范和API设计指南，支持信息的无缝集成和互操作。

（3）数据流管理：包括数据流的监控、路由、优先级设定，以及异常处理机制，确保数据流的稳定和高效。

9.4.2　信息输入技术

数字电网信息系统的信息输入技术标准重点规范信息输入设备、接口和系统集成要求。

1. 信息输入设备标准

信息输入设备标准研制领域包括语音识别设备、文字识别设备、网络输入设备等，主要标准化需求包括：

（1）语音识别设备：使用户能够通过声音与设备进行交互。音频信号处理标准，如采样频率、量化位数等参数，确保音频质量。语音识别协议，定义了语音识别引擎与应用程序之间的交互方式。性能指标，如识别准确率、响应时间等，衡量设备性能。

（2）文字识别设备：包括OCR设备和手写识别设备，用于将印刷或手写的文本转换成数字格式。图像捕获标准，如分辨率、色彩深度等参数，确保图像质量适合识别。字符识别准确率，定义识别的准确性指标，如误识别率、漏识别率等。格式化标准，规定识别结果的输出格式，如PDF、DOCX等。接口标准，定义与其他系统的集成方式。

（3）网络输入设备：通过互联网接收并处理数据。这类设备包括但不限于Web服务器、物联网设备等。通信协议，如HTTP（S）、FTP、SMTP等，定义了数据传输的方式。数据格式标准，如JSON、XML等，用于结构化数据的交换。API标准，如RESTful API，定义了服务端与客户端之间的交互模式。

2. 信息接口标准

信息接口标准研制领域包括硬件接口和软件接口，主要标准化需求包括：

（1）硬件接口：定义物理连接器的形状、尺寸、电气特性以及通信协议。

（2）软件接口：定义软件组件之间如何交互的方法，包括数据格式、消息传递机制以及调用约定等。

3. 系统集成标准

系统集成标准研制领域包括硬件、软件、数据、应用，主要标准化需求包括：

（1）硬件：系统集成的基础，规定各个子系统所使用的硬件设备的要求和规格。通过统一的硬件标准，避免不同供应商的设备之间存在兼容性问题，提高系统的可靠性和稳定性。

（2）软件：负责各个子系统之间的通信和协调。规定系统集成中所使用的软件的开发和使用规范，以确保软件能够高效运行，并且能够与其他子系统进行良好的交互。

（3）数据：确保数据在系统间一致、准确传输的基础。通过统一的数据标准，确保数据的格式、结构和语义是一致的，从而实现数据的无缝集成和共享。

（4）应用：不同应用系统之间的集成规范和标准，包括接口协议、数据格式、业务流程等方面，确保系统的顺畅运行。

9.4.3　信息处理技术

数字电网信息系统的信息处理技术标准重点规范信息处理环节中的计算和存储要求。

1. 信息传输标准

数字电网信息系统的信息传输技术标准重点规范有线和无线传输技术。

（1）有线传输标准：光通信网络包括技术规范、系统运维、技术监督以及检测等层面标准。数据通信网包括电力数据通信网 IPv6 技术相关演进及改造的相关标准规范。围绕大容量高安全骨干传输网络技术、超低损耗光纤、单波 400G 光传输系统等关键技术制定的标准。

（2）无线传输标准：无线公网通信、配电通信网通信光缆及设备的运行管理、LPWAN（含 NB-IoT，LoRa 等）、5G 电力切片技术等相关标准。传输网络包括基于 LPWAN 的电力物联网技术规范、配电通信网通信光缆运维管理 / 诊断技术规范、电力无线公网通信运行管控技术规范及未来的 5G 电力切片技术规范等。

2. 信息存储标准

存储标准研制领域包括存储硬件、存储网络与协议、存储管理软件与接口、文件系统和并行 I/O、数据保护与容错、性能基准与评测、安全与合规性、合规性认证等，主要标准化需求包括：

（1）存储硬件：存储介质，包括 SSD、HDD、磁带等存储介质的标准和规格。存储接口，如 SATA、SAS、NVMe、Fibre Channel 等存储接口标准和速度等级。存储架构，存储阵列、JBOD（just a bunch of disks）等硬件架构标准。

（2）存储网络与协议：存储网络，如 SAN 和网络附接存储（network attached storage，NAS）的架构和标准。存储协议，iSCSI、FCP（fibre channel protocol）等用于数据传输的协议标准。

（3）存储管理软件与接口：存储虚拟化，存储虚拟化技术的标准和实现方式。数据管理，快照、克隆、复制、备份、恢复等数据管理功能的标准。存储接口，如 SMI-S（storage management initiative specification）等用于存储管理的接口标准。

（4）文件系统和并行 I/O：高性能文件系统：如 Lustre、共享文件系统（general parallel file system，GPFS）、BeeGFS 等文件系统的标准。并行 I/O 库：如 MPI-IO、HDF5 等并行输入 / 输出库的标准和优化。

（5）数据保护与容错：RAID 技术，RAID 级别和配置的标准。数据完整性，如端到端数据完整性校验的标准。容灾与备份，远程复制、灾备恢复等容灾备份技术的标准和实现。

（6）性能基准与评测：性能指标，IOPS（input/output operations per second）、吞吐量、延迟等性能指标的定义和测量方法。基准测试，用于评估和比较存储系统性能的基准测试工具和标准。

（7）安全与合规性：数据加密，存储数据加密算法和密钥管理标准。访问控制，基于角色的访问控制（role-based access control，RBAC）等存储系统访问控制机制的标准。

（8）合规性认证：满足行业和政府法规要求的合规性认证标准。

3. 信息计算标准

计算标准研制领域包括云计算与虚拟化、大数据分析处理、高性能计算（high performance computing，HPC）、人工智能与机器学习、物联网与边缘计算、安全与隐私等，主要标准化需求包括：

（1）云计算与虚拟化：云计算架构，IaaS、PaaS、SaaS 等云服务模式的标

准化。虚拟化技术，虚拟机、容器、微服务等虚拟化技术的标准和规范。云管理与安全，云资源管理、云安全、云监控等标准。

（2）大数据分析处理：大数据处理，包括 Hadoop、Spark 等大数据处理框架的标准。数据挖掘与机器学习，涵盖算法、模型表示、数据交换格式等方面标准。数据库技术，关系型数据库、NoSQL 数据库、图数据库等标准。

（3）HPC：HPC 硬件架构，超级计算机、集群计算等高性能计算硬件的标准。并行与分布式计算，MPI、OpenMP、CUDA 等并行计算标准。HPC 应用与算法，高性能计算应用和算法标准。

（4）人工智能与机器学习：包括 AI 框架与库，TensorFlow、PyTorch 等机器学习框架的标准和接口。模型表示与交换，ONNX、PMML 等模型表示和交换格式。AI 伦理与安全，人工智能应用的伦理准则和安全标准。

（5）物联网与边缘计算：IoT 设备通信、边缘计算架构和接口标准。

（6）安全与隐私：加密技术，对称加密、非对称加密、混合加密等加密算法的标准。身份与访问管理，身份验证、授权、单点登录等安全管理的标准。数据保护与隐私，数据脱敏、匿名化、隐私保护等标准和规范。

9.4.4　信息输出技术

数字电网信息系统的信息输出技术标准重点规范信息输出环节的格式和展示要求。

1. 输出格式标准

输出格式标准研制领域包括文档格式、图像和视频压缩、音频编码、数据交换、安全性与隐私、无障碍性等，主要标准化需求包括：

（1）文档格式：制定 PDF、XML、HTML 等格式的规范，确保文档的跨平台兼容性和长期保存性。发展 XML 和相关标准如 XSLT 和 XPath，以支持结构化数据的输出和转换。研究电子出版物和在线文档的格式标准，以适应移动阅读设备和 Web 浏览。

（2）图像和视频压缩：开发 JPEG、PNG、GIF 等静态图像格式标准，以及 H.264、H.265、VP9 等动态视频编码标准，以实现高质量的媒体输出同时减少存储和带宽需求。

（3）音频编码：研制 MP3、AAC、FLAC 等音频格式标准，以提供不同质量级别和压缩率的音频文件输出。

（4）数据交换：制定如 JSON、CSV、EDI 等格式，以方便不同系统间的数据交换和集成。

（5）安全性与隐私：确保信息输出时的数据安全，比如使用 HTTPS 协议保护 Web 数据传输，或采用数字签名和加密技术保护文档和媒体文件。

（6）无障碍性：确保信息输出对残障人士的可访问性。

2. 输出展示标准

输出展示标准研制领域包括显示与排版、数据可视化、交互设计、无障碍访问、响应式设计、性能优化、安全与隐私等，主要标准化需求包括：

（1）显示与排版：涉及信息在屏幕上的显示和排版要求，包括字体、字号、行间距、颜色等视觉元素的规范，以及页面布局和信息层次结构的设计原则。

（2）数据可视化：针对图表、图形等可视化元素的设计和使用制定了规范，以确保数据以直观、清晰的方式展现，帮助用户快速理解数据含义。

（3）交互设计：定义用户与信息输出界面进行交互的方式和准则，如按钮设计、菜单导航、表单填写等，旨在提供流畅、直观的用户体验。

（4）无障碍访问：考虑残障用户的需求，制定了辅助技术（如屏幕阅读器）的支持规范，以确保信息对所有用户都是可访问的。

（5）响应式设计：针对不同设备和屏幕尺寸，制定了信息输出的自适应和响应式设计规范，以确保信息在各种设备上都能良好地展示。

（6）性能优化：涉及信息输出过程中的加载速度、渲染性能等方面的优化要求，以提升用户体验和系统效率。

（7）安全与隐私：在信息输出过程中保护用户数据和隐私的规范，包括数据加密、访问控制、水印技术等。

第三篇

<<<

实践篇：数字电网实践

随着数字技术的快速发展，电网企业在电网数字化领域进行了大量的实践，取得了丰硕的成果。在物理系统层面，对电网设备进行了全面的信息梳理及精准建模，驱动物理系统的持续改良、升级与优化重构；在业务系统层面，聚焦于业务信息的系统梳理、构建高价值的业务模型，推动业务效能提升与创新重塑；在信息技术层面，重点构建强大的信息感知网络、增强平台能力及丰富应用层服务，支撑物理系统信息的全面感知、实时传输、安全存储与智能分析，并促进业务高效运作。本篇以数字电网技术体系为基础，深入阐述数字电网实践框架与实施策略，为数字电网建设实践提供参考。

第10章　物理系统实践

针对物理系统中的一次系统与二次系统设备进行系统性的梳理与分类，聚焦发电、输电、变电、配电、用电五个核心环节，通过数字化手段，全面记录与整合这些环节中的物理设备信息，构建精准的数字化模型，有助于深入理解物理系统的运作机制，更为系统的改进、升级及重构奠定了坚实的数据基础与科学依据。以南方电网生产运行指挥系统为例，其总体架构可分为数字信息生成层、信息标准化接入层、数字化建模层和数字驱动层，如图10-1所示。

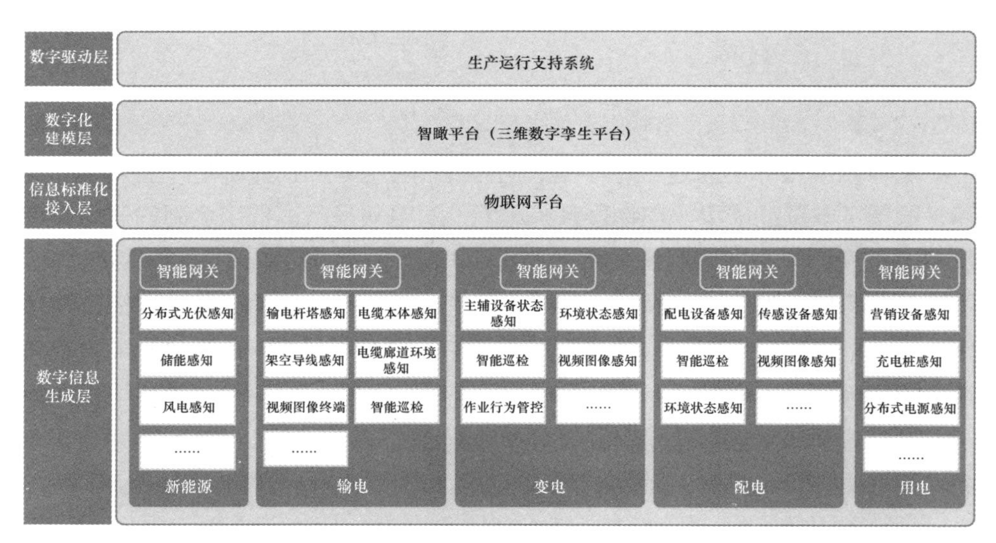

图10-1　生产运行支持系统整体架构

1. 数字信息生成层

数字信息生成层作为物理系统架构的基础层，一次设备/传感器层是数据采集的关键。这一层主要由新能源设备（如分布式光伏发电、风电等）、输电设备（输电杆塔、电缆等）、变电设备、配电设备及用电设备（如充电桩）等组成。这些设备上安装了各类传感器，如温度传感器、湿度传感器、电流传感器等，实时采集设备的运行数据和环境参数。技术实现上，这些传感器通过有线或无线方式将数据传输至物联网层，为数据处理和分析提供了原始数据支持。该层的作用是确保系统能够准确、实时地掌握一次设备的运行状态，为后续的监控和管理提供基础。

2. 信息标准化接入层

信息标准化接入层是物理系统架构中的数据传输与处理中心。主要由物联网平台组成，该平台负责接收来自一次设备/传感器的数据，技术实现上，物联网平台采用先进的通信协议和技术（如MQTT、CoAP、NB-IoT等）确保数据的稳定传输，实现信息的标准化统一上送管理，为上层应用提供可靠的数据支持。

3. 数字化建模层

数字化建模层是物理系统架构图中的模型管理层。主要由智瞰（三维孪生平台）组成，该平台通过三维建模技术将现实一次设备映射到虚拟空间中，形成设备的三维模型。同时，智瞰平台还结合实时数据，对设备的运行状态进行模拟和预测，提供直观的设备状态信息。技术实现上，智瞰平台采用三维图形渲染技术、数据融合技术等实现设备的三维可视化和智能分析。实现对设备的孪生映射与机理推演，提高管理效率和准确性，降低实际操作的风险。

4. 数字驱动层

数字驱动层是物理系统架构图中的决策支持层。它主要由生产运行支持系统组成，该系统结合智瞰平台和其他应用系统提供的数据和分析结果，对电网进行实时监控和调度。技术实现上，生产运行支持系统采用大数据分析、人工智能、机器学习等技术对数据进行深度挖掘和智能决策。这一层的作用是提供全面的电网运行数据和分析结果，为管理者提供决策支持，确保电网的安全、稳定、高效运行。同时，应用系统层还负责与其他系统进行集成和交互，实现信息的共享和协同工作。

10.1 物理系统数字信息生成实践

物理系统设备主要涵盖发电、输电、变电、配电及用电五大环节。具体而言，发电环节聚焦于火电、水电、核电、光伏发电及风电五大发电类型，其设备包括主机与辅机系统。输电环节则主要由导线与电缆等关键设备构成。变电环节则涵盖了变压器、断路器、隔离开关以及其他当前主流设备。配电环节则包含了变压器、断路器、负荷开关、电缆与架空线路等重要设备。用电环节则涉及电能表、负荷管理、动力用电及充电桩等设备。每个环节的物理设备可划分为主机系统和辅机系统，物理设备的信息主要包括制造信息、运行信息、环境信息三类。

10.1.1　发电信息数字化

在发电设备信息数字化采集技术方面，各类发电系统均采用了先进的技术手段实现高效、准确的监测。火电、水电、核电等传统能源发电系统，通过集成传感器、数据采集与监控系统（SCADA）及智能分析软件，实现了对设备运行状态的实时监测和故障预警。风电和光伏发电等新能源发电系统，则利用物联网（IoT）技术、云计算平台和大数据分析，实现对风速、风向、日照强度等环境参数的精准采集，并对设备运行效率的智能化管理。这些技术不仅提高了发电系统的稳定性和可靠性，还为发电企业的运维管理提供了有力支持。

【实践案例】

案例一：火电案例

某大型火电厂通过全面实施数字化采集技术，实现了对发电设备从制造到运行的全方位监测。首先，通过安装在设备上的各类传感器，实时采集发电机的电压、电流、运行小时数、负载百分比、油压油温等关键参数，并上传至数据中心进行存储和分析。其次，利用智能分析软件对采集到的数据进行深度挖掘，发现设备运行中的异常模式和潜在故障点，为维修计划的制定提供了科学依据。同时，通过远程监控平台，运维人员能够实时查看设备状态，及时响应故障报警，大大提高了运维效率和响应速度。此外，数字化采集技术还为火电厂的能效管理提供了有力支持，通过优化运行策略，实现了燃料消耗的降低和排放的减少。

案例二：水电案例

某水电站利用数字化采集技术，实现了对水流速度、水位变化等关键环境参数的实时监测，以及对水轮机、发电机等核心设备的精准控制。通过安装在水电站各处的传感器和监控设备，实时采集水流速度、水位、压力等参数，并上传至云计算平台进行存储和分析。运维人员通过远程监控平台，能够实时

查看水电站运行状态，根据水流情况调整水轮机转速和发电机输出功率，确保水电站的高效稳定运行。同时，数字化采集技术还为水电站的安全管理提供了有力保障，通过实时监测设备温度、振动等参数，及时发现并处理潜在安全隐患，避免了安全事故的发生。

案例三：风电案例

某风电场通过集成物联网技术和大数据分析，实现了对风速、风向等环境参数的精准预测，以及对风电机组的智能化管理。首先，通过安装在风电机组上的风速计、风向标等传感器，实时采集风速、风向等参数，并上传至云计算平台进行存储和分析。其次，利用大数据分析算法对采集到的数据进行深度挖掘，发现风速分布规律和风向变化趋势，为风电机组的优化布局和功率预测提供了科学依据。同时，通过远程监控平台，运维人员能够实时查看风电机组运行状态，根据风速情况调整机组运行策略，确保风电场的高效稳定运行。此外，数字化采集技术还为风电场的运维管理提供了便利，通过实时监测设备故障和性能下降情况，及时安排维修和更换计划，降低了运维成本和时间成本。

10.1.2　输电信息数字化

随着物联网、大数据、云计算等技术的快速发展，各类输电系统均已实现或正在向智能化转型迈进。对于架空输电线路，通过安装智能传感器、气象监测站和高清摄像头等设备，可以实时监测导线的电流、电压、温度等关键参数，以及风速、温度、湿度等气象条件，同时利用无人机巡检技术，实现对线路本体及周围环境的全方位、高精度监测。对于电力电缆，则通过内置传感器和远程监控终端，实时监测电缆的温度、负荷、绝缘状态等关键指标，以及地下水位、土壤温度等环境因素，确保电缆的安全稳定运行。

【实践案例】

案例一：架空线路案例

某电力公司采用先进的数字化采集技术，对一条重要架空输电线路进行了全面升级。首先，在铁塔和导线上安装了智能传感器，实时监测导线的电流、电压、温度等参数，以及铁塔的倾斜角度、振动频率等结构安全指标。同时，沿线布置了气象监测站，实时采集风速、温度、湿度等气象数据，为线路的运行维护提供科学依据。此外，该公司还引入了无人机巡检技术，定期对线路进行高空巡检，通过高清摄像头和红外热像仪等设备，及时发现并处理线路本体及周围环境的异常情况。这些数字化采集技术的应用，不仅提高了线路的运行可靠性和安全性，还大大降低了运维成本和时间成本。

案例二：电力电缆案例

某电力公司针对城市地下电力电缆的运维难题，采用了数字化采集技术进行智能化改造。首先，在电缆的关键节点和接头处安装了内置传感器，实时监测电缆的温度、负荷、绝缘电阻等关键参数，及时发现并预警潜在的故障点。同时，通过远程监控终端，运维人员可以实时查看电缆的运行状态，根据数据变化及时调整运维策略。此外，该公司还利用大数据分析技术，对电缆的历史运行数据进行深度挖掘，发现了电缆老化、负荷过载等问题的潜在规律，为电缆的更换和升级提供了科学依据。这些数字化采集技术的应用，不仅提高了电缆的运行效率和安全性，还为城市的电力供应提供了有力保障。

10.1.3　变电信息数字化

随着信息技术的飞速发展，变电设备信息的数字化已成为电力行业的重要趋势。无论是传统的500kV变电站，还是技术更为复杂的换流站，均已实现或正在逐步实现信息的全面数字化采集。通过安装智能传感器、数据采集器、在线监测装置等先进设备，可以实时、准确地采集变压器的制造信息、运行信息与环境信息。这些设备利用物联网技术，将采集到的数据通过有线或无线方式传输至数据中心或云平台，为设备的远程监控、故障诊断、预测性维护等提供了强大的数据支持。同时，结合大数据、人工智能等先进技术，可以对采集到的数据进行深度分析与挖掘，发现设备运行规律，预测潜在故障，为电力系统的安全、稳定、高效运行提供有力保障。

【实践案例】

案例一：500kV变电站案例

在500kV变电站中，数字化采集技术实现了对变压器等关键设备的全面监控。首先，通过安装智能传感器，实时采集变压器的负荷状况、电压调整率、效率等运行参数，以及温升、油位与油温等健康指标。这些数据通过光纤网络传输至监控中心，运维人员可以实时查看设备运行状态，及时发现并处理异常情况。同时，利用大数据分析技术，对历史数据进行挖掘与分析，发现设备运行规律与潜在故障模式，为设备的维修与优化提供科学依据。此外，通过安装环境监测设备，实时采集变电站的环境信息，如温度、湿度、噪声等，为设

备的运行环境提供全面保障。在此基础上，变电站还实现了远程监控与无人值守，大大提高了运维效率与安全性。

案例二：换流站案例

换流站作为高压直流输电系统的核心部分，其设备的数字化采集技术更为复杂与关键。在换流站中，通过安装高精度数据采集器与在线监测装置，实时采集换流阀、直流场设备等关键部件的运行参数与环境信息。这些数据通过专网传输至监控中心，运维人员可以远程监控设备的运行状态，及时发现并处理故障。同时，利用人工智能与机器学习技术，对采集到的数据进行深度分析与挖掘，发现设备的潜在故障点与性能瓶颈，为设备的维修与升级提供有力支持。此外，换流站还实现了与调度中心的实时数据交换与远程调控，为电力系统的稳定运行与故障快速响应提供了有力保障。通过数字化采集技术的运用，换流站不仅提高了运维效率与安全性，还实现了对设备运行状态的精准把控与预测性维护，为电力系统的智能化、精细化管理奠定了坚实基础。

10.1.4　配电信息数字化

随着信息技术的飞速发展，配电设备信息的数字化采集已成为提升运维效率、保障供电安全的重要途径。通过安装智能传感器、数据采集器、在线监测装置等先进设备，可以实现对配电房、开关柜、变压器等各类配电设备制造信息、运行信息、环境信息的全面、实时采集。这些数字化采集技术不仅提高了数据采集的准确性与时效性，更为设备的远程监控、故障预警、能效分析、预防性维护等提供了强大的数据支持，推动了配电系统管理的智能化、精细化进程。

【实践案例】

案例：配电房案例

数字化采集技术的运用实现了对系统信息的全面、高效采集与智能化管理。首先，在配电房内安装温湿度传感器、空气质量监测仪等设备，实时采集室内环境信息，如温湿度、空气质量等，确保设备运行环境的安全与舒适。同时，利用智能传感器与数据采集器，对配电房内的开关柜、变压器等关键设备进行实时电气参数监测，包括电流、电压、功率因数等，及时发现并预警设备异常状态，为设备的稳定运行提供有力保障。其次，构建配电房设备健康管理系统，通过集成智能化监控系统，实现对设备健康指数、故障预警、维护历史等状态与维护信息的全面记录与分析，为设备的预防性维护、故障快速响应提供数据支撑。此外，利用大数据分析技术，对采集到的运行日志、事件记录、能效分析等数据进行深度挖掘与分析，发现设备运行规律，预测潜在故障，提出优化建议，实现配电房运行效率与管理水平的全面提升。在具体实现过程中，首先需根据配电房的实际需求与设备特点，选择合适的智能传感器与数据采集器，并完成设备的安装与调试；其次，构建稳定可靠的数据传输网络，确保采集到的数据能够实时、准确地传输至数据中心或云平台；最后，利用数据分析工具与算法，对采集到的数据进行处理与分析，为配电房的运维管理提供决策支持。通过数字化采集技术的运用，配电房的管理效率与安全性得到了显著提升，为电力系统的稳定运行与供电安全提供了有力保障。

10.1.5　用电信息数字化

用电设备信息，以充电桩为典型代表，其内涵丰富，可细分为制造信息、运行信息、环境信息三部分。制造信息具体涵盖充电桩的型号与序列号、制造商详细信息、额定输出功率、充电接口类型与兼容车辆类型、通信协议标准、防护等级与冷却系统设计、安装方式及计量精度、安全认证与保修期限等关键要素；运行信息则包括充电桩的充电状态、实时功率、电压与电流数据、电量计费情况、故障记录与诊断、使用次数统计、可用性状态监测、远程升级功能、用户反馈收集及服务时段安排等；环境信息则涉及充电桩的工作温度与湿度范围、防护等级与海拔适应性、电磁兼容性与抗风防震能力、噪声水平控制、安装环境的具体要求以及太阳能兼容性评估等。

在用电设备信息的数字化采集领域，现代科技如物联网传感器、高精度数据采集器、远程通信模块及云计算平台等发挥着核心作用。这些技术能够实时、准确地捕获充电桩等用电设备的各类信息，实现数据的远程传输、存储与分析，为设备的智能监控、故障预警、性能优化及能效管理提供坚实的数据基础。

【实践案例】

案例：充电桩案例

充电桩数字化采集技术的实践应用体现在多个方面。首先，通过内置的高精度传感器与数据采集器，充电桩能够实时感知并记录充电过程中的电气参数，如电压、电流、功率等，以及设备的充电状态、故障信息等关键数据。这些数据通

过稳定的远程通信模块，如4G/5G网络、Wi-Fi或专网等，被安全、高效地传输至云端管理平台。在云端，利用大数据分析与云计算技术，这些数据被进一步处理、存储与挖掘，为充电桩的远程监控、故障诊断、充电策略优化及能效评估提供有力支持。同时，用户反馈信息与服务时段的采集分析，帮助运营商更精准地把握用户需求，提升服务质量与用户体验。此外，环境信息的数字化采集，如工作温度、湿度、噪声水平等，为充电桩的运行环境优化与安全性评估提供了科学依据。在具体实施过程中，需根据充电桩的型号与功能需求，定制化选择并安装智能传感器与数据采集器；构建稳定可靠的远程通信网络，确保数据的实时传输与安全性；利用云计算平台与大数据分析技术，实现数据的处理、存储与可视化展示，为充电桩的智能化管理提供全方位的技术支持。通过这一系列技术的综合应用，充电桩不仅实现了高效、稳定的充电服务，还极大地提升了运营商的管理效率与用户的充电体验，为新能源的普及与电网发展贡献了力量。

10.2　物理系统数字化建模实践

物理系统数字化建模可分为设备建模、系统建模、环境建模。其中，设备建模可以分为几何建模和物理建模；系统建模主要是在构建设备连接关系基础上，建立电力系统分析、优化等各类模型；环境建模是建立系统环境信息模型，并构建系统—环境关联模型。

以南方电网公司智瞰为例，近年来已完成了发输变配用一张图的建设，在主网试点完成西电东送直流线路点云数字化主网架建设；完成设备台账的数字化管理及实时数据、缺陷、隐患、试验等数据与一次设备关联，实现设备数字化；并完成了全网高清影像、矢量地图、三维地形产品生产，接入6大类气象实时数据及专题数据，实现环境数字化建模。如图10-2所示。

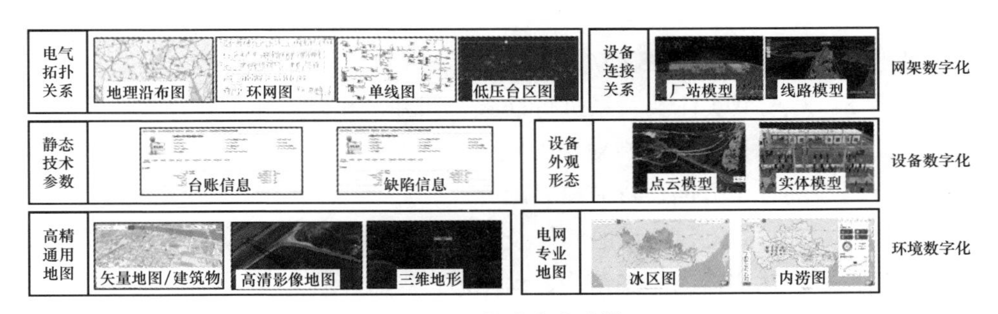

图10-2　数字孪生建模

10.2.1　设备数字化模型

1. 几何模型

南网智瞰融合了关系数据、图数据、BIM 数据的电力特定领域数据建模技术，构建覆盖设备全要素的一体化电网数字化模型，支持发输变配用等传统电网设备模型，并实现调度自动化、计量自动化、物联网智能传感、生产智能终端、综合能源等涉及的新设备建模。

在建模过程中，以地理坐标、图形符号、台账参数、电气拓扑、实物编码、资产价值等六个维度，建立发电、输电、变电、配电、用电、通信、管网、物联终端、综合能源等 15 大类设备的全要素模型。建模步骤如图 10-3 所示。

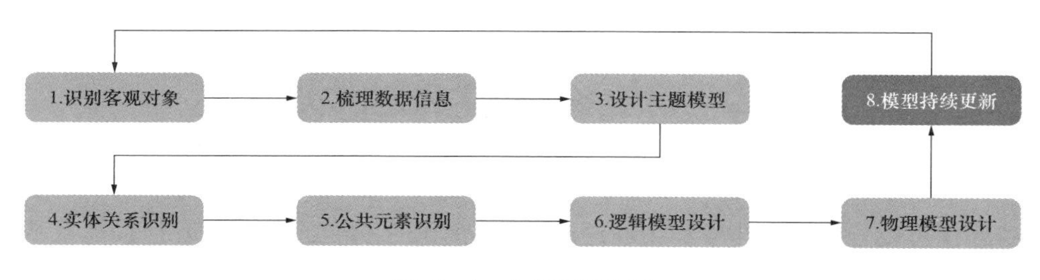

图 10-3　几何建模步骤

步骤 1：参考物理电网组成、业务模型、应用系统，识别和梳理物理对象，明确对象的定义和描述。包括电网物理结构、拓扑结构、设备等客观对象。

步骤 2：梳理刻画和表达物理对象的数据信息。

步骤 3：依据物理对象的相似性和关联性进行分类和聚合，将其归入主题域。

步骤 4：将物理对象映射为实体及关系，并对实体和关系进行建模。

步骤 5：对全域实体及关系进行抽象、归并，相同或相似实体及关系进行合并。重点完成描述客观实在对象的实体及其关系，并依据不同主题域需要对客观实在对象的各个方面进行完整刻画。

步骤 6：依据抽象归并后的实体及关系，开展全域逻辑模型设计。所涉及逻辑模型完整表达实体的静态结构、动态运行、时序状态。

步骤 7：依据逻辑模型开展数据库表结构设计，并依据非功能特性开展数

据库实例分布设计。

步骤 8：输出物理模型供应用系统建设使用，并依据实际建设过程动态调整模型设计。

【实践案例】

案例：三维数字孪生建模案例

数字化系统由地面三维激光扫描仪、数码相机、后处理软件、电源以及附属设备构成，它采用非接触式高速激光测量方式，获取地形或者复杂物体的几何图形数据和影像数据。对采集的点云数据和影像数据进行处理转换成绝对坐标系中的空间位置坐标或模型，并以多种不同的格式输出，满足不同应用对空间数据库的需求。

以输电线路杆塔为例，杆塔自动化建模也是电力走廊快速数字化建模的需求。由于所有类型的输电线路杆塔均有特定的设计规范与制造标准，因此首先需要构建杆塔标准模型库，再以数据驱动的方式实现输电线路杆塔自动化建模，提高杆塔建模效率与模型的可复用性。主要方法流程如图 10-4 所示。

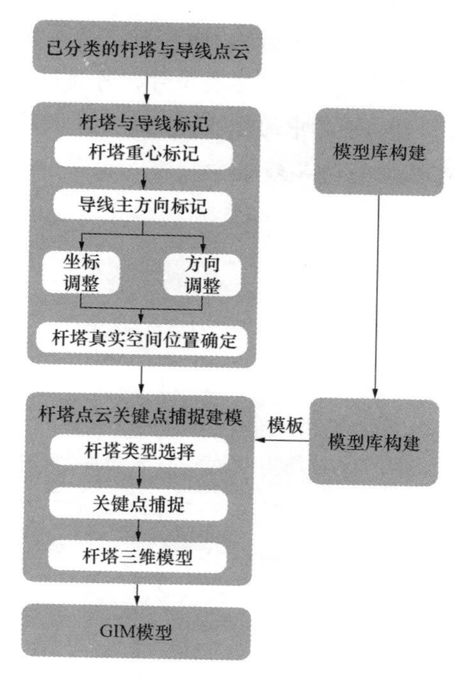

图 10-4 三维孪生建模流程

杆塔模型库对线路所涉及的杆塔通过以节间为单位，以变坡段为分界，由上至下逐层积木式建立常见的杆塔整体精细模型，包括鼓形、羊角形、干字形、酒杯形、猫头形和钢管杆六种类型，如表 10-1 所示。

杆塔模型库以逐层积木式构建，因此在保持塔头类型不变的情况下，塔身高度可通过参数设定进行改变，完成同一塔头不同呼高的杆塔建模。

表 10-1　　杆塔六种类型

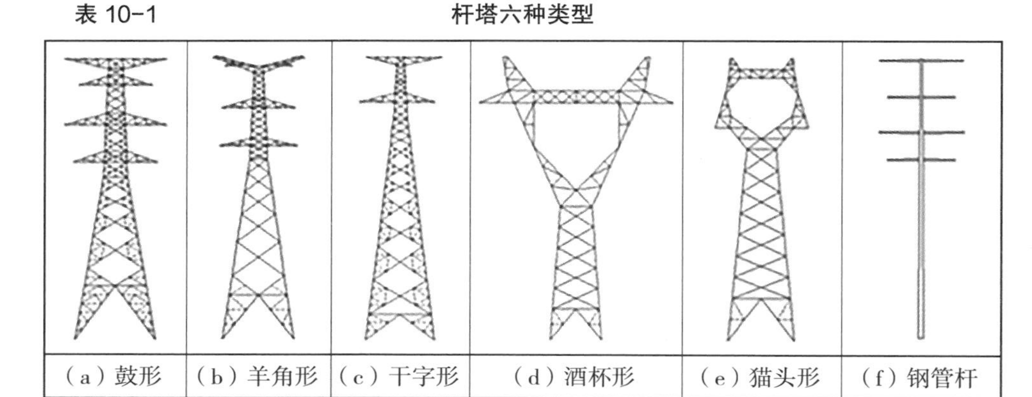

由于模型库中的模型是积木式建立，因此对于塔头相同仅呼高不同的杆塔（称为参考塔），除捕捉关键点和设定杆塔类型外，可通过人机交互捕捉最下侧横担点，提取其 Z 向坐标，对模型库中的标准模型进行参数修改完成参考塔建模。

电力线三维重建可根据电力导线数学模型对每一根电力线进行三维重建。如图 10-5 所示。

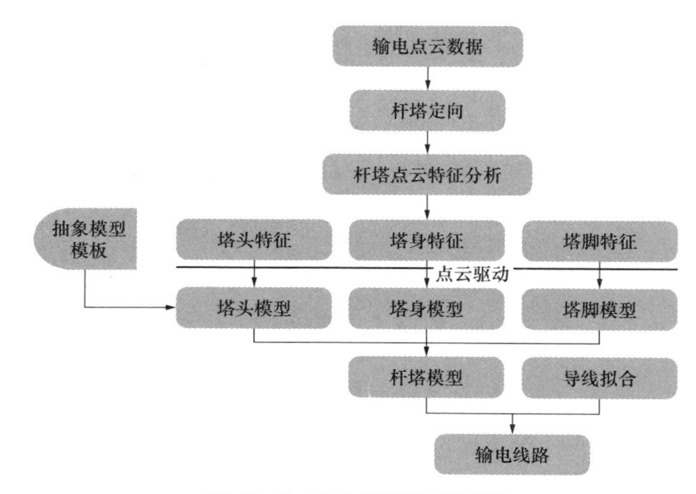

图 10-5　输电线路建模过程

基于输电点云数据，经杆塔定向及点云特征分析，将杆塔分成塔头、塔身及塔脚三个部分，通过计算杆塔塔头、塔身、塔脚填充率，重构杆塔矢量模型，最后添加纹理，生成实体模型；基于悬链线公式对导线进行拟合；通过电网构建工具对杆塔、绝缘子串及导线等进行空间组装变换，最终生成三维高精度输电线路，效果如图10-6所示。

图10-6 杆塔建模三维效果图

2. 物理模型

物理建模构建物理模型，然后将物理模型转化为数学模型，并在计算机上运行模拟实验；最后通过对模拟实验结果进行分析，得到各类物理现象的计算结果即机理模型。数据驱动建模能够反映数据特征的模型，并对模型进行评估和优化，提高建模效率和准确性；同时具有强大的泛化能力。

【实践案例】

案例一：变压器综合建模案例

以变压器为例，通过将所有业务需求要素进行比对分析，实现变压器领域建模，拼接各专业的需求，形成变压器统一数据模型，包含参数模型（基本参数、技术参数等）、结构模型（部件、子部件及材料）、关联模型（设备与物资协同关系）、价值模型、拓扑模型5个部分，形成统一的变压器数据模型核心基础，如图10-7所示。

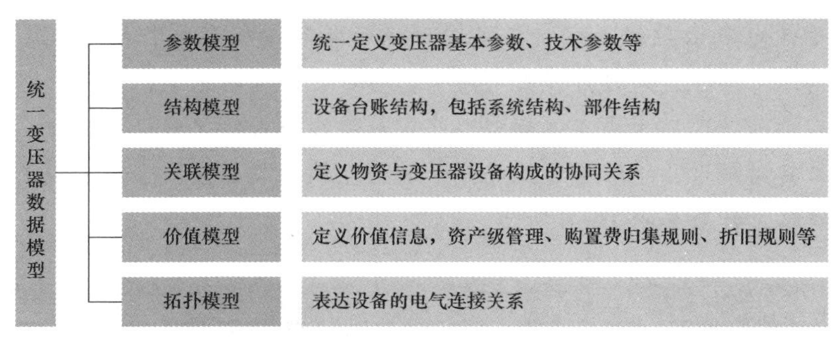

图 10-7 变压器模型

基于统一的变压器数据模型，通过信息系统的交互与融合互动，支撑业务系统的规划设计、物资采购、工程建设、投运转资、退役报废等各环节运作。

案例二：风力发电机数据驱动建模案例

1. 背景介绍

随着全球对可再生能源需求的增加，风力发电作为重要的清洁能源之一，得到了快速发展。然而，风力发电机的运行特性受到多种因素的影响，如风速、风向、温度等，导致传统建模方法难以准确预测其输出功率和运行状态。

2. 痛点分析

传统的风力发电机建模方法主要依赖于物理模型和实验数据，但这些方法往往存在精度低、适应性差等问题。特别是在复杂多变的风力环境下，传统模型难以准确预测风力发电机的输出功率和故障情况，给电网的稳定运行带来挑战。

3. 解决方案

为了克服传统建模方法的不足，采用数据驱动建模方法对风力发电机进行建模。首先，收集风力发电机的运行数据和环境数据，包括风速、风向、温度、输出功率等。然后，利用机器学习算法对数据进行预处理和特征提取，构建风力发电机的预测模型。在模型构建过程中，采用深度学习方法对模型进行训练和优化，提高模型的预测精度和泛化能力。最后，将模型应用于风力发电机的实时监测和故障预测中，实现对风力发电机运行状态的精准把握。

4. 应用效果

通过数据驱动建模方法，风力发电机的输出功率预测精度得到了显著提高，误差率明显降低。同时，模型还能够实时监测风力发电机的运行状态，及时发现潜在故障并提前采取措施进行维护，降低了故障发生率并延长了设备的

使用寿命。此外，该模型还为风电场的优化调度和运维管理提供了有力支持，提高了风电场的整体运行效率和经济效益。

案例三：光伏发电数据驱动建模案例

1. 背景介绍

光伏发电作为另一种重要的清洁能源，近年来在全球范围内得到了广泛应用。然而，光伏发电的输出功率受到光照强度、温度、阴影遮挡等多种因素的影响，导致传统建模方法难以准确预测其输出功率和发电效率。

2. 痛点分析

传统的光伏发电建模方法主要基于物理模型和实验数据，但这些方法在实际应用中往往存在局限性。例如，光照强度和温度等环境因素的变化对光伏发电输出功率的影响难以准确量化；阴影遮挡等复杂因素对光伏发电效率的影响也难以通过传统模型进行预测。这些问题导致传统模型在光伏发电预测和优化调度方面的应用效果有限。

3. 解决方案

为了克服传统建模方法的不足，采用数据驱动建模方法对光伏发电进行建模。首先，收集光伏发电站的运行数据和环境数据，包括光照强度、温度、输出功率等。然后，利用机器学习算法对数据进行预处理和特征提取，构建光伏发电的预测模型。在模型构建过程中，采用深度学习方法对模型进行训练和优化，提高模型的预测精度和泛化能力。同时，考虑到阴影遮挡等复杂因素的影响，将图像识别技术引入模型中，通过识别光伏板上的阴影区域来预测其对输出功率的影响。最后，将模型应用于光伏发电站的实时监测和优化调度中，实现对光伏发电输出功率的精准预测和优化管理。

4. 应用效果

通过数据驱动建模方法，光伏发电站的输出功率预测精度得到了显著提高，误差率显著降低。同时，模型还能够实时监测光伏发电站的运行状态，及时发现潜在问题并提前采取措施进行维护。此外，该模型还为光伏发电站的优化调度提供了有力支持，通过预测不同时间段的光照强度和温度等环境因素变化，合理安排光伏板的运行方式和发电计划，提高了光伏发电站的发电效率和经济效益。

10.2.2 系统分析模型

电力系统计算分析模型主要包括潮流计算、短路计算和稳定计算三大类，它们共同构成了电力系统分析与规划的基础。其中，潮流计算是电力系统分析中最基础也是最重要的计算之一，其任务是确定电力系统在给定运行条件下的潮流分布。建模时，首先需建立网络拓扑，明确节点及其连接关系，并收集元件参数。接着，根据基尔霍夫电流定律和功率守恒原则，建立节点功率平衡方程和支路方程。由于模型通常包含非线性，需采用迭代算法如牛顿－拉夫逊法或 *PQ* 分解法进行求解。潮流计算的结果对于评估系统运行状态、优化电力分配具有重要意义。短路计算则关注电力系统在发生故障时的行为。建模时，同样需建立网络拓扑并确定元件参数，但需特别考虑短路时的等效阻抗和短路类型。通过应用基尔霍夫定律和欧姆定律，建立短路条件下的电路方程组，并求解短路电流。短路计算的结果对于保护装置的配置、故障处理策略的制定至关重要。稳定计算则旨在评估电力系统在各种运行条件下的安全性和可靠性。建模时，需综合考虑网络拓扑、元件参数以及动态元件的动态特性，建立描述系统动态行为的数学模型。根据分析类型（如静态稳定、暂态稳定、电压稳定等），选择适当的数值方法进行求解。稳定计算的结果对于识别系统薄弱环节、提出改进措施具有重要意义。

【实践案例】

案例：电力系统稳定计算系统案例

1. 背景

随着电网规模不断扩大，结构日益复杂，电力系统稳定性问题愈发凸显。电力系统稳定计算作为评估电网安全稳定运行的重要手段。传统的电力系统稳定计算主要依赖手工计算和简单的仿真工具，但这些方法在处理大规模、复杂电力系统时存在诸多局限，如计算精度不足、计算效率低、难以模拟实际电力系统的动态特性等。因此，开发一款高效、准确、易用的电力系统稳定计算软件成为电力行业迫切的需求。

近年来，随着计算机技术的飞速发展和电力系统理论的不断完善，电力系统稳定计算软件系统应运而生，并逐渐成为电力系统分析、规划、运行和调度等领域不可或缺的工具。这些软件集成了先进的数值计算方法、电力系统模型库和可视化技术，能够模拟电力系统的各种运行状态，准确评估系统的稳定性，为电网的安全稳定运行提供有力支持。

2. 难点分析

在电力系统稳定计算软件的应用过程中，用户面临诸多难点，主要包括以

下几个方面：

计算精度与效率的矛盾：电力系统稳定计算涉及大量的数学运算和复杂的电力系统模型，对计算精度和效率要求极高。然而，传统的计算方法往往难以在保证计算精度的同时满足计算效率的要求，尤其是在处理大规模电力系统时，计算时间往往过长，难以满足实时调度的需求。

模型库的不完善：电力系统包含发电机、变压器、输电线路、负荷等多种元件，每种元件都有其独特的数学模型和参数。然而，许多电力系统稳定计算软件的模型库并不完善，无法涵盖所有元件的模型，或者模型精度不够高，导致计算结果与实际电力系统存在较大偏差。

用户界面的不友好：电力系统稳定计算软件往往面向专业用户，但其用户界面设计往往不够友好，操作复杂，学习成本高。这使得非专业用户难以快速上手，也限制了软件在更广泛领域的应用。

数据接口的不统一：电力系统稳定计算软件需要与各种数据源进行交互，如电力系统数据库、实时监测系统、仿真工具等。然而，不同数据源的数据格式和接口标准往往不一致，导致软件在数据导入和导出过程中存在诸多困难，影响了软件的易用性和通用性。

3. 解决方案

针对上述痛点问题，电力系统稳定计算软件采取了以下解决方案：

采用先进的数值计算方法：为了提高计算精度和效率，电力系统稳定计算软件系统采用了多种先进的数值计算方法，如隐式积分法、快速傅里叶变换等。这些方法能够在保证计算精度的同时显著提高计算效率，满足实时调度的需求。

完善模型库：电力系统稳定计算软件不断扩充和完善其模型库，涵盖了发电机、变压器、输电线路、负荷等多种元件的详细模型。同时，软件还提供了模型自定义功能，用户可以根据实际电力系统的需求添加或修改模型，提高计算结果的准确性。

优化用户界面设计：为了提高软件的易用性，电力系统稳定计算软件优化了用户界面设计，采用了直观、简洁的操作界面和人性化的交互方式。软件提供了丰富的帮助文档和教程，帮助用户快速熟悉软件功能和操作方法。此外，软件还支持多种语言界面，满足不同国家和地区用户的需求。

统一数据接口标准：为了解决数据接口不统一的问题，电力系统稳定计算软件采用了通用的数据格式和接口标准，如IEC 61970、IEC 61968等。这些标准能够确保软件与各种数据源之间的无缝连接和数据交换，提高软件的通用性和易用性。

4. 应用效果

电力系统稳定计算系统在实际应用中取得了显著的效果，具体表现在以下几个方面：

提高计算精度和效率：通过采用先进的数值计算方法和完善的模型库，电力系统稳定计算软件能够准确模拟电力系统的各种运行状态，提高计算精度和效率。在某大型电网的稳定计算中，软件成功预测了系统在某些故障条件下的失稳风险，为调度员提供了及时、准确的决策依据。

保障电网安全稳定运行：电力系统稳定计算系统能够实时监测电力系统的稳定性状态，及时发现并预警潜在的安全隐患。在某次大规模停电事故中，软件提前预警了系统的电压失稳风险，为调度员采取紧急控制措施赢得了宝贵时间，有效避免了事故的进一步扩大。

促进电力系统规划与发展：电力系统稳定计算系统能够为电力系统的规划和发展提供科学依据。通过模拟不同规划方案下的系统稳定性情况，软件能够帮助规划人员选择最优方案，确保电力系统的可持续发展。在新能源接入项目中，软件成功评估了新能源接入对系统稳定性的影响，为项目顺利实施提供了有力支持。

提升电力行业技术水平：电力系统稳定计算软件的应用推动了电力行业技术水平的提升。通过学习和使用软件，电力行业人员能够更深入地了解电力系统的稳定性和动态特性，提高专业素养和技能水平。同时，软件的应用也促进了电力行业与其他行业的交流与合作，推动了整个行业的创新发展。

10.2.3 控制系统模型

电力系统控制系统根据控制目标和功能的不同，主要分为频率控制、电压控制、经济调度和稳定控制等几大类。频率控制主要通过 AGC 实现，确保系统频率维持在规定范围内；电压控制则依靠 AVC 系统，保障电网电压的稳定性和质量；经济调度则关注发电成本最小化，通过优化机组分配和负荷管理实现；稳定控制则旨在预防和抑制电力系统中的各种振荡和失稳现象。这些控制系统相互协调，共同确保电力系统的安全、稳定和高效运行。

【实践案例】

案例一：AGC

AGC是电力系统中实现频率控制的关键技术。以某大型电网为例，AGC系统通过实时收集发电机组的运行状态、负荷变化以及电网结构等信息，建立精确的数学模型。这些模型包括发电机的动态响应模型、负荷模型以及网络模型等，能够全面反映电力系统的动态特性。在确定控制目标后，如频率偏差容忍度和联络线功率交换限值，AGC系统采用先进的控制策略，如PID控制器或预测控制策略，设计控制律并确定机组分配策略。通过仿真软件建立模型并进行时域仿真，模拟各种运行工况和故障情况，评估控制效果并优化控制参数。最终，将优化后的控制策略部署到实际的AGC系统中，实现频率的精确控制和经济调度的优化。

案例二：AVC

AVC是电力系统中维持电压质量和优化无功功率分配的重要手段。以某区域电网为例，AVC系统首先从能量管理系统导入电网的网络拓扑结构，并通过监控与数据采集系统（SCADA）接口获取实时电压、电流等数据。同时，录入关键设备的参数，如变压器的容量、阻抗等。基于这些信息，AVC系统建立电压控制模型，考虑无功补偿设备、变压器分接头调节等对电压的影响。通过设计优先级控制、分级控制或最优潮流算法等电压调节策略，AVC系统能够满足电压合格率、降低网损等目标。在专用软件中进行模型仿真和验证后，将控制策略部署到实际电网中，并进行在线测试和参数优化。最终，优化后的AVC系统能够显著提升电压控制效果，优化无功功率分配，提高电力系统的稳定性和经济性。

10.2.4 环境建模

环境建模利用GIS、遥感技术、计算机科学以及其他相关学科的知识，对地球表面及近地表环境的特征、过程和现象进行数字表达和分析。

1. 构建模型空间

空间数据采集与预处理，通过遥感影像、GPS测量、实地考察等方式获取地理空间数据。进行数据预处理，如坐标转换、投影设置、数据清洗、格式转换等，确保数据质量与兼容性。

（1）地形建模。利用DEM表示地面起伏，通过插值、等高线生成等技术构建三维地形，可进一步发展为地貌分析，如坡度、坡向、可视域分析等。

（2）地物要素建模。包括建筑物、道路、植被、水系等的几何与属性信息建模，使用矢量数据结构表示点、线、面地物，进行空间布局和特征描述。

【实践案例】

案例：电网环境信息建模项目

1. 背景介绍

为了更好地管理电网，提升其在复杂环境下的适应性和抗风险能力，某电力公司决定启动电网环境信息建模项目。该项目旨在通过运用 GIS、遥感技术及计算机科学等先进技术，对电网覆盖区域的自然环境及人文要素进行全面、高精度的数字化建模。这不仅能为电网规划、运维提供翔实的基础数据，还能为电网的风险管理、智能化决策等提供有力支持。

2. 项目目标

电网环境信息建模项目的核心目标在于构建一个高精度、多维度的电网环境三维模型。该模型需要准确反映电网覆盖区域的地形起伏、地貌特征以及各类地物要素（如建筑物、道路、植被、水系等）的分布情况。通过这一模型，电力公司能够更直观地理解电网与周围环境的空间关系，为电网的规划、建设、运维及风险管理提供科学依据，进而提升电网的整体运行效率和管理水平。

3. 实施步骤

项目的实施分为数据采集与预处理、环境信息建模两个阶段。在数据采集与预处理阶段，项目团队充分利用遥感卫星影像、无人机航拍、GPS 实地测量等多种手段，全面收集电网覆盖区域的空间数据。随后，对这些数据进行坐标校正、格式统一、数据清洗及质量控制等一系列预处理工作，确保数据的准确性、完整性和一致性。在环境信息建模阶段，项目团队首先利用 DEM 技术生成电网区域的三维地形图，准确展现地表起伏和地貌特征。接着，对建筑物、道路、植被、水系等地物要素进行精细建模，使用矢量数据结构精确描绘其几何形状，并赋予相应的属性信息（如高度、类型、分布等）。最后，进行空间关系分析，如距离计算、可视域分析等，为电网规划与管理提供丰富的空间参考信息。

4. 成果应用

电网环境信息建模项目的成果在电网规划、运维管理及风险管理等多个方面发挥了重要作用。在电网规划方面，模型支持优化电网线路走向，避免复杂地形和敏感地物，降低建设成本和环境影响。在运维管理方面，模型为电网设施的远程监控和故障快速定位提供了有力支持，特别是在复杂地形或密集地物

区域，显著提高了运维效率。在风险管理方面，通过模型分析可以识别电网可能面临的自然灾害风险（如洪水、滑坡）及人为干扰风险，为制定预防措施、保障电网安全提供了科学依据。

2. 电网环境数字孪生

（1）环境过程模拟：模拟自然环境过程，如水流模拟、污染物扩散、气候变化影响分析等利用分布式水文模型、生态系统模型、大气扩散模型等进行动态过程研究。

（2）地理环境虚拟模型：利用三维建模和渲染技术，创建逼真的地理环境虚拟模型。提供交互式浏览和模拟，增强空间认知和决策支持能力。进行地理计算与模型构建，应用地理计算方法，处理地理空间问题，如地理信息系统算法、空间统计学方法。构建和验证地理系统模型，包括静态模型和动态模拟模型。

（3）策略制定和方案选择：通过空间优化模型、多准则评价分析等方法，辅助策略制定和方案选择。进行时空数据分析，分析地理现象随时间和空间的变化，如土地利用变化、人口迁移模式。利用时空数据挖掘技术和时空序列分析预测未来趋势，为电网规划、建设和运行等提供决策支持。

【实践案例】

案例：电网环境数字孪生项目

1. 背景介绍

随着电力行业的快速发展，电网的复杂性和运行风险也在不断增加。为了更好地应对这些挑战，提升电网的智能化管理水平，某电力公司决定启动电网环境数字孪生项目。该项目旨在通过集成GIS、遥感技术、计算机科学以及环境科学等领域的先进技术，构建一个与实体电网环境高度一致的数字孪生体。这一数字孪生体将全面、动态地反映电网覆盖区域的自然环境及人文要素，为电网的规划、运维、风险管理及智能化决策等提供强有力的支持。

2. 项目目标

电网环境数字孪生项目的核心目标是构建一个高精度、多维度的电网环境数字孪生模型。该模型需要能够实时模拟和反映电网覆盖区域的自然环境过程，如水流动态、污染物扩散、气候变化等，并通过三维建模和渲染技术，创建逼真的地理环境虚拟模型。同时，模型还需具备强大的地理计算与数据分析能力，能够处理复杂的地理空间问题，为电网的智能化管理提供科学依据。通过这一数字孪生模型，电力公司能够更深入地理解电网与周围环境的相互作用，提升电网的整体运行效率和管理水平。

3. 实施步骤

项目的实施分为环境过程模拟、地理环境虚拟模型构建以及策略制定和方案选择三个阶段。在环境过程模拟阶段，项目团队利用分布式水文模型、生态系统模型、大气扩散模型等先进工具，对电网覆盖区域的自然环境过程进行动态模拟。这些模拟涵盖了水流、污染物扩散、气候变化等多个方面，为电网的规划和运维提供了翔实的环境数据基础。在地理环境虚拟模型构建阶段，项目团队采用三维建模和渲染技术，创建了高度逼真的地理环境虚拟模型。该模型不仅提供了交互式浏览和模拟功能，还增强了空间认知和决策支持能力。同时，项目团队还应用了地理计算方法，如地理信息系统算法、空间统计学方法等，对模型进行进一步的精细化和优化，构建了包括静态模型和动态模拟模型在内的地理系统模型。在策略制定和方案选择阶段，项目团队利用空间优化模型、多准则评价分析等方法，辅助决策者制定科学合理的电网发展策略和实施方案。同时，通过时空数据分析技术，对地理现象随时间和空间的变化进行深入分析，如土地利用变化、人口迁移模式等。利用时空数据挖掘技术和时空序列分析预测未来趋势，为电网的规划、建设和运行等提供前瞻性的决策支持。

4. 成果应用

电网环境数字孪生项目的成果在电网管理的多个方面发挥了重要作用。在电网规划方面，模型能够模拟不同环境条件下的电网运行状态，为优化电网布局和线路走向提供科学依据。在运维管理方面，模型能够实时监测电网环境的动态变化，为故障的快速定位和应急响应提供有力支持。在风险管理方面，模型能够预测和评估自然灾害等风险对电网的影响，为制定预防措施和应急预案提供科学依据。同时，模型还能够为电网的智能化决策提供支持，提升电网的整体运行效率和管理水平。

10.2.5 设备信息标准化接入

【实践案例】

案例：物联网操作系统实现设备信息标准化接入

1. 背景

物联网技术已广泛应用于各行各业，为传统行业的数字化转型提供了强大动力，电力行业数字化转型更是势在必行。2019 年，南方电网全域物联网平台

部署上线，并成功接入各业务域终端。然而，面对“十四五”末将达到数亿规模的庞大物联网体系，如何构建一个既能满足电力行业特殊需求，又能高效管理庞大设备网络的物联网操作系统，成为亟待解决的问题。

电力行业与其他行业在物联网技术应用上存在显著差异。通用版本或其他行业版本的物联网操作系统往往难以适应电力行业的特殊需求，如高可靠性、实时性、安全性以及复杂的设备管理等。因此，电力行业必须构建一套适应自身特点的物联网操作系统，以支撑数字电网的建设和发展。

2. 痛点分析

在电力行业物联网技术应用的过程中，存在多个痛点亟待解决。首先，设备接入和配置过程烦琐复杂，需要大量人工参与，不仅效率低下，还容易出错。其次，现场作业主要依赖手工操作，智能化水平低，不仅劳动强度大，还存在安全隐患。再者，设备升级和维护不仅费时费力，还可能影响设备的正常运行。这些痛点严重制约了电力行业物联网技术的发展和应用效果。

具体来说，传统设备接入和配置方式需要逐一进行设备调试和参数设置，不仅耗时长，还难以保证配置的一致性和准确性。现场作业方面，由于缺乏智能化的监控和管理手段，往往需要人工巡检和手动操作，不仅效率低下，还难以及时发现和处理潜在问题。设备升级和维护方面，由于设备分布广泛且类型多样，升级和维护工作往往需要耗费大量人力和时间，且存在较高的安全风险。

3. 解决方案

（1）统一终端物模型设计。在物联网平台终端模型的基础库中，完成各领域终端物模型的定义，持续开展发电（新能源）、输电、变电、配电、用电等领域统一终端物模型设计及固化。完善统一电网模型，支撑一二次设备关联映射，进行物模型管理与校验、物联网终端设备台账的统一管理和一二次设备关联映射等，开展应用验证，支持平台接入功能完善。统一终端物模型设计如图 10-8 所示。

（2）终端设备标准化。梳理发电（新能源）、输电、变电、配电、用电等各专业物联终端设备、品类清单，针对物联终端设备功能、通信接口、通信规约等特性，形成分布式能源接入、输电线路在线监测、变电站智能巡视、智能配电房、虚拟电厂、智能楼宇应用场景物联终端配置原则、物联终端物模型规范。基于电鸿物联终端实现终端接入即插即用，优化接入流程，提升接入效率，支持应急故障处理设备增加、近场运维等新型设备运维场景实现。

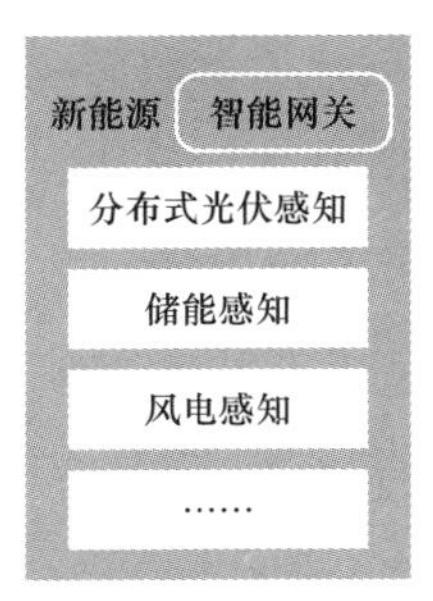

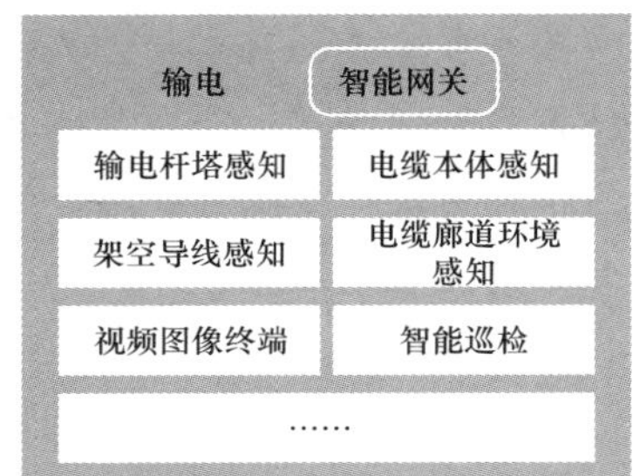

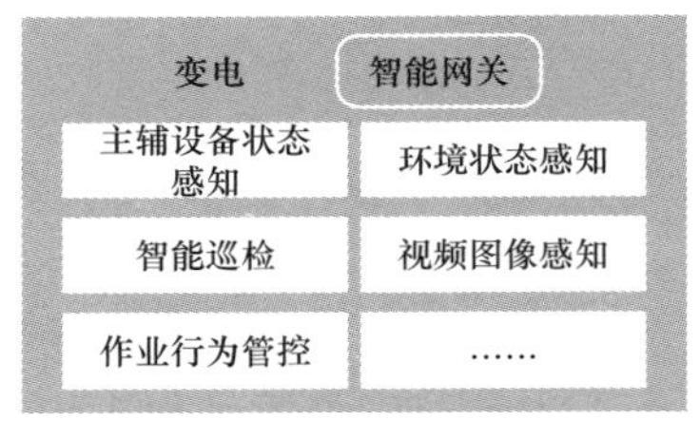

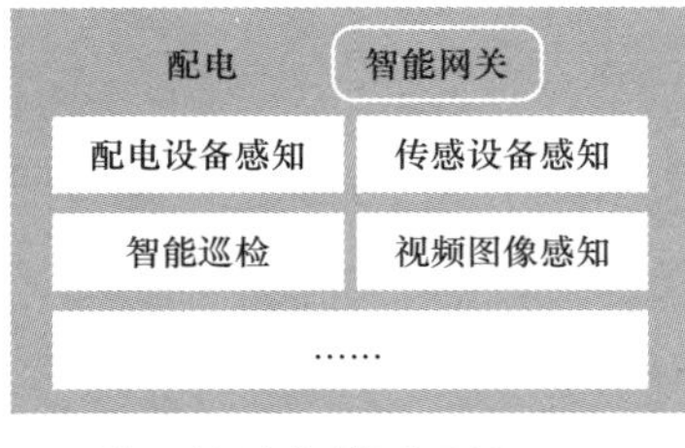

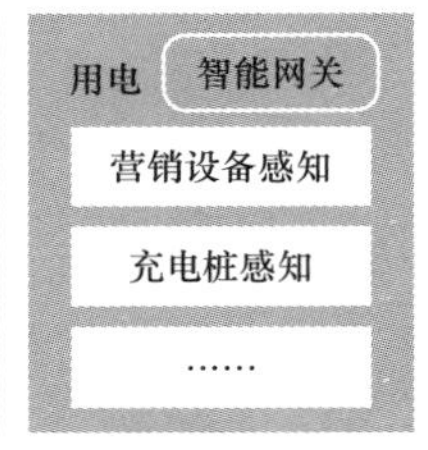

图 10-8 统一终端物模型设计

（3）设备信息统一接入。系统支持并实现电力生产发电、输电、变电、配电、用电各专业物理设备监测数据的统一采集、管理和共享，为各业务应用、基础服务系统提供支撑。

1）设备接入：支持多种终端协议的接入和适配，可自定义协议插件和编解码插件接入，具备软件 SDK 对接能力，可对物理设备进行安全认证和身份鉴权。

2）信息交互：提供统一的设备建模，具备设备注册、配置、数据订阅、命令下发等功能，支持远程终端设备进行软固件升级、故障定位，归集相关业务感知数据、设备状态数据、设备管控数据，提供数据的全生命周期管理。

3）支撑业务：提供 API 接口以及接口管理功能，可对数据中台和业务中台进行安全鉴权，包括单、双向证书认证。

4. 应用效果

物联网操作系统大大简化了设备接入和配置过程，实现了设备的自动识别和快速配置。这不仅极大地提高了工作效率，还降低了人为错误的风险。同时，系统全面支持无人化远程运维，使得现场作业由手工走向智能化，大大减轻了劳动强度，提高了作业安全性。

具体来说，物联网操作系统的应用效果体现在以下几个方面：一是大幅缩短了平均适配入网时间，设备接入和配置过程更加高效快捷；二是现场安装调试时间显著缩短，设备投运速度加快，提高了电力供应的可靠性和稳定性；三

是平均设备升级时间大幅减少，设备升级和维护工作更加便捷高效，降低了运维成本；四是生产运维工作效率显著提升，通过智能化监控和管理手段，能够及时发现和处理潜在问题，提高了电力系统的整体运行水平。

10.3 物理系统数字驱动实践

物理设备信息全面采集基础上，进行制造信息、运行信息、环境信息数字化采集，通过设备信息标准化接入实现物理设备信息全面上送，支持物理设备数字化建模，实现设备建模、系统建模、环境建模，对物理系统产生三个层次的驱动。一是提升物理系统运营效能；二是促进物理系统功能升级；三是重塑物理系统形态。

10.3.1 提升物理系统运营效能

【实践案例】

案例：输变配联合巡检

1. 背景

随着电网规模的不断扩大和复杂度的日益增加，传统的运维模式已难以满足高效、安全、可靠的运行要求。为了打造新一代输变配一体化智能运维体系，推进电网的高质量发展，电力行业开始积极探索“机巡为主、人巡为辅”的运维模式。这一模式旨在通过无人机等智能设备的应用，实现资源利用的最优化和效能提升的最大化，进而推动生产组织模式的优化，为电网的稳定运行和高效管理提供有力支撑。

2. 痛点分析

在传统的电网运维模式中，无人机管理存在诸多痛点。首先，无人机状态信息无法实时掌握，导致巡视人员难以根据无人机实际情况动态调整巡视计划。其次，航线规划依赖人工经验，缺乏科学性和效率，往往导致巡检路径不合理，资源浪费严重。此外，跨专业间的协同管理不足，各专业间信息孤岛现象严重，影响了电网设备的高效运维。这些问题不仅制约了电网运维的智能化和精细化水平，还增加了运维成本和风险。

3. 解决方案

针对上述痛点，我们提出了以下解决方案，如图10-9所示。

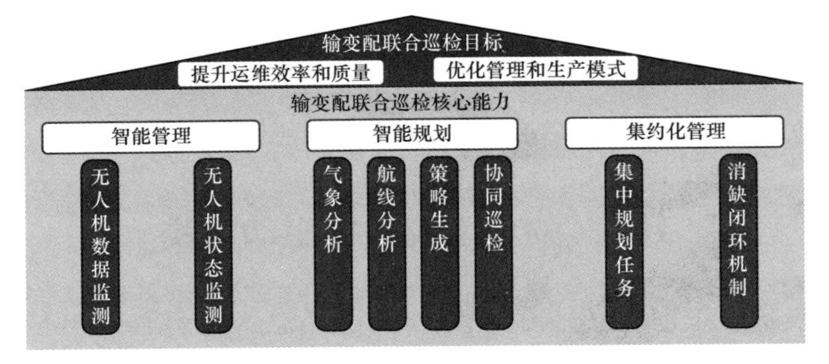

图 10-9　输变配联合巡检

（1）无人机智能化管理。通过选购自带物联网传输协议功能的无人机设备，或在现有无人机上加装物联网通信功能模组，实现无人机设备全量接入全域物联网平台。该平台能够实时采集无人机的状态信息，如工作状态、电量、定位信息、巡检任务等，并通过统一的地图服务实时展示无人机状态数据。同时，根据无人机历史任务执行情况、电池容量衰减情况等数据，进行综合分析评估，自动调整无人机巡视任务时长、距离的上限，从而辅助巡视人员动态调整巡视作业计划，提高巡检效率和准确性。

（2）航线智能规划。基于输变配日常巡视、特殊巡视等要求，综合考虑无人机性能、设备重要度、地理气象信息、潜在应急需求等多维度信息，利用智能算法进行最优路径规划与巡检消耗资源预测。通过算法分析，输出最佳执行任务的机巢无人机、时间、电池等资源信息，并按照巡检任务优先级要求依次排序，生成巡检路线和控制策略。这样，在开放、动态、复杂工况环境下，能够实现网格协同巡检，提高巡检的覆盖率和效率。

（3）构建无人机联合巡视集约化管理模式。依托生产指挥中心，集中规划输变配一体化巡视航线与任务，打通跨专业无人机巡检作业计划管理流程。通过明确生产指挥中心、输电所、变电站、区局、班组等各级责任，构建智能化的跨专业无人机精细化巡视体系。实现站到站、站到户的智能巡视，提高巡视的精准度和效率。同时，依托生产指挥中心建立跨专业缺陷反馈与消缺闭环机制，确保巡视中发现的问题能够及时得到处理。通过集约高效的管理，促进生产数据的深入挖掘和融合应用，驱动电网设备高效运维。

4. 应用效果

通过实施输变配联合巡检方案，我们取得了显著的应用效果。首先，无人机管理的智能化水平得到了大幅提升，无人机状态信息能够实时掌握，巡视计

划更加科学合理。其次，航线规划的科学性和效率得到了显著提高，巡检路径更加优化，资源浪费现象得到了有效遏制。此外，构建了集约化的无人机巡视管理模式，促进了专业协同和资源整合，提高了电网设备的高效运维水平。在广州等大湾区供电局形成的规模示范中，该方案得到了广泛应用和认可。未来，我们将继续推动无人机输变配联合自动巡检方案的成熟落地和广泛应用，为电网的高质量发展提供有力支撑。

10.3.2　促进物理系统功能升级

【实践案例】

案例：数字变电 AI 智能运维

1. 背景

为打造以巡维中心为核心的区域辐射型生产管理模式，电力行业正积极推动变电站运维模式的变革，此过程旨在构建驾驶舱、智能巡视、智能操作、智能安全、智能分析五大核心能力，以推动运维远程化、分析智能化、管理集约化的业务模式变革，为智慧运维和智能调控提供有力支撑。

2. 痛点分析

传统变电站运维模式存在诸多痛点。首先，运维人员需频繁进行现场巡视，工作量大且效率不高。其次，设备操作依赖人工，存在操作风险。再者，安全监管难以全面覆盖，存在安全隐患。此外，数据分析依赖人工，缺乏智能化手段，导致响应速度慢。最后，运维任务执行依赖人力，难以实现高效自动化。这些痛点严重制约了变电站运维的效率和安全性。

3. 解决方案

打造以巡维中心为核心的区域辐射型生产管理模式，实现变电站“机器巡视为主、人工检查性巡视为辅”的巡视模式、“调度监控中心替代”的远方操作模式、“基于智能安全技术和远方监视替代”的工作许可模式、“在线监测替代人工带电检测和停电试验”的变电试验工作模式。全面开展变电数字化建设，构建驾驶舱、智能巡视、智能操作、智能安全、智能分析五大核心能力，推动运维远程化、分析智能化、管理集约化的业务模式变革，支撑智慧运维，服务智能调控。数字变电如图10-10所示。

（1）驾驶舱。变电运行业务全景监控支持基于地理接线图、三维模型、一次接线图和设备全景图，接入电网管理平台作业计划、生产运行支持系统（变电）设备状态等数据，运用大数据分析功能实现各类变化、异常、故障的预

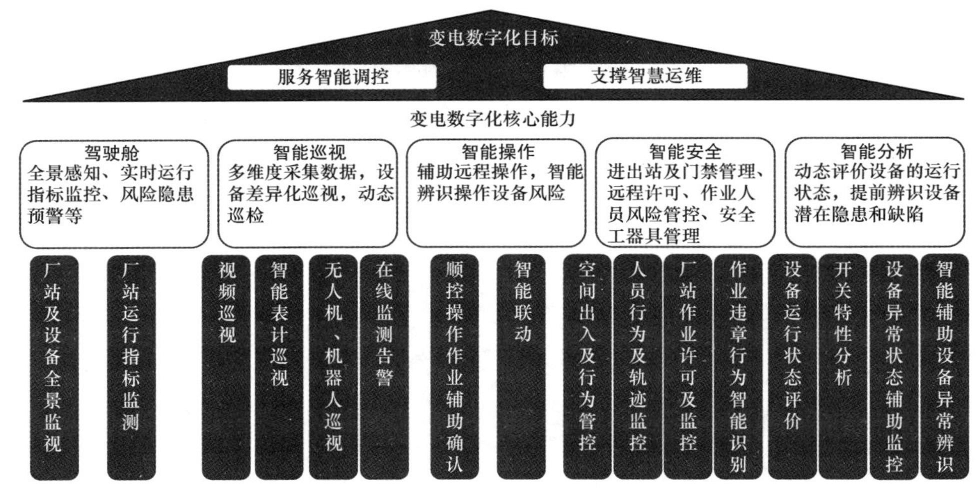

图 10-10　数字变电

测、预报、预警，直观展示电网运行期间需要关注的各项待办业务和设备运行情况，为生产指挥中心值班人员快速获取关键信息、辅助研判处置提供数据支撑，包含驾驶舱通用交互、运行监测视图、辅助设备监控视图、智能巡视视图、智能操作视图和智能安全视图。

（2）智能巡视。利用云边融合技术，部署在地市局的边侧系统获取电网管理平台巡视作业信息，通过变电智能网关下发指令与工作计划。通过配置可见光摄像机、红外测温摄像头、温湿度微环境监测、开关温度监测、主变油色谱在线监测等传感器，实现对全站设备状态、环境变化相关巡视点位监测全覆盖，支撑实现变电站内 100% 巡视无人化。通过上述在线监测设备采集站内设备电气量与非电气量数据，利用变电智能网关采集并上送至南方电网云边缘节点，充分应用图像识别、大数据分析等智能技术就地消纳数据，智能识别、检测分析设备、设施等巡视数据，生成巡视报告，并根据实际情况，自动启动相应特巡。

（3）智能操作。辅助远程操作，智能辨识操作设备风险。通过计算机程序（包括 DICP 及后台监控程序等）、电气量采样和设备状态识别综合完成变电一二次设备操作，代替人工现场操作和检查设备状况，并保证操作过程安全。根据现场实际情况，采用微动开关、磁感应传感器或视频图像识别技术所生成的刀闸辅助判据信号，并判别信号接入 OCS 系统，直观反映隔离开关真实状态。

基于边侧系统，关联消防、安防、天气、门禁、灯光等辅控系统，获取各类环境状态信息，实现状态联动功能。结合辅控系统消防告警信号、安防告警

信号、环境异常信息等联动需求，根据配置的联动规则，巡视主机自动生成巡视任务，由视频摄像头对需要巡视的点位进行巡视并返回巡视结果。

（4）智能安全。基于生产运行支持系统（变电）打通电网管理平台，支持从工作票的工作负责人、工作成员自动分解人员信息，并从人员信息库获取、匹配人员安全资质信息，判断人员允许进出变电站区域，依靠变电站大门、设备室安装的智能门禁，实现车辆进站信息的报送及查询管理，支持实时的进站车辆车牌号图像核对，实现人员门禁管理。

通过生产运行支持系统（变电）调取实时现场图像和调度数据等方式，对工作票安措进行远程复核，进行工作票远程许可。通过穿戴装备、定位标签/手环或视频监控等设备，基于生产运行支持系统（变电）利用智能终端边缘计算能力和系统图像识别能力，识别未戴安全帽、未穿工作服、区域入侵等违规行为，通过现场音柱及时进行语音提醒，实时监测作业人员活动，实现带电区域安全管理。

（5）智能分析。基于生产运行支持系统（变电），按照“云侧大脑支持分析、边缘支持运维”的模式，实时分析调度主站、物联网平台的数据，调用人工智能平台的缺陷智能识别等专业算法，对监测设备的运行状态信息和告警信息进行诊断和分析，实现识别结果自动标记，缺陷库自动填充，快速去重、温度异常智能预警等功能，打造“智能识别为主、人工复核为辅”的智能分析算法应用模式。

针对变电物理设备，开展异常预警与快速响应，一旦设备出现异常或故障征兆，边端协同技术能够迅速捕捉并上报，通过云平台进行深度分析判断后，下达相应的控制指令，甚至自主完成一些简单的故障处理任务，大幅缩短故障响应时间和修复周期。运维任务自动化，通过与机器人、无人机等智能装备联动，数字员工可以执行日常巡检、设备维护、清洁除污等运维任务，实现真正的无人化或少人化运维，提高巡维与故障处置效率。加强边端信息安全保障，边端协同技术在保障数据传输的实时性、完整性的同时，还能强化数据加密和权限管理，确保变电站的数字员工在执行各项任务时符合严格的信息安全要求。

4. 应用效果

通过实施数字变电AI智能运维方案，变电站运维效率得到显著提升。驾驶舱为生产指挥中心提供了全面、实时的数据支撑，助力快速决策。智能巡视实现了全站设备状态、环境变化的全面监测，提高了巡视的准确性和效率。智能操作降低了人工操作风险，提高了设备操作的可靠性。智能安全有效加强了安全管理，降低了安全隐患。智能分析则实现了对设备运行状态的实时诊断和分析，提高了故障处理的及时性和准确性。整体而言，该方案为变电站的运维工作带来了革命性的变革，推动了电网的高质量发展。

10.3.3　重塑物理系统结构与形态

【实践案例】

案例一：配网自适应控制

1. 背景

在电力行业中，配网自适应控制成为提升电网运行效率和安全性的重要手段。数字配电智能停电研判系统，依托于营配数据的全面贯通，实现了从110kV到380V台区的设备全域监视，并自动生成电网拓扑。这一系统为配网长期存在的低电压、重过载等痛点问题提供了重构型驱动能力，推动了配网运维管理的智能化升级。

2. 痛点分析

传统配网管理面临诸多挑战。设备状态监测不全面，难以实时掌握设备运行状态，导致故障发现滞后。电网运行状态分析缺乏深度，无法准确识别潜在风险，影响电网安全。同时，运维管理策略单一，资源分配不合理，设备老化规律、运行瓶颈等问题难以得到有效解决。这些问题严重制约了配网运行效率和安全性的提升。

3. 解决方案

智能识别：运用机器学习和深度学习技术，结合电力知识库，实现对设备状态、电网运行状态、环境条件等多维度信息的精确识别。通过智能算法实时监测设备故障，发现潜在风险，预防安全事故。同时，利用知识驱动的系统评估风险，预测风险趋势，提前制定防范措施。这一技术提高了故障识别的准确性和及时性，为电网安全提供了有力保障。

决策支持：在复杂决策情境下，知识驱动技术为决策者提供基于专业知识的情景分析和最优解决方案推荐。通过深入分析电网运行状态和设备信息，系统能够快速给出决策建议，提高决策效率和正确率。这一功能有效降低了生产过程中的安全风险，提升了电网运行的稳定性和可靠性。

运维管理优化：利用智能识别技术深入洞察设备老化规律、运行瓶颈等问题。根据设备状态和运维需求，系统指导运维策略优化，实现资源合理配置。通过提高设备利用率和使用寿命，降低运维成本，保障电力系统的安全稳定运行。这一解决方案为配网运维管理提供了科学、高效的手段。

4. 应用效果

配网自适应控制方案的实施取得了显著成效。智能识别技术提高了故障识别的准确性和及时性，有效预防了安全事故的发生。决策支持功能为决策者提供了科学、合理的决策建议，降低了生产过程中的安全风险。运维管理优化策略的实施提高了设备利用率和使用寿命，降低了运维成本。整体而言，该方案提升了配网运行效率和安全性，为电力行业的智能化发展树立了典范。

案例二：构建虚拟电厂

1. 背景

随着源、荷互动需求的不断提升和互动态势的日益复杂，传统电力系统面临诸多挑战。为应对这些挑战，构建虚拟电厂成为关键举措。虚拟电厂管理中心通过高效整合本地电源侧、电网侧、负荷侧资源，实现电力供需的高效匹配与调度，为电力系统的稳定运行和新型电力系统的构建提供了有力支撑。

2. 痛点分析

传统电力系统在需求响应、负荷管理和用户互动方面存在明显不足。需求响应滞后，难以实时平衡电力供需，导致电网高峰负荷压力大；负荷管理粗放，无法精准匹配和调度分布式能源，影响电力系统运行效率；用户互动不足，用户对电力消费时间和方式的选择权有限，制约了电力市场的健康发展。这些问题严重阻碍了电力系统的优化升级和新型电力系统的构建。

3. 解决方案

智能识别：虚拟电厂通过实时监测和预测电网需求及用户负荷，实现高效需求响应。系统能够迅速识别电网供需矛盾，及时调整用户用电行为，确保电力供需平衡，有效缓解电网高峰负荷压力，提升电网稳定性。

决策支持：在负荷管理方面，虚拟电厂利用精细化负荷管理技术，实现负荷的精准匹配和调度。系统通过智能算法分析各类分布式能源的特性，优化能源配置，实现负荷的平滑调节和优化利用，提高电力系统运行效率。

运维管理优化：虚拟电厂技术还注重促进用户互动，通过经济激励和政策引导，鼓励用户积极参与电力市场。系统提供丰富的用户互动界面和便捷的操作方式，增进电力公司与用户之间的沟通与合作，提升用户对电力消费时间和方式的选择权，推动电力市场的健康发展。

4. 应用效果

虚拟电厂的构建取得了显著成效。在高效需求响应方面，系统成功实现了电力供需的实时平衡，有效缓解了电网高峰负荷压力，提升了电网稳定性。在精细化负荷管理方面，系统通过精准匹配和调度分布式能源，实现了负荷的平滑调节和优化利用，提高了电力系统运行效率。同时，虚拟电厂技术还促进了用户与电力公司的互动沟通，提升了用户对电力消费的控制力和满意度。整体而言，虚拟电厂的构建为电力系统的优化升级和新型电力系统的构建提供了有力支撑，实现了电力系统的深层次价值重塑。

第 11 章 业务系统实践

\>>>

电网业务系统包含主营业务与支撑业务 2 大类。主营业务包括规划、基建、运行、调度、营销等，支撑业务则包括人资、财务、供应链等。人、财、物、环境、规则信息贯穿主营业务与支撑业务主线，针对企业内部，人、财、物信息流是业务流转的基础信息，环境信息为各类业务外部环境的影响因素，通过内部规则信息形成业务主流程与子流程，实现企业业务流程标准化与数字化流转模式。实现信息分类与感知，进行业务建模，推动效率提升、业务功能升级、业务重构赋能三级业务驱动。业务系统架构如图 11–1 所示。

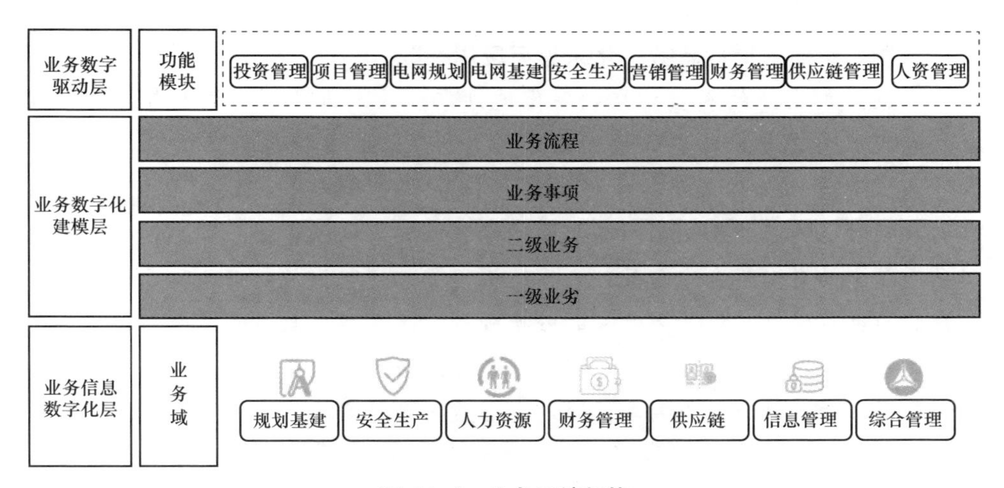

图 11–1 业务系统架构

11.1 业务系统数字信息生成实践

业务系统中，人、财、物、环境、规则信息需要被清晰、准确地定义和管理，以实现业务感知的规范输入体系。

1. 人员信息数字化

在企业业务系统中，人员信息数字化涵盖了企业内部员工、客户及合作伙伴等主体的全面数据。这些信息具体包括基础信息，如姓名、性别、年龄、联系方式、教育背景、工作经历和技能专长等，用于描述人员的基本属性和资格；角色信息，包括角色名称、职责、权限、所属部门及薪资水平和绩效表现等，明确了人员在业务流程中的定位和作用；以及行为信息，如工作进度与效率、登录与访问记录、沟通与协作记录以及异常行为检测等，全面反映了人员在企业内部的活动和行为模式。

为实现人员信息的数字化采集，企业采用了多种先进技术。对于基础信息，通过员工自助填写系统结合 HR 管理系统进行数据整合，确保信息的准确性和完整性。角色信息则通过企业组织架构管理系统与权限管理系统对接，自动分配和更新角色职责与权限。行为信息则依赖于企业内部的业务系统、协作平台及安全监控系统，实时记录和分析员工的工作行为、访问记录及异常行为，为企业管理提供全面、实时的数据支持。

【实践案例】

案例：企业人员信息数字化采集与应用实践

在某大型企业的人员信息数字化项目中，首先通过构建员工自助填写系统，实现了员工基础信息的快速录入与更新。系统支持员工在线填写个人信息、教育背景及工作经历等，并自动与 HR 管理系统进行数据同步，确保信息的准确性。同时，企业利用组织架构管理系统与权限管理系统的集成，实现了角色信息的自动化分配与管理。系统根据员工的职位、部门及职责自动分配相应的角色权限，确保业务流程的顺畅进行。此外，企业还通过内部的业务系统、协作平台及安全监控系统，实时采集员工的行为信息。如通过项目管理工具记录员工的工作进度与效率，通过安全监控系统检测员工的登录与访问记录及异常行为，为企业的绩效考核、团队协作及安全管理提供了有力的数据支持。这些数字化采集技术的应用，不仅提高了企业的人力资源管理效率，还为企业决策提供了更加精准、全面的数据基础。

2. 实物信息数字化

电网企业实物信息的数字化管理中，所需数字化的信息全面且详细。涵盖了实物的基本属性，如设备名称、规格型号、材质、重量、尺寸等，用于准确描述设备的特征和身份；数量信息，包括库存量、需求量、采购量、销售量等，反映设备的存量和流动情况；位置信息，如存储地点、安装位置、分布情况，确保设备管理的精准性；状态信息，包含设备的可用状态、维修状态、报废状态以及异常状态，用于实时监控设备健康并预防潜在风险；流转信息，则记录了设备的采购、供应、销售、运输等全生命周期数据，如采购订单、供应商信息、运输单据等，为设备管理和决策提供依据；此外，还涉及实物的价值信息，包括采购成本、销售价格、市场价值等，为企业的成本控制和资产评估提供数据支持。

针对电力企业实物信息的数字化采集，企业采用了多种先进技术。对于实物的基本属性和数量信息，采用电子标签（如 RFID）和二维码技术，通过手持式或固定式读写器快速识别并采集数据；位置信息则通过 GPS 和 GIS 技术，实现设备的实时定位和追踪；状态信息则依赖于 IoT 传感器和远程监控系统，实时监测设备的运行状态并触发异常报警；流转信息则通过 ERP 系统和企业资产管理（enterprise asset management，EAM）系统的集成，自动记录和分析设备的全生命周期数据；而价值信息则结合财务系统和资产评估软件，进行精准的成本核算和价值评估。

【实践案例】

案例：电力企业实物信息数字化管理实践

在某电力企业的实物信息数字化管理实践中，企业首先为每台设备配备了 RFID 标签和二维码，确保设备信息的唯一性和可追溯性。随后，利用手持式 RFID 读写器和二维码扫描器，对设备的基本属性和数量信息进行全面采集，并录入到企业资产管理系统中。同时，通过 GPS 和 GIS 技术的结合，企业能够实时追踪设备的地理位置和分布情况，实现设备的精准定位和管理。在设备状态监测方面，企业安装了 IoT 传感器和远程监控系统，实时监测设备的运行状态，如温度、振动、电流等关键参数，一旦发现异常立即触发报警，确保设备的稳定运行。此外，企业还通过 ERP 和 EAM 系统的集成应用，实现了设备采购、供应、运输、安装、调试、维修和报废等全生命周期数据的自动化采集和分析，为设备管理和决策提供了有力的数据支持。最后，结合财务系统和资产评估软件，企业能够准确核算设备的成本和市场价值，为企业的成本控制和资产优化提供了科学的决策依据。这些数字化采集技术的应用，不仅提高了电力企业的实物管理效率，还为企业决策提供了更加精准、全面的数据基础。

3. 资金信息数字化

电力企业资金信息涵盖了资金的来源，如销售收入、银行贷款、股东投资、债券发行等，反映了企业资本结构的构成及不同资金来源的成本和风险；资金运用情况，包括日常运营支出、投资支出、偿还债务等，展示了资金的使用效率和效果；资金流动信息，如现金流量表、银行账户余额、应收账款、应付账款等，体现了企业的现金流状况，为预测未来资金缺口提供依据；资金成本，包括利息、股息、手续费等，帮助企业评估不同资金来源的成本效益；资金风险信息，涉及信用风险、市场风险、流动性风险等，助力企业及时发现并防范潜在风险；以及资金合规信息，确保企业资金运作符合法律法规和监管要求，规避合规风险。

对于资金来源和运用信息，通过企业财务管理系统与银行系统的对接，实现自动获取和更新；资金流动信息则通过电子支付系统、银行账户管理系统等实时采集，确保数据的准确性和时效性；资金成本信息通过财务软件自动计算并生成报告；资金风险信息则依赖于风险管理系统和大数据分析技术，对资金流动进行实时监测和预警；资金合规信息则通过合规管理系统与法律法规数据库的对接，实现自动匹配和审查。这些技术的运用，为电力企业资金信息的全面数字化采集提供了有力支持。

【实践案例】

案例：电力企业资金信息数字化管理实践

在某电力企业的资金信息数字化管理实践中，企业首先建立了完善的财务管理系统，并与银行系统实现了无缝对接。通过这一系统，企业能够自动获取并更新资金来源和运用信息，如销售收入、银行贷款、投资支出等，确保了数据的准确性和及时性。同时，企业还引入了电子支付系统和银行账户管理系统，实现了资金流动的实时采集和监控。通过这些系统，企业能够随时掌握银行账户余额、应收账款、应付账款等关键信息，为资金调度和风险管理提供了有力依据。此外，企业还利用财务软件和大数据分析技术，自动计算资金成本并生成详细的成本报告，为财务策略的制定提供了数据支持。在风险管理方面，企业建立了风险管理系统，并结合大数据分析技术，对资金流动进行实时监测和预警，及时发现并防范潜在风险。最后，通过合规管理系统与法律法规数据库的对接，企业能够确保资金运作的合规性，有效规避了合规风险。这些数字化采集技术的应用，不仅提高了电力企业的资金管理效率，还为企业决策提供了更加精准、全面的数据支持。

4. 环境信息数字化

电力企业环境信息涵盖了自然环境信息，如地理位置、地形地貌、气候类型、资源分布等，对电力企业的生产布局、物流规划、销售策略等具有直接指导意义；同时，也包括了社会环境信息，其中政策环境信息涉及国家、地区和行业层面的政策调整、税收优惠、环保要求等，对电力企业的经营策略、合规管理产生重要影响；市场环境信息则描述了电力市场需求、竞争状况、消费者行为等，为电力企业的市场定位、产品开发和营销策略提供关键依据；技术环境信息则反映了电力技术发展、创新趋势和行业标准等，对电力企业的技术创新、产品研发和竞争优势构建具有至关重要的作用。

对于自然环境信息，利用GIS和遥感技术（remote sensing，RS）进行数据采集和分析，实现地理信息和气候数据的精准获取；对于政策环境信息，通过搭建政策数据库，利用文本挖掘和NLP对政策文本进行解析和归类，及时捕捉政策动态；市场环境信息则通过市场调研、大数据分析和消费者行为研究等技术手段进行采集和分析，以把握市场趋势和消费者需求；技术环境信息则依赖于技术情报收集、专利分析和行业标准监测等手段，确保企业紧跟技术发展趋势和行业标准变化。

【实践案例】

案例：电力企业环境信息数字化管理实践

在某电力企业的环境信息数字化管理实践中，企业首先利用GIS和RS技术，对自身的地理位置、周边地形地貌、气候类型以及资源分布进行了全面采集和分析，为企业的生产布局和物流规划提供了科学依据。同时，企业建立了政策数据库，并引入NLP技术，对国家和地区的电力政策、环保法规等进行实时监测和解析，确保企业的经营策略和合规管理始终与政策法规保持一致。在市场调研方面，企业运用大数据分析和消费者行为研究技术，深入剖析电力市场需求、竞争态势和消费者偏好，为企业的市场定位和产品开发提供了精准指导。此外，企业还高度重视技术环境的数字化管理，通过技术情报收集和专利分析，及时掌握电力技术的发展动态和创新趋势，为企业的技术研发和产品开发提供了有力支撑。这些数字化采集技术的应用，不仅提升了电力企业的环境信息管理能力，还为企业决策提供了更加全面、准确的数据支持。

5. 规则信息数字化

电力企业规则信息主要包括企业内部的规章制度、操作手册、作业指导书等文档，以及外部的行业标准、法规等。这些信息经过电子化处理后，形成了企业业务流程的依据与约束规则，确保了企业运营的合规性和规范性。其中，内部的规章制度等文档为企业员工提供了明确的工作指导和行为规范；而外部的行业标准与法规则为企业提供了技术管控、质量管控、安全管控的依据，确保了企业在行业内的合规运营。

技术手段包括：通过文档管理系统或企业内容管理系统（enterprise content management，ECM），将企业内部的规章制度、操作手册、作业指导书等文档进行电子化存储和管理，确保信息的准确性和可追溯性。利用行业数据库或法规数据库，将外部的行业标准、法规等进行在线化处理，形成企业业务流程的约束信息。为了实现对业务流程的自动化合规检查，企业还开发了自动化合规审查软件，或引入了第三方合规检查工具，通过设置自动化合规检查探针，对合同、财务报告、业务操作流程等进行自动扫描，及时识别潜在的合规风险。

【实践案例】

案例：电力企业规则信息数字化管理实践

在某电力企业的规则信息数字化管理实践中，企业首先将内部的规章制度、操作手册、作业指导书等文档进行了全面电子化，并经过对应归口管理部门的确认，形成了业务流程的依据与约束规则。同时，企业还建立了行业数据库和法规数据库，将外部的行业标准、法规等进行了在线化处理，为企业的技术管控、质量管控、安全管控提供了依据。为了确保业务流程的合规性，企业还引入了自动化合规审查软件，并设置了自动化合规检查探针。该软件能够自动扫描合同、财务报告、业务操作流程等关键业务文档，及时识别并报告潜在的合规风险。

11.2 业务系统数字化建模实践

11.2.1 电网规划模型

电网规划模型涵盖了负荷预测模型、电气计算模型以及可靠性评估、经济性评估、适应性评估模型等。这些模型共同构成了电网规划的核心框架，为电网的智能化规划提供有力支持。主要模型说明如下：

1. 负荷预测模型

负荷预测模型的建模目标是准确预测未来电网的负荷需求。建模步骤

包括利用网络爬虫和外部数据库技术收集电网、气象、经济、能源等多源数据，并运用大数据分析技术对数据进行清洗和整合。技术要点在于运用人工智能算法（如深度学习、时间序列分析等）对整合后的数据进行挖掘和分析，以预测未来负荷的变化趋势。模型应用方面，该模型能够为电网规划提供科学依据，指导电网的布局和扩容，确保电力供应与需求之间的平衡。

2. 电气计算模型

电气计算模型的建模目标是实现电网运行的电气参数计算和分析。建模步骤包括建立电网的拓扑结构模型，输入设备参数和运行条件，并运用高效的数值计算方法（如牛顿 – 拉夫逊法、快速解耦法等）进行电气计算。技术要点在于确保模型的准确性和计算的高效性，以实现对电网运行状态的实时监测和评估。模型应用方面，该模型能够用于分析电网的潮流分布、电压水平、短路电流等关键电气参数，为电网的调度和运行提供决策支持。

3. 可靠性评估、经济性评估、适应性评估模型

这三种评估模型的建模目标是对电网的可靠性、经济性和适应性进行全面评估。建模步骤包括确定评估指标体系，收集相关数据，并运用合适的评估方法（如蒙特卡洛模拟、经济评价法、适应性分析等）进行计算和分析。技术要点在于构建科学合理的评估指标体系，选择准确的评估方法，并确保评估结果的客观性和可靠性。模型应用方面，可靠性评估模型能够用于评估电网的供电可靠性和故障恢复能力，为电网的运维和抢修提供指导；经济性评估模型能够用于分析电网投资的经济效益和成本效益，为电网的投资决策提供依据；适应性评估模型能够用于评估电网对未来负荷变化、新能源接入等外部条件的适应能力，为电网的可持续发展规划提供支持。

11.2.2　电网基建模型

电网基建建模主要包括项目进度管理模型、质量与安全风险评估模型以及现场智能管控模型，旨在通过新一代数字技术全面提升电网基建的效率和质量。主要模型说明如下：

1. 项目进度管理模型

建模目标为实现对电网基建项目的精准进度把控。建模步骤包括收集项目历史数据，运用大数据分析技术建立进度预测模型，并实时更新项目进度数据以进行偏差分析。技术要点在于数据清洗、预处理以及预测算法的选择与优

化。该模型应用后，项目管理者能够直观了解项目进度，及时调整施工计划，确保项目按期完成。

2. 质量与安全风险评估模型

此模型旨在全面评估电网基建项目的质量和安全风险。建模时，需整合项目各阶段数据，利用大数据分析技术识别风险点，并建立风险评估模型进行量化分析。技术要点包括数据整合、关联分析以及风险评估算法的选择。该模型能够为项目管理者提供科学的风险评估结果，助力其及时采取措施降低风险，保障项目安全顺利进行。

3. 现场智能管控模型

该模型的目标是实现电网基建现场的智能化管控。建模步骤涉及利用无人机、“云监造”、GPS、AR 技术等收集现场实时数据，结合人工智能技术建立现场管控模型，实现对现场作业的智能调度和优化。技术要点在于数据采集与传输的稳定性、实时性，以及人工智能算法的选择与训练。该模型应用后，能够显著提高现场作业效率，降低施工成本，同时为项目后期运维提供有力支持。

11.2.3　设备状态检修模型

电网设备状态检修建模主要包括设备数据预处理模型、缺陷故障预测模型以及设备健康评估模型，旨在通过大数据与人工智能技术，实现电网设备的智能化管理。建模步骤及模型说明如下：

1. 设备数据预处理模型

建模目标为构建全网统一的设备数据样本库。建模步骤包括从调度自动化、配网自动化等系统中统一接入海量实时数据、设备台账、运行日志等多源数据，并进行数据清洗、整合与存储。技术要点在于数据的高效接入与整合，确保数据的完整性、准确性和时效性。该模型应用后，能够为后续的分析与预测提供全面、可靠的数据基础。

2. 缺陷故障预测模型

此模型旨在预测电网设备的缺陷与故障发生概率。建模时，需利用人工智能框架对全网各类缺陷、故障样本进行训练，分析引发缺陷、故障的主要因素及其贡献度。技术要点包括样本的选择与预处理、特征提取与选择、模型训练与优化等。该模型应用后，能够提前发现设备潜在的缺陷与故障风险，为设备的及时检修与更换提供科学依据。

3. 设备健康评估模型

该模型的目标是对电网设备的健康状态进行全面评估。建模步骤涉及结合区块链等相关技术，通过工业互联网与设备供应商对接，获取设备的在线分析诊断结果。技术要点在于数据的安全传输与共享、评估指标体系的构建以及评估算法的选择与优化。该模型应用后，能够实时掌握设备的健康状态，及时发现并处理设备问题，提升设备的运行可靠性与使用寿命。

11.2.4 数字供应链模型

数字供应链建模包括供应链信息系统统一模型、物资智能调配模型、全链路监控预警模型、结构化辅助评审模型以及仓储移动作业模型，旨在通过数字化手段全面提升供应链的管理效率和运作水平。主要模型说明如下：

1. 物资智能调配模型

建模目标为实现物资的高效、精准调配。建模步骤包括整合GIS技术、智能算法和移动应用等技术，构建智能调配物资供应管理体系；设计供需匹配、物资装车、线路规划等智能推荐算法；开发全程可视、覆盖全网的物资智能调配应用。技术要点在于算法的优化与实时性，确保调配方案的准确性和时效性。该模型应用后，可显著提升物资供应时效，降低物流成本。

2. 全链路监控预警模型

此模型旨在实现对供应链全链条流程的实时监控与预警。建模时，需建立供应链业务处理效率、协同业务贯通性和核心绩效指标的监控体系；开发合规库和风险库，对合规和风险条款进行数字化量化；在供应链业务全过程中设置探针，及时发现异常与风险。技术要点在于监控预警的准确性和及时性，以及合规与风险条款的数字化处理。该模型应用后，可帮助管理者及时发现并处理供应链中的问题和风险，确保供应链的稳定运行。

3. 结构化辅助评审模型

该模型的目标是提高评标效率和准确性。建模步骤包括将供应商商务、技术投标文件等关键信息结构化；设计评审要素结构化参数和关联佐证材料；开发辅助评分规则自动得分运算系统。技术要点在于结构化处理和信息的自动匹配与运算。该模型应用后，可解放评审专家烦琐的评标过程，实现客观项自动化打分，提升评标效率和准确性，同时确保评标的公正性和透明度。

11.3　业务系统数字驱动实践

11.3.1　推动业务效率与质量提升

【实践案例】

案例：电网管理平台贯通业务全过程

1. 背景

电网管理平台围绕电网核心业务诉求，建设企业统一业务服务能力。以业务中台为核心重构平台架构，沉淀核心业务能力，为前台提供高复用服务支撑，前台反向推动业务中台发展。电网管理平台建设范围共涉及7大业务域：规划基建、安全生产、人力资源、财务管理、供应链、信息管理、综合管理。以资产为中心，全面采用资产全生命周期理念，固化策略、贯通业务、监控绩效、记录活动、存储数据、归集成本，通过业务上下游自然流转，带动数据共享互通，实现实物、价值、信息的三流合一。是国内首个在工业领域设计并实施落地了企业中台技术架构、首次运用全栈国产化技术的大型数字化系统。

2. 痛点分析

在电网管理中，存在多种核心痛点问题。如，账卡物不一致导致资产管理困难，影响了数据的准确性和管理效率；业财协同不足，项目费用和财务数据不一致，成本控制难度大，转资效率低；营配调业务协同不畅，影响了客户服务质量和停电事件的快速响应等。这些问题都亟待解决，以提升电网生产经营的整体效能。

3. 解决方案

电网管理平台是国内首个在工业领域设计并实施落地了企业中台技术架构、首次运用全栈国产化技术的大型数字化系统。系统以资产为中心，全面采用资产全生命周期理念，固化策略、贯通业务、监控绩效、记录活动、存储数据、归集成本，通过业务上下游自然流转，带动数据共享互通，实现实物、价值、信息的三流合一。利用数据流打通业务流、实物流、价值流，聚焦优化管理制度，再造业务流程，打通业务连接点，解决了业财协同不足、账卡物不一致、成本归集不完整、营配调业务协同不畅等核心痛点问题。电网管理平台架构图如图11-2所示。

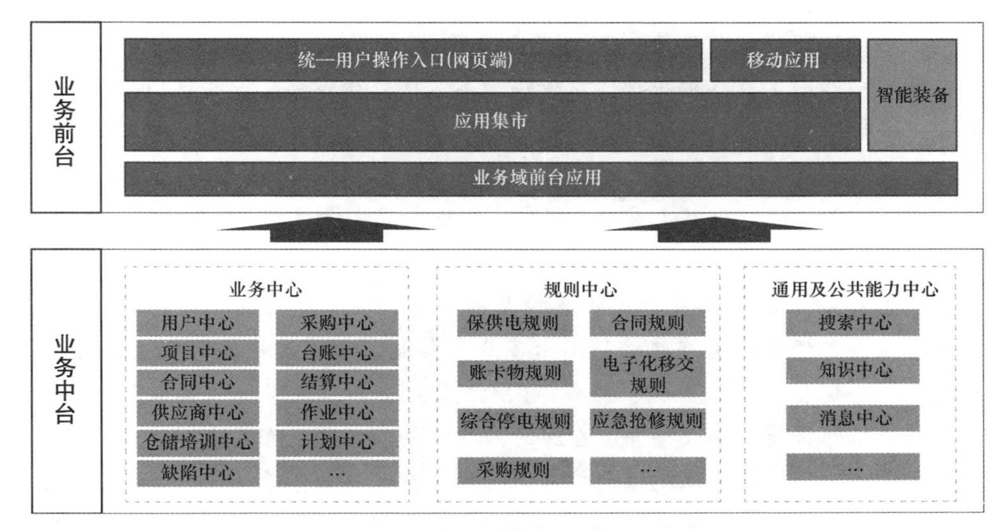

图 11-2　电网管理平台架构图

4. 应用效果

（1）实现账卡物一致：随着电力体制改革的深入推进，对账卡物管理提出更高的要求，采用“一个编码，一个模型，两个映射关系”的策略，构建电网资产级设备全流程数据互联互通体系，实现了资产台账、价值与实物信息全面匹配，有效解决账卡物一致的老大难问题。

（2）促进业财协同：以业财协同场景为例，基于实物 ID，依托电网管理平台，打通资产全生命周期各业务环节的业务流、实物流、价值流，实现付款申请只填一张单，决算转资一键生成固定资产卡片。解决项目费用和财务数据不一致，成本控制难，转资效率低等问题。

（3）推动营配调协同：通过打通营配调停电信息，构建停电信息池。对内，实现自动采集运行数据、智能研判停电事件，支撑快速复电。对外，与客户双向互动，多渠道自动发送停电信息及抢修信息，实现精准客服。

11.3.2　促进业务功能升级

【实践案例】

案例一：数字调度

1. 背景

电网系统传统调度方式存在信息不透明、数据不共享、业务分割等问题，导致运维效率低下，难以满足现代电网高效、智能、灵活的运行需求。

2. 痛点分析

传统电网调度方式中，物理设备信息未实现数字化上线，导致信息传输延迟大，数据准确性低；同时，各业务系统间数据孤岛现象严重，资源无法高效复用，运维人员需频繁切换不同系统，操作烦琐且效率低下；此外，缺乏统一的监控和调度平台，难以实现全局视角下的电网优化调度。

3. 解决方案

采用 OS2 智能远动及一体化测控关键技术，实现电网物理设备的信息数字化上线，并保证实时在线；研发出多业务集成、可灵活扩展的智能远动机，集成监控、保信、在线监测、计量、PMU 五大业务，实现统一集成和出口共享；通过组件转换、协议整合、在线的源端维护和订阅发布技术，实现主子站图形、模型、数据的一体化纵向贯通，为物理系统与业务系统的互动融合奠定基础；构建由运行服务总线（oracle service bus，OSB）、统一平台、运行驾驶舱三部分组成的数字调度体系，实现全局视角下的电网高效、智能调度。数字调度模型如图 11–3 所示。

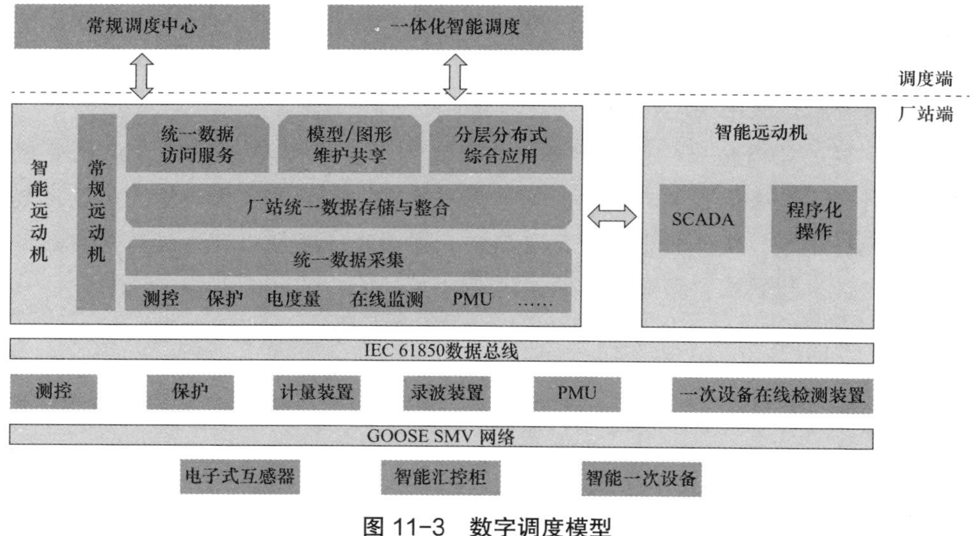

图 11–3 数字调度模型

4. 应用效果

数字调度技术的应用，实现了变电站源端模型、图形、数据资源在各主站间的高效复用，运维效率提升 3 倍以上；通过统一的监控和调度平台，运维人员能够实时掌握电网运行状态，快速响应故障，提升电网运行的安全性和可靠

性；同时，物理系统数字化的高效运转，为电网的智能化、精细化管理提供了有力支撑，推动了电网向更加高效、智能、绿色的方向发展。

案例二：分布式新能源精准调控

1. 背景

新型电力系统作为能源绿色低碳转型的核心支撑，亟须通过数字电网技术提升电网调度的智能化与精细化水平。分布式新能源的快速发展对电网稳定运行提出了更高要求，如何实现对其精准调控成为关键。

2. 痛点分析

分布式新能源的监控水平不足，数据采集不实时，出力预测不准确，导致电网调度难以精准决策。同时，源网荷储各环节信息不畅通，缺乏统一的数据平台与分析手段，影响电网状态的全感知与用电负荷的精细化预测。此外，负荷侧综合能源管理缺乏智能化手段，设备接入对电网的影响难以评估，负荷预测精度与新型电力负荷管理水平有待提升。

3. 解决方案

利用智能传感、物联网、云边融合等技术，增强对分布式新能源的监控，实时采集数据并结合环境气象信息进行出力预测。打通源网荷储各环节信息，依托南方电网公司智瞰平台实现电网状态全感知与用电负荷精细化预测。通过智能研判和预演设备接入影响，提高负荷预测精度与新型电力负荷管理水平，制定负荷侧设备用能等辅助决策方案。同时，推进建设“新型电力系统 + 地市级边缘集群”调度模式，实现分布式能源的数据接入与新型市场主体的调度管理。分布式新能源精准调控如图 11-4 所示。

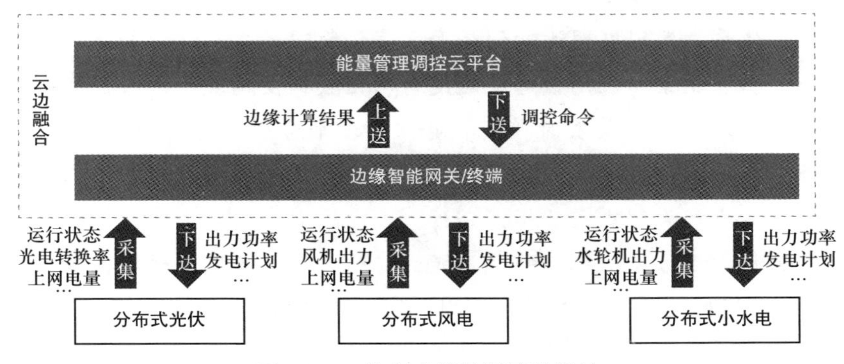

图 11-4　分布式新能源精准调控

4. 应用效果

实现分布式新能源的精准调控，提升可再生能源消纳能力；源网荷储深度融合，提高电网安全保障水平与系统综合效率；负荷侧综合能源管理智能化，推动负荷侧资源参与系统调节，实现多能互补与绿色低碳用能；地市级边缘集群调度模式的实现，为新型电力系统的直采直控与统一运行监控提供了有力支撑。

11.3.3　实现业务重构赋能

【实践案例】

案例：数字生产

1. 背景

数字生产作为数字电网的核心组成部分，旨在通过信息系统强化，推动物理系统与业务系统的深度交互融合。基于电网扩展 π 模型理论，数字生产致力于实现设备、生产运行技术与信息技术的全面整合，为电网的智能化、高效化运行提供坚实基础。

2. 痛点分析

在传统电网运行模式中，生产运行支持系统、电网管理平台与生产指挥应用之间往往存在信息孤岛，导致数据不互通、业务不协同。此外，设备监视与风险防控手段单一，难以实现对电网运行状态的全面、实时监控。同时，防灾减灾与生产指挥工作缺乏数字化辅助，效率低下，难以有效应对突发情况。

3. 解决方案

数字生产通过构建生产运行支持系统、电网管理平台与生产指挥应用三位一体的综合体系，实现电网运行的全面数字化管理。生产运行支持系统负责实时生产业务功能及生产应用，通过调度自动化数据主站直连方式，实时获取主配网信息，实现设备全景实时监视。电网管理平台则负责设备资产绩效评价、运行管理等多项工作，通过“电网一张图”实现拓扑连通与停电研判。生产指挥应用则支撑生产管理决策及指挥分析，实现防灾减灾与生产指挥的数字化辅助。此方案基于设备中心统一的“站线变户”关系，依托物联网技术，实现从0.4kV 到 500kV 网架的全面可观、可测，实现配电网的透明化管理。如图 11-5所示。

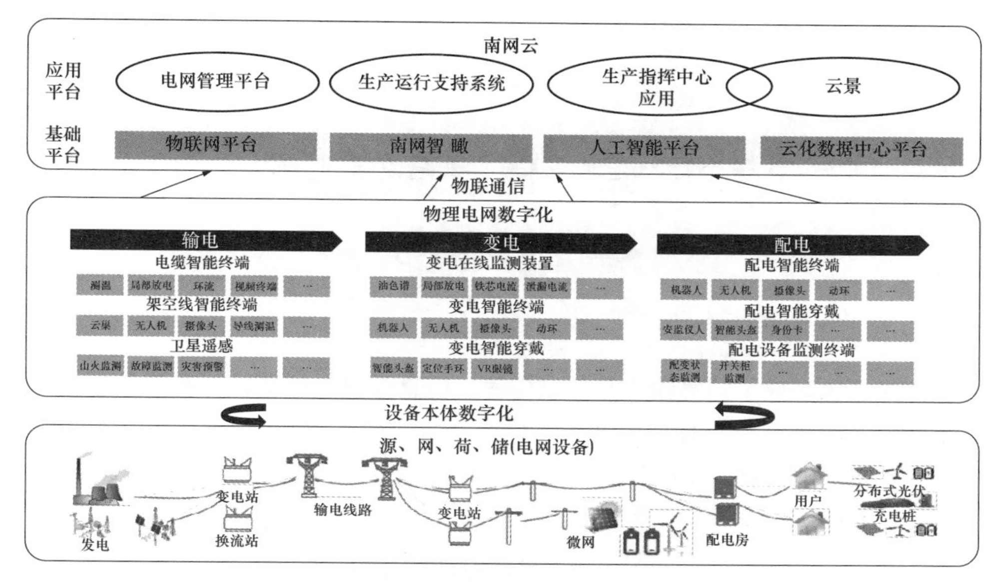

图 11-5　数字生产

4. 应用效果

数字生产的实施显著提升了电网运行的管理效率与安全性。设备实时监视与风险防控功能的强化，使得电网能够及时发现并处理设备故障，有效降低了运行风险。同时，通过“电网一张图”的实现，电网运行状态一目了然，为生产管理决策提供了有力支持。防灾减灾的数字化辅助提高了抢险救灾效率，最大限度地降低了灾害影响。生产指挥的数字化则提升了电网民生供电保障和重要活动保电协调的能力，确保了电网运行的稳定可靠。

第 12 章　信息系统实践

>>>

信息系统集成了信息输入、信息传输、信息存储、信息计算和信息输出等多重功能，实现电网全环节以及生产经营全过程的数字化映射。图 12–1 简要展示了数字电网信息系统的架构与运作流程。

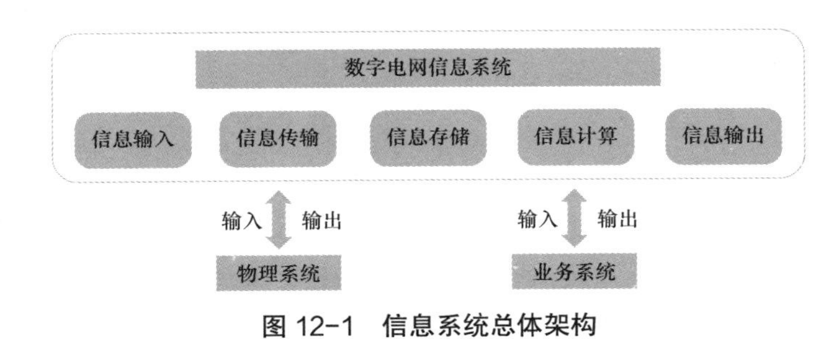

图 12–1　信息系统总体架构

12.1　信息系统架构实践

数字电网的信息系统在架构选择时，需基于多项关键要素进行全面评估，这些要素包括覆盖的地域范围、网络类型（局域网、广域网）、系统的复杂度、可扩展性的需求以及性能要求等。对于局域网而言，其架构选择需针对业务实际需求选择单层或多层架构；广域网由于地域覆盖广泛、设备众多，为确保系统的稳定性和高效性，通常采用多层架构。此外，单体架构较为简洁，适用于小型网络和简单业务场景；多层架构则结构复杂、功能丰富，更适用于大型网络和复杂业务环境。表 12–1 列出了数字电网的信息系统架构的分类。

表12-1 信息系统架构分类

网络类型	覆盖范围	单层架构	多层架构
局域网	一般限制在方圆几千米之内，常见办公室、学校、工厂等有限区域	单一的层次架构中，适用于小型应用程序和简单业务流程，网络规模较小	每一层可以独立部署，适用于大型网络，性能、可扩展性和可靠性更好
广域网	跨接较大物理范围，能够链接多个地区、城市、国家	—	可实现多层级、复杂业务、大范围的应用，适用网络规模较大、业务需求复杂、高可扩展性和灵活性场景

【实践案例】

案例：信息系统架构升级

1. 背景

南方电网公司原企业级管理系统基于SOA架构，实现了系统集成与数据共享。然而随着数字技术对产业现代化的驱动力增强，电网企业数字化转型对信息系统提出更高要求，SOA架构在可靠性、安全性和敏捷性等方面的局限日益明显。为满足公司业务转型需求，南方电网公司制定了“云、大、物、移、智”专项规划，推动架构向“云化+微服务”转型，构建了新一代数字化平台，并以底座数据中心实现全域数据实时汇聚与共享，为快速响应业务需求和支持敏捷迭代提供了坚实基础，这一架构升级是数字化转型和数字电网建设的重要支撑。

2. 痛点分析

在数字电网信息系统建设中，SOA在早期通过服务化解耦来提升业务系统的灵活性和集成能力，但其在实际应用过程中暴露了一些历史性痛点，阻碍了进一步的数字化转型和系统优化，具体痛点如下：

（1）基础资源利用效率低下。在传统SOA架构中，资源配置多为静态和集中式管理，导致在面对大规模、动态变化的业务需求时，无法实现灵活调配。尤其是在高并发或负载波动较大的场景下，系统的计算资源和存储资源难以得到最优分配，造成资源浪费或响应延迟。此外，传统SOA架构的基础设施往往无法充分利用云计算和虚拟化带来的弹性扩展优势，进一步降低了资源的使用效率。

（2）数据壁垒难以突破。虽然SOA架构强调服务的解耦，但在实际应用中，不同服务之间的数据格式和标准差异较大，导致跨系统、跨部门的数据共享困难。缺乏统一的标准和接口，造成不同业务系统的数据难以互通，甚至无法实现实时的跨部门数据交换。这种数据壁垒严重影响了业务系统的协同能力，也制约了数据的共享和价值最大化。

（3）信息孤岛难以打破。在传统SOA架构下，尽管服务之间实现了一定程度的解耦，但由于服务接口复杂、分布广泛，信息在不同业务单元和系统间流动受阻。各部门和系统之间的信息交换不畅，导致信息孤岛的出现。信息孤岛不仅阻碍了信息流动，也影响了跨部门协作与决策的高效性，增加了系统的维护难度和整合成本。

（4）系统扩展性和灵活性不足。尽管SOA设计初衷是为了提高系统的灵活性和可扩展性，但在实际落地过程中，许多系统仍存在着扩展困难的问题。特别是在面对业务量增长和技术更新的压力时，传统SOA架构往往无法有效应对快速变化的市场需求。系统架构的静态性使得扩展和升级变得复杂且成本高昂，影响了企业应对市场变化的速度和能力。

综上，传统SOA架构在面对数字化转型和智能化需求时，无法有效解决基础资源利用、数据共享、信息流动和系统灵活性等核心问题。因此，在数字电网信息系统的升级过程中，亟须向“云化＋微服务”架构进行过渡，以实现更高效的资源调度、更顺畅的数据流动、更深入的信息协同和更灵活的系统扩展能力，以适应快速变化的业务环境和技术需求。

3. 解决方案

（1）整体架构。

1）采用基于广域网的微服务架构风格，支持多租户多应用的运行模式。

2）架构分为前端展示层、API网关层、服务层、数据层和基础设施层。

3）前端展示层负责用户界面展示和交互；API网关层负责请求路由、身份验证和流量控制；服务层由多个微服务组成，每个微服务负责特定的业务逻辑；数据层负责数据存储和管理；基础设施层提供计算、网络和存储等基础资源。

（2）微服务设计。

1）每个微服务都遵循高内聚低耦合的原则，只关注特定的业务领域。

2）微服务之间通过轻量级的通信协议（如RESTful API、gRPC）进行交互。

3）采用容器化技术（如Docker）对微服务进行封装和管理，提高部署的灵活性和可移植性。

（3）运维管理。

1）建立完善的运维监控体系，对微服务的运行状态、性能指标、异常日志等进行实时监控和分析。

2）引入自动化运维工具（如Ansible、Kubernetes）实现微服务的自动化部署、升级和故障恢复。

3）建立应急响应机制，对突发事件进行快速响应和处理。

数字电网云化＋微服务架构案例具体如图12-2所示。

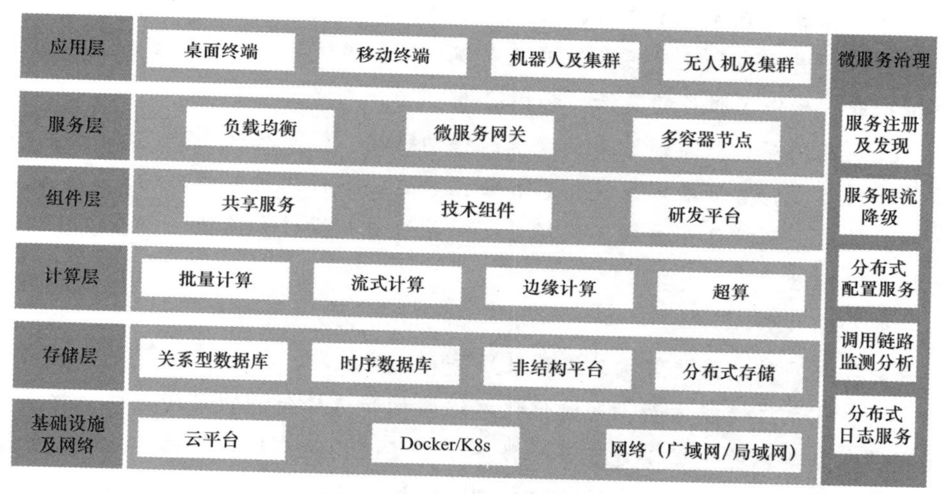

图12-2　云化＋微服务架构

数字电网云化＋微服务架构包含基础设施及网络、存储层、计算层、组件层、服务层、输出层，每部分包含内容如下：

（1）基础设施及网络。基础设施层提供了系统运行所需的基础资源，包括云平台、Docker/K8s容器化技术以及广域网/局域网等网络支持。这些基础设施的引入，不仅提升了系统的稳定性和可扩展性，还降低了运维成本，为系统的长期运行提供了坚实保障。

（2）存储层。存储层负责数据的存储和管理，通过关系型数据库、时序数据库、非结构平台以及分布式存储等多种存储方式，确保了数据的高效存储和查询。这一层通过数据备份、恢复和加密等安全措施，保障了数据的安全性和完整性。

（3）计算层。计算层支持多种计算方式，包括批量计算、流式计算、边缘计算以及高性能计算等，满足了不同场景下的计算需求。这一层通过高效的计算资源调度和算法优化，提升了数据处理速度和准确性，为系统的实时响应和决策提供了有力支持。

（4）组件层。组件层提供了一系列共享服务和技术组件，如研发平台、技术组件等，这些组件能够复用于不同的业务场景，有效提升了开发效率和系统稳定性。通过组件的标准化和模块化，降低了系统维护成本，加速了新业务功能的上线速度。

（5）服务层。服务层聚焦于服务的调度与管理，通过负载均衡、微服务架构以及多容器节点等技术手段，实现了系统的高可用性和可扩展性。微服务治理的引入，进一步细化了服务注册及发现、服务限流降级、分布式配置服务等关键功能，确保了服务的灵活性和稳定性。

（6）应用层。该层通过桌面终端、移动终端、机器人及集群、无人机及集群等多种方式，直观展示系统信息和数据。这些多样化的展示终端，不仅提升了用户体验，还便于用户在不同场景下对系统进行操作和监控，确保信息的实时性和准确性。

4. 应用成效

数字电网信息系统架构升级带来显著的应用效果，具体体现在：

（1）在系统性能方面，通过优化网络架构和选择合适的架构类型，数字电网能够在复杂环境中提供更高效的服务。多层架构的采用，能够在面对大量设备和复杂业务时，确保数据的快速处理和传输，从而提升整体系统的响应速度和处理能力。

（2）系统的灵活性显著增强。微服务架构的引入，使南方电网公司能够在多变的市场环境中快速调整和扩展业务。不同服务之间的低耦合性，允许开发团队独立工作，提高开发效率，并加快新功能的上线速度。

（3）通过分层架构的实施，数字电网的应用场景得到有效拓展。用户可以通过多种终端设备（如桌面端、移动端等）实现数字化应用，提升了用户的体验和满意度。同时，分层架构的明确划分，使得系统的管理和维护变得更加高效，为企业节省大量的人力和资源成本。

综上，通过针对性的问题分析与优化措施的实施，数字电网的信息系统架构不仅提升整体性能与灵活性，还为企业的数字化转型奠定了坚实的基础。

12.2 信息输入实践

信息输入是指用户或外部系统通过特定的接口或界面（如 API、HTTP、RPC、显示接口等）向计算机系统提供必要的数据、指令或信息（包括结构化与非结构化信息，如文本、数字、图像、音频等），以支持系统内部的处理、决策生成或结果输出的过程。图 12–3 展示了数字电网信息系统数字信息输入的流程与结构。

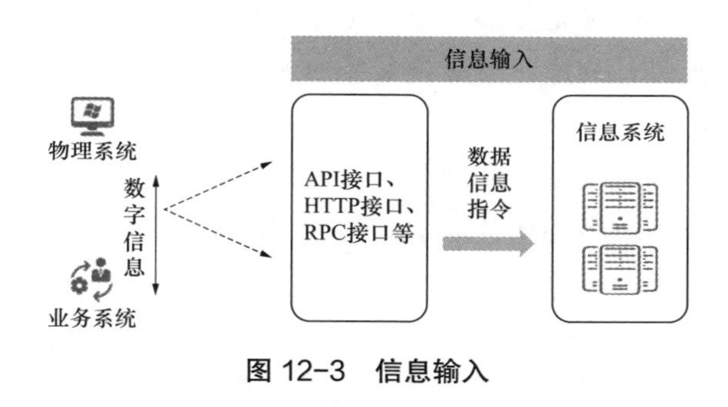

图 12–3　信息输入

【实践案例】

案例：物联网感知系统

1. 背景

物联网（IoT）和智能传感器技术的应用是数字电网系统中的重要组成部分。智能传感器装置作为数字电网的重要组成部分，能够自主检测并上报设备运行状态，推动设备管理向智能化发展。随着设备数量的不断增加，传统手段已难以满足设备健康状态的实时监测需求，智能传感器通过自动化的设备监控和状态评估，显著提升了管理效率。

2. 痛点分析

随着物联网技术的发展，传统电网在感知、监控和管理方面的局限性逐渐显现，导致电网运行中对设备故障的响应迟缓、能效管理不到位以及运维效率低下等问题，具体痛点如下：

（1）电网监控精度不足。传统的电网监控系统主要依靠人工巡视和定期检查，数据采集的精度和实时性相对较低，难以满足日益增长的电网管理需求。特别是对于电网的动态运行状态，传统方法无法实时捕捉电网的运行变动，导致对电网潜在故障的预警能力较弱。

（2）电网运行状态无法精准感知。传统电网系统缺乏足够的传感器和自动化设备，无法对电网各个环节的运行状态进行全面监测。尤其是对于远离中心区域的分布式电力设备、变电站等，传统设备存在布点不足、设备信息不完整等问题，导致电网运行的实时信息和状态反馈不全面，影响了电网的优化调度和故障响应。

（3）缺乏智能化分析与预警机制。传统电网管理系统更多依赖人工经验和历史数据，缺乏有效的智能化分析工具，无法根据实时采集到的数据快速、准确地进行异常检测、故障定位和预警。由于分析能力的局限性，电网系统经常面临应急响应速度慢、故障排除时间长等问题，严重影响电网的稳定运行和服务可靠性。

（4）散化管理和数据孤岛问题。电网系统的数据管理多为分散化管理，不同区域、不同类型的设备之间缺乏有效的数据共享和协同工作。传统的电网监控系统往往无法实现跨系统、跨区域的数据整合和分析，导致数据的有效性和时效性不足，难以支撑全面的智能化决策和调度需求。

（5）电力设备运行效率不高。在缺乏精确实时监控和优化调度的情况下，电网中许多设备未能得到最优运行，造成资源浪费和运行效率低下。此外，由于缺少智能调度系统，电网中的供需平衡和负荷调节存在滞后现象，无法实现精准负荷管理，影响了电网运行的高效性和稳定性。

3. 解决方案

在电力生产领域，电网企业对现有传感器进行改造与替换，通过融合传感器及嵌入式技术，研制出适应复杂情形的智能传感器。这些智能传感器能够实时、准确地感知电力在发电、输电、变电、配电、用电等生产过程中的关键数据信息，动态反映电力系统的实际运行状态，并通过边缘计算完成数据初步分析。同时，系统能够自动生成设备状态报告，并对潜在异常进行预警，确保设备运行的安全性。应用大数据分析模型，对传感器数据进行深度挖掘，帮助制定精准的设备运维策略。数字电网物联网感知系统的具体案例详见图 12–4。

该系统架构从数据源头到感知控制层，实现了数据的全面管理和应用。

（1）数据源头层。数据源头层是系统的数据源，包括生态应用等外部数据源、供应链 / 市场营销 / 办公等内部业务数据，以及传输变配、基建、安监等设备数据。这些数据为系统提供了丰富的数据源，支持系统的运行和发展。同时，数据源头层还具备数据预处理和清洗的能力，确保数据的准确性和可靠性。

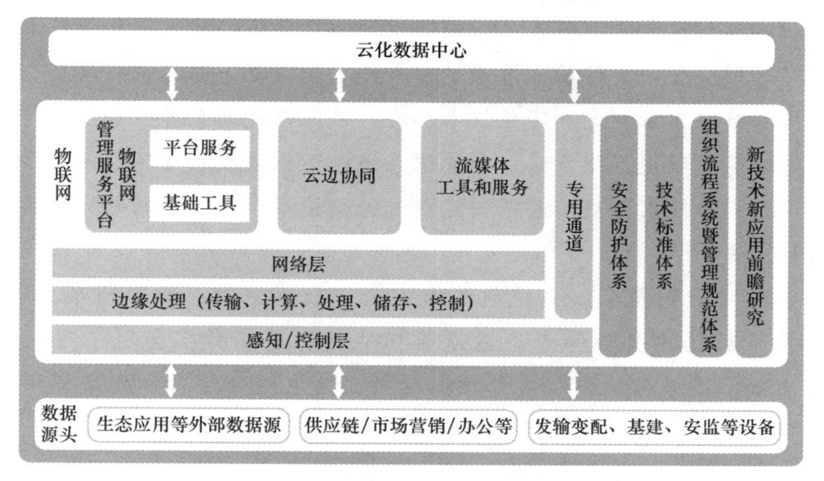

图 12-4　物联网感知系统案例

（2）网络层。网络层负责数据的传输和交换，确保数据能够高效、稳定地传输到云化数据中心。该层包括感知 / 控制层和边缘处理等模块。感知 / 控制层通过传感器和执行器等设备感知和控制系统，获取物理世界的数据并进行控制操作；边缘处理则在边缘端进行数据的传输、计算、处理和储存，减少数据传输的延迟和网络负担，提高系统的响应速度和效率。

（3）专用通道。专用通道是数据传输的通道，确保数据从数据源头层通过网络层传输到物联网层的稳定性和安全性。它采用专用的通信协议和加密技术，保障数据在传输过程中的安全性和完整性，为系统提供了可靠的数据传输保障。

（4）物联网层物联网层是系统的基础，负责数据的实时感知和传输。该层包括物联网管理服务平台、云边协同和流媒体工具和服务等模块。物联网管理服务平台提供平台服务和基础工具，支持物联网设备的管理和维护；云边协同实现云端和边缘端的协同工作，确保数据的一致性和实时性；流媒体工具和服务则提供流媒体相关的处理和应用，支持视频、音频等多媒体数据的实时传输和处理。

（5）云化数据中心。云化数据中心作为整个系统的核心，负责数据的集中存储、处理和分析。它接收来自物联网层的数据，通过强大的计算能力进行数据的清洗、整合和分析，为后续的决策提供有力支持。同时，云化数据中心还具备高可用性和可扩展性，确保系统能够稳定运行并适应未来的扩展需求。

（6）管理体系。管理体系为整个系统提供了理论基础和标准规范。它包括安全防护体系、技术标准体系、组织流程系统暨管理规范体系和新技术新应用前瞻研究等模块。安全防护体系通过安全技术和措施，保障系统的安全性和稳定性；技术标准体系制定和实施技术标准，确保系统的兼容性和互操作性；组织流程系统暨管理规范体系建立和管理系统的组织流程和管理规范，确保系统的有序运行；新技术新应用前瞻研究则进行新技术和新应用的研究，推动系统的创新和发展。

数字电网物联网感知系统架构通过云化数据中心、物联网层、网络层、研究体系、数据源头层和专用通道等模块的协同工作，实现了对电网数据的实时感知、高效传输、智能处理和分析，为电网的运行和发展提供了有力支持。

4. 应用成效

数字电网物联网感知系统的应用效果具体体现在：

（1）提升实时监测能力：智能传感器装置的引入使得设备的实时监测成为可能，提高了设备运行的透明度和故障预判能力。

（2）预警系统改善：系统具备强大的故障预警功能，能够主动识别异常并及时警报，确保管理人员快速响应，避免设备损坏与服务中断。

（3）优化数据整合：通过智能传感器的全面部署，设备间的数据共享和整合能力得到增强。系统能够整合多设备数据，形成统一视图，帮助管理人员从更广泛的角度分析设备，提升故障诊断和决策的科学性。

综上，数字电网物联网感知系统通过其先进的系统架构和智能传感器技术，为电力管理提供了全面、实时和智能化的解决方案，有效提升了电网的安全稳定运行水平。

12.3　信息传输实践

信息传输是指通过既定通信协议及传输媒介，在系统内部或系统之间，实现数据、指令等信息的节点间传输过程。信息系统传输通常涵盖接入网、数据网、传输网与卫星网四大部分，其核心功能在于网络接入与信息传输，为不同层级及设备间的互联互通提供关键支持。

数字电网的通信网作为电网运行的重要基石，支撑电网数据和信息在海量传感量测装置、智能终端、边缘计算装置、云端数字化平台等环节之间双向高效流通。信息系统传输如图 12–5 所示。

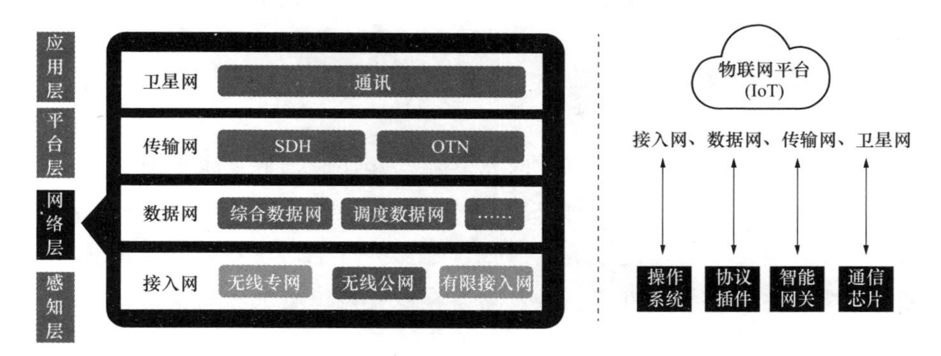

图12-5 信息系统传输

（1）接入网包括：无线专网通信、无线公网通信、电力载波通信、工业以太网、EPON网络等。目前，接入网主要以租用无线公网资源为主，随着电网的配电自动控制、用电信息采集、精准负荷控制等业务规模快速增长，清洁能源、电动汽车、分布式电源、智能家居等新业务、新应用日趋增多，对接入通信网的安全性、可靠性、实时性、泛在性、宽带化提出了更高要求，传统的无线公网通信、电力线载波、窄带无线系统已经难以满足要求。

随着智能技术和物联网技术的深度应用，接入网通信需求将会激增，因此在无线通信方面，重点加强RoLa无线专网、5G技术应用的建设，有线通信方面，促进宽带PLC通信设备应用，全面支撑输电线在线监测、机巡、低压集抄、低压监测、现场作业、电能计量，一、二级配网自动化等业务。

（2）数据网是基于IP技术承载在传输网上的数据通信网络，分为调度数据网和综合数据网。变电站设备在线监测数据通过调度数据网进行通信，变电站的环境、视频、安防等数据可通过综合数据网进行通信。

（3）传输网是由传输介质和传输设备两部分组成的网络。电力通信传输介质主要有光纤、无线电和输电线，分别对应于光通信、微波通信和电力线载波通信等方式。

（4）卫星网是由一个或数个通信卫星和指向卫星的若干地球站组成的通信网。采用卫星网络需要是应用于应急通信，未来以租用的方式进行应用。

【实践案例】

案例：接入网架构优化与应用

1. 背景

随着企业在数字化转型过程中对信息流动和实时性的要求不断提高，接入网在电网设备和终端之间的数据采集与传输中扮演着愈发重要的角色。接入网不仅决定了信息流的传输速度和实时性，也影响着电网设备的智能化管理。数字化转型需要更加高效和可靠的接入网络，以支持海量数据的快速传输和实时处理。

2. 痛点分析

在传统的电网管理中，接入网的构建常面临以下挑战：

（1）网络带宽和时延问题：电网中大量传感器和设备的数据传输往往受限于现有网络的带宽和时延，导致数据传输缓慢、实时性差，影响了电网的决策效率和调度响应。

（2）技术不匹配：不同的电力设备和终端对接入网的要求不同，部分设备需要高带宽和低时延的连接，而另一些则对功耗要求较高，但传统的接入网往往无法满足这些多样化的需求。

（3）网络资源浪费：由于电网中应用场景复杂，往往存在对带宽过度分配或网络冗余等问题，造成了网络资源的浪费，影响了网络的整体效率。

3. 解决方案

基于无线专网、5G通信及网络切片技术，打造了一个高度异构融合的接入网架构。这个架构能有效提升数字电网的接入能力，保障数据的高速传输和实时性，具体方案如下：

（1）无线接入网扩展。根据电网业务的不同需求，南方电网规划了两阶段的接入网建设方案。

1）现有技术适配方案：为满足电网不同业务的带宽和实时性需求，南方电网在“最后一公里”无线接入中采用了多种技术适配方案。这些方案包括LTE无线专网、5G无线专网、可信WiFi接入网和LPWAN接入网，能够灵活应对不同业务场景的要求。重点支持对高带宽、大连接、移动性要求较高的业务需求，保证电网的稳定运行和高效数据传输。

2）5G网络全面部署：随着5G技术的发展，南方电网将在全面部署5G网络后，采取自建5G网络或租赁运营商网络的方式，构建一个全实时、高带宽、低时延的无线接入网络。该网络将支持大规模物联网设备的接

入，并能够为高带宽、低时延的电网业务提供保障，确保网络的稳定性和高效性。

（2）接入网的异构融合。推动电力专网、5G 网络与物联网设备之间的融合，建立广泛覆盖的异构接入网架构，确保设备无缝接入网络，保证信息流的高效流转与实时传输。跨技术融合与互联互通：南方电网通过结合 LTE、5G、LPWAN 等多种通信技术，打造了一个异构融合的接入网架构，支持各类终端和设备的高效接入。该架构为不同场景下的电力设备、智能传感器等提供了灵活的接入方式，确保数据的顺畅流动和实时传输，提升了电网的智能化水平。

1）业务层次化隔离与优化：借助网络切片技术，南方电网对不同业务进行了隔离和优化。关键业务如生产调度、故障检测优先保障网络的高带宽和低延迟，而低功耗设备等非关键业务则采用适合的接入技术。通过这种方式，确保网络资源的高效利用和各类业务的优化支持。

2）智能化设备接入与数据采集：南方电网根据设备类型选择合适的接入方式，实现对智能设备、传感器等的实时数据采集。高带宽设备使用 5G 网络或 LTE 专网，低功耗设备使用 LPWAN 技术，满足不同设备的数据传输需求，保障电网设备的智能化管理。

4. 应用成效

通过接入网架构优化及异构技术融合与灵活部署，带来了显著的应用成效：

（1）数据传输效率提升：通过异构接入网的建设，电网数据的采集与传输效率大幅提升。高带宽和低延迟的接入技术使得电网能够实时传输海量设备数据，确保了信息流的快速流通和电网操作的实时性。

（2）支持智能化调度与决策：接入网的优化为电网的智能化调度提供了强有力的支持。通过实时的数据采集和传输，电网能够快速响应负荷波动和设备状态变化，提升了调度效率和电网的自适应能力。

（3）设备接入与互联互通增强：不同类型设备通过异构接入网成功接入电网系统，满足了不同业务场景对接入网的多样化需求。智能设备、传感器等的高效接入，使电网更加智能化，并提高了设备管理和维护的效率。

（4）资源优化与成本控制：通过网络切片技术的应用，南方电网能够实现对网络资源的精细化管理，不同业务根据需求分配网络带宽，避免了资源浪费并提升了网络资源的使用效率。

12.4　信息处理实践

信息处理是指对各类数字信息（结构化数据、非结构化数据如文本、图像、声音等）进行有序、系统的安全存储、精确处理、深入分析以及直观展示的一整套规范化流程，如图 12-6 所示。目的是提取有价值的信息，支持系统的决策、控制、优化和管理等任务。

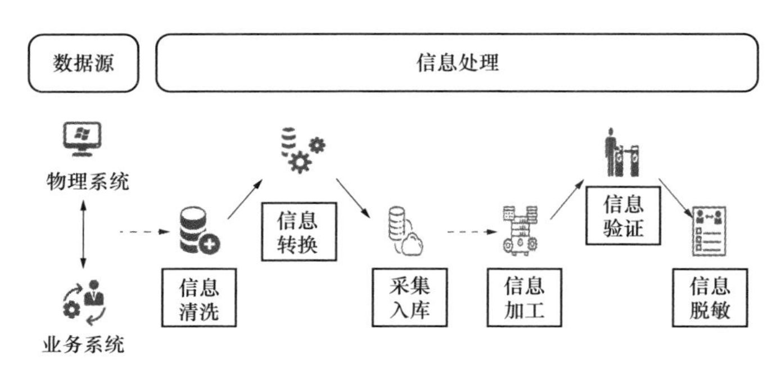

图 12-6　信息处理

随着数字电网的不断发展，信息系统处理能力和智能化水平成为提升电力系统效率与可靠性的关键。在现代数字电网的架构中，通信网络、数据处理能力和智能应用层次之间的协同作用至关重要。接下来本节将从物理网络层、数据处理与存储层、应用与服务层三个关键维度，探讨接入网、大数据和人工智能在数字电网中的应用与升级。

接入网在物理网络层的作用，决定了信息流的高速传输与实时性，尤其是在电网设备和终端之间的数据采集与传输中，接入网的优化直接影响数据的实时性和可靠性。

大数据作为数据处理与存储层的核心，承载着海量电力数据的存储与分析，借助大数据技术，电网能够实现更加精准的负荷预测、故障诊断以及资源调度等智能化决策。

人工智能则作为应用与服务层的智能引擎，帮助电网实现自我学习、自适应和自我优化，推动电力生产、传输、分配以及消费的智能化管理。

通过四个案例详细阐述数字电网在通信架构的各个环节中如何应用这些技术，提升电网的数字化、智能化、可持续发展能力。

【实践案例】

案例一：数字电网系统数据共享

1. 背景

国企向社会共享数据的必要性主要体现在以下几个方面：

（1）从国家角度来看，数据共享有助于提升国家治理能力和水平。通过共享国企的数据资源，国家可以更加全面地了解经济运行状况，为政策制定提供科学依据，优化资源配置，推动经济社会持续健康发展。

（2）从社会角度来看，数据共享能够促进社会创新和协同发展。国企拥有大量宝贵的数据资源，这些数据资源的共享能够激发社会创新活力，推动各行业协同发展，提高社会整体效率和效益。

（3）从国企自身角度来看，数据共享也是其履行社会责任、提升品牌形象的重要途径。通过向社会共享数据，国企可以展示其开放、透明的态度，增强公众对其的信任和认可，从而为其长期发展奠定良好基础。

2. 痛点分析

国企数据向社会、政府共享的痛点主要体现在以下几个方面：

（1）数据孤岛现象严重：由于历史原因和技术限制，国企之间以及国企与政府之间的数据往往存在孤岛现象，难以实现有效共享和利用。

（2）数据安全和隐私保护问题：数据共享过程中，如何确保数据的安全性和隐私性是一个重要挑战。一旦数据泄露或被滥用，将可能给个人、企业和社会带来严重后果。

（3）数据质量和标准不统一：由于数据来源多样、格式各异，数据质量和标准往往不统一，这给数据共享和利用带来了很大困难。

3. 解决方案

制定以下应用方案：

（1）数据源整合与共享：通过ETL、Kafka等工具将智慧运营大区、生产大区、电网调控平台等多个数据源的数据进行整合，并实时传输至智慧能源数据云平台。同时，实现数据源App之间的交互，增强数据的灵活性和可用性。

（2）数据处理与分析：在数据中心，通过CDC（Kafka）技术将数据进一步传输至大数据平台进行处理和分析。利用大数据算法和模型，挖掘数据价值，为决策提供支持。

（3）数据对内共享与服务：将处理后的数据通过专线与战略运行管控平台、生产指挥调度平台等多个系统进行连接，实现数据的无缝共享和实时服务。这有助于提高国企内部各部门的协同效率和决策水平。

（4）数据对外开放与交互：通过专线与省应急厅、省政务数据局等外部机构进行交互，实现信息的广泛共享和高效利用。这有助于提升国企的社会影响力和公信力。

数字电网系统数据共享如图 12-7 所示。

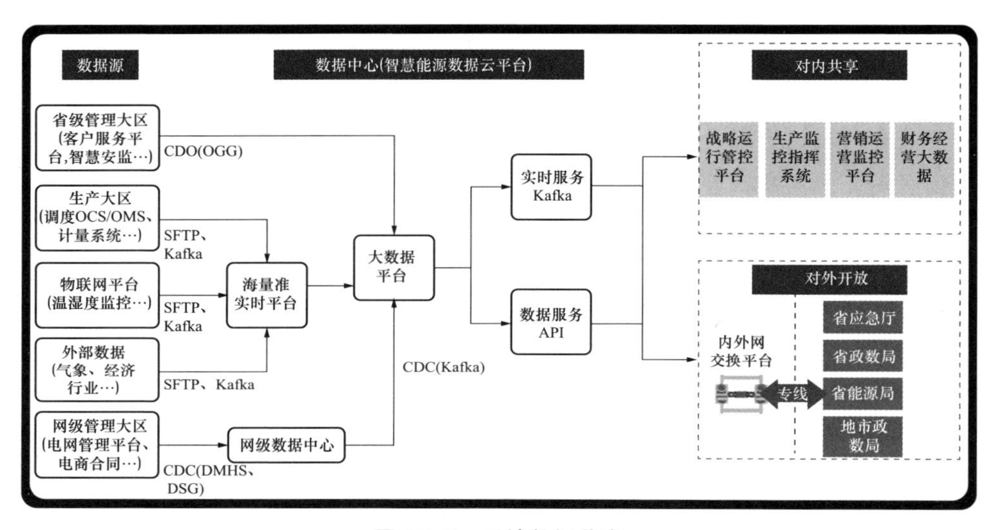

图 12-7　系统数据共享

架构图中各元素的作用如下：

（1）数据源：提供原始数据，是数据共享的基础。

（2）ETL、Kafka 等工具：实现数据的整合、传输和交互，确保数据的准确性和时效性。

（3）智慧能源数据云平台：作为数据中心的核心，负责数据的汇聚、存储和处理。

（4）CDC（Kafka）技术：实现数据的实时传输和流通，提高数据的利用价值。

（5）大数据平台：进行数据处理和分析，挖掘数据价值。

（6）内部系统（如战略运行管控平台、生产指挥调度平台等）：接收并利用共享数据，提高协同效率和决策水平。

（7）外部机构（如省应急厅、省政务数据局等）：通过与国企的数据交互，实现信息的共享和利用。

4. 应用成效

（1）提高了数据利用效率：通过数据共享，打破了数据孤岛现象，实现了数据的高效利用。各部门和外部机构可以更加便捷地获取所需数据，提高了工作效率和决策水平。

（2）增强了数据安全和隐私保护：在数据共享过程中，采取了严格的安全措施和隐私保护机制，确保了数据的安全性和隐私性。这有助于建立公众对国企的信任和认可。

（3）促进了社会创新和协同发展：数据共享激发了社会创新活力，推动了各行业协同发展。通过利用共享数据，各行业可以更加深入地了解市场需求和运行状况，为创新发展提供有力支持。

（4）提升了国企品牌形象和社会影响力：通过向社会共享数据，国企展示了其开放、透明的态度，增强了公众对其的信任和认可。这有助于提升国企的品牌形象和社会影响力，为其长期发展奠定良好基础。

案例二：大数据处理与存储层应用

1. 背景

随着数字电网的建设不断推进，大数据技术成为提升电网智能化、可靠性和管理效率的核心驱动力。然而，数字电网所生成的数据量急剧增加，如何高效、可靠地处理和存储这些海量数据，成为面临的重要挑战。数字电网不仅包含大规模的监控数据、传感器数据、运营数据，还涵盖了丰富的业务数据，这些数据需要在大数据技术支持下进行快速分析和处理，从而提升电网管理的智能化、精准化水平。

2. 痛点分析

尽管数字电网在提升电力管理水平上取得了显著进展，但在数据处理与存储层面，仍然面临一些历史性的痛点，主要包括：

（1）数据孤岛与信息不对称：电网各个环节的数据源分散，缺乏统一的集成平台，导致数据未能有效流通与共享，形成了信息孤岛。在大数据环境下，这种碎片化的数据结构更加凸显了系统间协同的困难。

（2）大数据实时处理瓶颈：随着实时监控数据和调度数据量的增大，传统的数据存储和处理方式无法满足大数据环境下的高实时性要求，导致响应速度和决策时效受到限制，电网的调度决策不够灵活和精准。

（3）存储与计算资源紧张：大数据时代下，电网数据的规模急剧膨胀，给传统存储系统和计算能力带来了巨大的压力。电网数据涉及的时序数据、传感器数据、监控数据等需要海量的存储空间，且要求能够高效读取和计算，传统的存储方式难以满足这一需求。

（4）数据质量参差不齐：大量来自不同来源、格式各异的数据可能会遭遇丢失、误差、重复等问题，导致大数据分析结果不可靠，影响电网的决策质量。

3. 解决方案

针对上述痛点，数字南方电网公司提出了以下数据处理与存储层的应用方案，致力于通过先进的大数据技术提升电网的数据处理能力和存储效率：

（1）统一的大数据平台。构建一个集成的大数据处理平台，通过数据湖（data lake）与数据仓库（data warehouse）相结合，实现海量数据的统一存储、处理与管理。平台采用高效的分布式存储与计算架构（如 Hadoop 和 Spark），使得数据能够在多个系统和部门之间流动并得到综合分析。

（2）实时大数据处理框架。应用流数据处理技术（如 Apache Kafka、Flink 等）对电网的实时监控数据进行处理，确保数据能够以毫秒级的速度流转和处理，提高电网的实时调度和响应能力。这种实时数据处理框架能够支持对故障、设备状态和电力负荷等重要指标进行实时监测与分析，助力决策者及时应对电网变化。

（3）智能数据质量管理。结合大数据分析与机器学习技术，建立智能化的数据清洗与修复机制，自动识别和纠正数据中的异常、缺失和错误，提高数据的可靠性和质量。这对于电网大数据分析的准确性和决策效果至关重要。

（4）分层存储与大数据优化。通过冷热数据分层存储和大数据压缩技术，优化数据存储成本。频繁访问的实时数据采用高速存储，而历史性数据或不常用的数据则存储在低成本的冷存储中，进一步提高存储效率和降低存储开销。

4. 应用成效

通过全面实施大数据技术，数字电网在数据处理与存储方面取得了显著的成效，特别是在提升电网智能化管理、优化决策效率和降低成本方面，成效显著：

（1）打破数据孤岛，提升协同效率：统一的大数据平台使得不同部门和系统间的数据得到了共享与融合，信息流通更加顺畅，提升了各环节的协同效率和决策效果。

（2）实时数据处理能力提升：借助实时大数据处理技术，电网的实时监控数据处理和调度决策反应速度大幅提升，能够实现更快速、精确的调度决策，

保障电网的稳定运行。

（3）存储成本显著降低：采用冷热数据分层存储后，存储成本得到有效优化。高效的数据存储与处理技术使得数据访问速度和存储效能得到了显著提升，电网运营的成本得到压缩。

（4）数据质量得到保障：智能化的数据质量管理系统确保了电网大数据的准确性与可靠性，提高了分析和预测的准确度，优化了电网的运行和调度决策。

案例三：人工智能平台建设与应用

1. 背景

随着全球电力行业的转型与智能化进程的推进，人工智能技术作为一种高效、智能的数据处理与决策支持手段，已逐渐成为电网转型的核心技术之一。南方电网为提升电网的自适应能力、自动化水平及智能化管理，建设了人工智能平台。

2. 痛点分析

在传统电力系统中，由于存在数据处理、决策支持以及实时调度等方面的诸多局限，电网运行中常常出现以下几方面的痛点：

（1）运行调度滞后与效率低下：传统的电网调度和管理方式通常依赖人工干预，无法快速响应电网的运行状态变化。面对日益复杂的电力需求与复杂的负荷波动，传统调度方式容易出现不及时或不精准的情况，影响电网的稳定性和运行效率。

（2）缺乏实时监控与自适应能力：虽然传统电网具备一定的监控手段，但由于缺乏高效的智能化处理平台，电网的实时监控系统在应对复杂的电力流动、负荷变化以及突发情况时，往往难以提供准确、及时的决策支持。

（3）预测与优化能力有限：电力生产和消费过程中的复杂性、随机性和动态变化使得传统的预测与优化方法难以满足电网运行管理的要求，导致资源配置不精准，浪费和风险增加。

3. 解决方案

打造人工智能平台，构建规划域、生产域、营销域、企业管理域等数字电网业务系统的算法组件，拓展跨媒体混合现实交互能力，扩展平台训练和推理的算力资源，全面推进算力算法的自主可控，建立外网平台，支撑面向外网的人工智能大赛以及越来越多的外网调用需求，全面提升算法算力生态的实用化。自主可控的算法平台建设案例如图 12-8 所示。

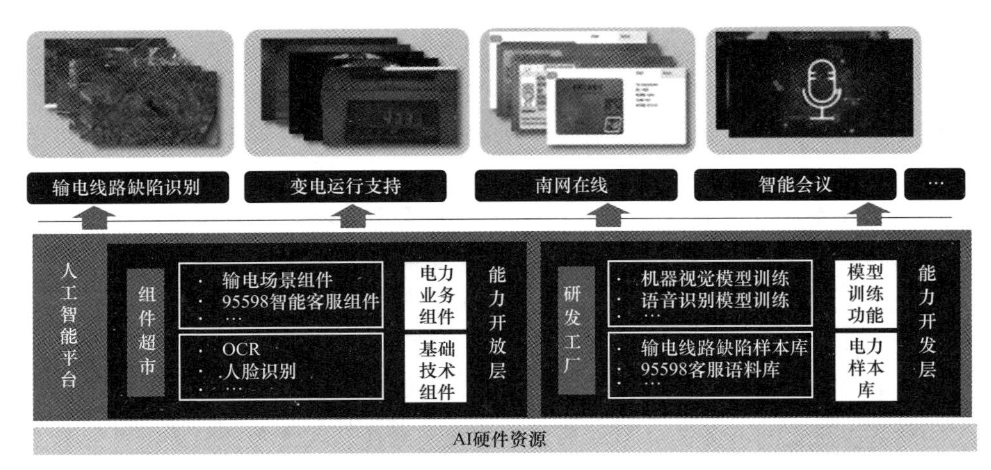

图 12-8　自主可控的算法平台建设案例

（1）组件超市。

1）电力业务组件：组件专门针对电力行业的业务需求而设计，包括电力设备监控、故障预测、能耗管理等功能，旨在提高电力业务的智能化水平。

2）基础技术组件：组件提供通用的技术功能，如数据处理、算法模型、图像识别等，为电力业务组件和其他系统应用提供基础技术支持。

（2）研发工厂。

1）模型训练功能：研发工厂的核心能力之一，负责训练和优化各种 AI 模型，以确保它们在实际应用中能够达到高性能和准确性。

2）电力样本库：数据样本库包含大量的电力行业数据样本，用于训练和验证 AI 模型。通过不断丰富和更新样本库，可以提高模型的泛化能力和适应性。

3）平台支撑的系统应用。

输电线路缺陷识别：利用 AI 技术对输电线路进行智能巡检，自动识别缺陷和隐患，提高巡检效率和准确性。

4）变电运行支持：通过 AI 算法对变电站设备进行实时监控和预警，及时发现并处理潜在问题，保障变电站的安全稳定运行。

5）南方电网公司在线：为南方电网公司在线提供 AI 组件服务，如 OCR（optical character recognition）、自然语音识别等。

智能会议：利用 AI 技术实现会议的智能化管理，包括语音识别、会议记录、智能提醒等功能，提高会议效率和质量。

4. 应用成效

南方电网人工智能平台分为多个层级，涵盖了从数据采集、处理、分析到决策支持的完整流程。通过平台的建设，电网能够实现以下智能化应用：

（1）智能调度与优化：通过人工智能算法，平台能够分析电网运行状态，预测负荷变化和生产需求，自动优化电网调度，确保电力资源的合理配置和电网的高效运行。

（2）自适应与自我优化：平台不仅可以实时调整电网运行策略，还能够通过机器学习和优化算法对系统进行自我学习和优化，提升电网在各种复杂场景下的应对能力和稳定性。

（3）决策支持与智能预测：平台利用先进的机器学习和深度学习算法，帮助电网在负荷预测、电力生产调度、故障检测等领域提供智能决策支持，并提高预测的准确性与时效性。

案例四：企业级中台

1. 背景

随着信息技术的飞速发展和业务模式的复杂化，企业面临着如何在保证业务稳定的同时，提高运营效率、缩短响应时间和强化创新能力的挑战。传统的IT架构和业务管理模式已无法满足快速变化的市场需求和跨部门协同的需求，尤其是在业务数据的共享、处理、响应速度以及跨业务领域的协同方面存在较大瓶颈。

2. 痛点分析

（1）业务协同与效率低下：由于各部门的系统和数据存在割裂，跨部门的业务协作往往困难重重，导致信息传递缓慢、决策迟缓。

（2）数据孤岛与信息不畅：企业内部的数据未能高效共享，数据的流动性差，导致业务决策缺乏及时的支持和准确的数据基础。

（3）流程复杂与低效：业务流程中重复性高，复杂的流程设计和多个业务系统之间的重复工作加重了管理负担，导致响应速度迟缓。

（4）新需求响应慢：面对新的业务需求或市场变化，传统架构难以支持快速响应和灵活扩展，企业在开发新业务和快速构建应用时缺乏有效的技术支撑。

3. 解决方案

打造企业级中台，以算力为基础，上承业务、下连算元和算法，以设备、客户、项目、合同、用户、员工、财务类、归档、业务伙伴等服务为核心，实现业务、数据、技术、安全能力的标准化和服务化，结合中台运营和服务治理，有效提升服务复用度，打通并连接前台需求与后台资源，推动业务与 IT 融合，有效弥补“创新驱动快速变化的前台”和“技术驱动稳定可靠的后台”之间的矛盾。如图 12-9 所示。

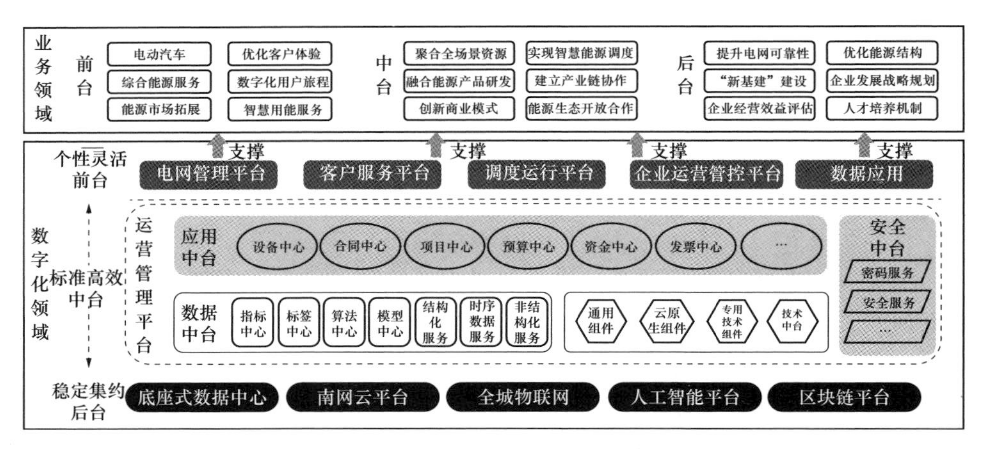

图 12-9 企业级中台建设蓝图

企业级中台能力从应用、数据、技术和安全四个方面提供服务价值。

（1）应用中台。

1）服务化架构：采用微服务架构，业务模块（如设备管理、合同管理、客户管理等）通过标准化服务进行共享，降低业务应用开发的复杂性。

2）业务共享服务：核心业务如财务、客户、项目、设备等统一纳入业务中台，通过 API 网关为不同部门和系统提供服务访问，支持跨业务领域的业务协同和数据共享。

（2）数据中台。

1）数据湖架构：构建数据湖，将结构化数据、半结构化数据和非结构化数据统一存储，支持数据的高效处理和分析。

2）数据治理和质量管理：通过数据治理工具保证数据的质量，提升数据的准确性与一致性，避免重复性工作，提高数据应用的可靠性。

3）实时数据处理与分析：使用大数据平台（如 Hadoop、Spark）进行数据流的实时处理，通过实时数据分析，快速为业务决策提供支持。

（3）技术中台。

1）标准化技术组件库：开发通用技术组件，如身份认证、支付、消息通知、工作流等，支撑业务系统的快速构建。

2）人工智能与大数据技术：建设数据分析、人工智能组件（如机器学习、数据挖掘），为业务中台提供智能化支持，帮助快速决策。

（4）安全中台。

1）统一身份认证系统：建设基于角色的统一身份认证系统，实现跨平台、跨业务系统的身份管理，确保数据安全。

2）数据加密与隐私保护：采用数据加密、数据脱敏等技术手段，确保敏感数据的安全性，保护用户隐私。

4. 应用成效

通过企业级中台的建设，南方电网在推动数字化转型的过程中，能够更高效地实现业务和数据的整合、快速响应市场变化，并在提升运营效率的同时，推动公司创新能力的提升。中台的建设不仅改善了内部的业务流程，也为外部客户提供了更加高效和灵活的服务支持。具体成效如下：

（1）跨业务协同的实现：企业级中台实现了业务流程和数据的贯通，确保数据一致性并提升了跨业务协同的效率。中台通过统一服务的调用，不仅提高了数据共享度，还促进了跨部门、跨业务场景的深度协作。

（2）业务流程的持续优化：通过标准化的服务接口和模块化的设计，多个业务流程得到了优化与简化，减少流程中的冗余环节，使得跨业务操作更加高效、敏捷。多个业务活动通过统一的服务支撑，得以顺利合并和协同操作，提升了整体流程的效率。

（3）快速响应新业务需求：企业级中台大幅提升了新需求响应的速度和灵活性。通过标准共享服务，企业可以快速开发和部署新业务应用，显著缩短从需求到应用交付的周期。

（4）提高了服务复用率与资源利用率：通过共享服务的建设，企业级中台有效避免了重复建设，提升了各业务模块和系统的复用性。技术组件和业务模块的共享使得资源得到了最大化地利用，企业能够快速响应不同业务场景的需求，进一步优化了资源配置。

12.5 信息输出实践

数字电网系统数字信息输出，是通过一系列方式（显示、打印、传输）将结果或信息准确、有效地传递给外部用户或系统的过程。信息系统的输出形式如图 12-10 所示。

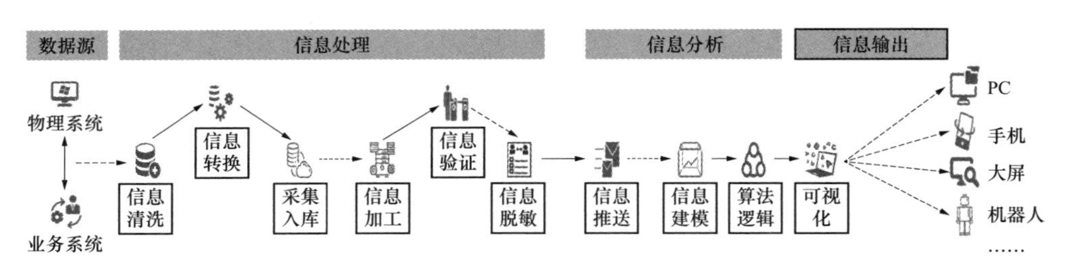

图 12-10　信息输出

【实践案例】

案例：数字化运营管控平台

1. 背景

在面临日益复杂的运营环境和数据增长压力时，迫切需要一套全面、高效、智能化的运营监控系统，能够实时掌握企业各个层面的业务状态、优化决策过程，并且能进行及时的风险预警和管控。

2. 痛点分析

（1）业务监控局限性：传统管理方式无法提供跨层级、跨区域的实时数据分析和业务监控，导致部分业务问题未能及时发现和处理。

（2）决策支持不足：缺乏智能化的决策支持系统，依赖人工判断进行业务优化，难以应对快速变化的市场需求和公司运营的复杂性。

（3）数据管理滞后：由于业务数据存储在多个分散系统中，难以汇总分析，导致公司无法有效利用数据进行全面监控和预测。

3. 解决方案

打造数字化运营管控平台，加强数字化运营监控，实现业务数字化及 IT 数字化“穿透式”展示，为数字化建设优化和策略制定提供参考，支撑业务全景监视和 IT 数字化全景监控。该平台整合了云计算、大数据、人工智能等技术，致力于为公司提供全方位、全流程的运营监控和智能化决策支持。云景数字化运营管控平台如图 12-11 所示。

面向决策层、管理层，聚焦“网、省、地、县、所”五级穿透和作业级实时触达，打造数字化用户行为分析、应用全生命周期监测、IT 资源经济性运营等重要主题场景，实现对公司运营数字化的全方位多层级监控，持续沉淀、展示、提升公司数字化转型成效，驱动业务用数据说话、用数据决策、用数据管理、用数据创新，构建“全景看、全息判、全维算、全程控”数字化运营新生态。

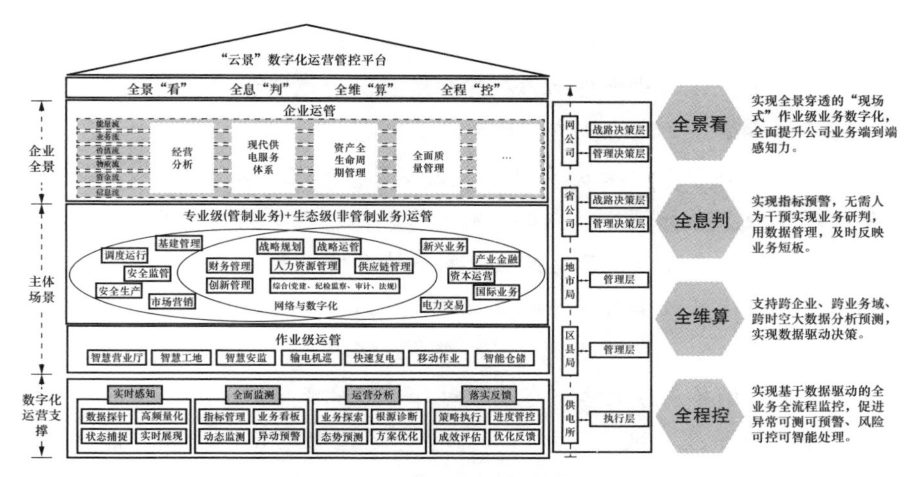

图 12-11 云景数字化运营管控平台

全景看：以业务数字化运营监测为核心，面向决策层、管理层，打通宏观指标和微观数据，横向到边跨越管制业务和非管制业务全域，纵向到底贯穿"网、省、地、县、所"，并且拓展至能源产业链上下游，实现全景穿透的"现场式"作业级业务数字化，全面提升公司业务端到端感知力。

全息判：以数据"全汇聚"为基础，梳理业务场景，提炼业务逻辑，整合业务规则，针对各业务领域数字化运营情况，依靠算力、算法自动化实现指标预警，无需人为干预实现业务研判，用数据管理，及时反映业务短板，为业务优化提供科学依据。

全维算：以流程"全贯通"为基础，以大数据、人工智能、数字孪生等技术为支撑，打造智能引擎，支持跨企业、跨业务域、跨时空大数据分析预测；实时预判公司经营活动变化，提出最佳应对策略，实现数据驱动决策，提升管理决策科学性。

全程控：以"数智赋能"为支撑，全面提升业务的自动化、智能化水平，推动业务问题从事后处理逐步转为事前管控，实现基于数据驱动的全业务全流程监控，确保异常可测可预警、风险可控可智能处理。

4. 应用成效

云景数字化运营管控平台不仅为公司提供了全方位、多层次的运营监控和决策支持，更通过智能化的业务优化与自动化管理，助力公司在数字化转型的道路上实现了跨越式发展。

（1）增强了全方位业务监控能力：云景平台实现了对南方电网所有业务

领域的全面、全景式监控，特别是在“网、省、地、县、所”五级穿透的基础上，提升了公司整体的业务感知力和响应速度。通过平台的实时监控，管理层能够及时了解各业务领域的状态，快速做出决策。

（2）智能化预警与精准决策：平台通过数据的全汇聚和业务逻辑的整合，自动化实现了业务指标预警。决策层不再依赖传统人工判断，而是通过数据驱动的智能化决策，显著提高了决策的效率与精准性。

（3）提升了运营效率与资源配置优化：通过“全维算”能力，平台能够实时监控并优化资源配置，提升了公司的整体运营效率。智能预测和决策支持系统帮助公司及时调整业务策略，有效应对外部环境变化。

（4）全流程管控与风险可控：云景平台通过自动化监控和智能化控制系统，使业务运营中的风险得到有效管控。异常状况得到了及时预警和自动化处理，降低了业务运营中的潜在风险。

第 13 章　数字电网核心标准

>>>

数字电网核心标准是指保障数字电网物理系统、信息系统、业务系统核心业务运作的标准，具备普适性、重要性、战略性、安全性等特征，包括以下内涵：

普适性：一是技术适用性强，在发输变配用调某一环节中起统领作用；二是基础通用性强，提出技术领域架构或者通用技术要求，跨专业技术领域；三是业务适应性强，涵盖生命周期业务规划、建设、验收、运维等多个环节；四是环境适应性强，对地域等环境因素限定较少。

重要性：电网核心设备开展关键业务的标准，直接影响数字电网技术水平和运行能力。

战略性：涉及数字电网核心产业和战略新兴领域，对提升公司核心竞争力，对行业未来发展具有关键影响和重要作用的标准。

安全性：为数字电网安全稳定运行保驾护航的标准，直接影响设备安全、运行安全和网络安全。

13.1　通用基础

数字电网通用基础技术标准，主要包括导则、安全通用、环境保护、技术监督，见表 13-1。

表 13-1　　数字电网通用基础重要标准

领域	类型	名称	内容
通用基础	国家标准	GB/T 38372—2019《智能电网技术与装备 术语》	智能电网技术与装备的术语，对于理解和推动电力系统智能化有重要作用

续表

领域	类型	名称	内容
通用基础	国家标准	GB/T 40020—2021《信息物理系统 参考架构》	规定了信息物理系统参考架构，确定了信息物理系统共同关注点、用户视图和功能视图。适用于制造业开展信息物理系统的设计开发、测试验证和实施应用
	国家标准	GB/T 40609—2021《电网运行安全校核技术规范》	规定了电网运行安全校核的数据输入和输出、计算内容以及计算要求。适用于日前和日内电网运行方式的安全校核，并指导省级及以上电网安全校核功能的设计、研发和验收，各级发电、输电、供电企业和用户参照执行

13.2　物理系统

数字电网物理系统重点关注信息分类、数字信息生成技术、数字化建模技术、数字驱动技术领域标准，见表 13-2。

表 13-2　　数字电网物理系统重要标准

领域	类型	名称	内容
信息分类	国家标准	GB/Z 43728.1—2024《电力系统管理及其信息交换 第 1 部分：参考架构》	从发电到消费者用户的电网，包括输电和配电，以及能源市场都面临着许多新的挑战，同时整合了越来越多的数字计算和通信技术、电气架构、相关流程和服务。电力系统面临着支持相关参与者、组件和系统之间不断增长的交互的需求。IEC 以开放和可互操作的方式，对支持这些交互的所有标准，提出一个清晰而全面的路线图。同时也提出未来几年有关 IEC 技术委员会和工作组将遵循的路径愿景，以提高效率、市场相关性和 IEC TC 57 发布的系列标准的覆盖范围

续表

领域	类型	名称	内容
数字信息生成技术	国家标准	GB/T 28859—2012《电力系统电能质量监测设备通用技术条件》	规定了电力系统电能质量监测设备的基本技术条件、性能要求和试验方法，确保设备信息采集的准确性
	行业标准	DL/T 1296—2013《电力设备状态监测装置的通用技术条件》	明确了电力设备状态监测装置的技术要求、测试方法和检验规则，为设备状态的实时采集提供了标准依据
	行业标准	DL/T 1538—2016《智能变电站环境监测系统技术规范》	明确了智能变电站环境监测系统的功能要求、技术配置和性能指标，确保环境信息的准确采集
数字化建模技术	行业标准	DL/T 1991—2019《电力行业公共信息模型》	规定了电力企业的所有主要对象的标准描述，以及数据接口服务规范要求。提供了一种用对象类和属性及它们之间的关系来表示电力系统资源的标准方法，方便实现不同厂商独立开发的能量管理系统（EMS）应用的集成，多个独立开发的完整EMS 系统之间的集成，以及 EMS 系统和其他涉及电力系统运行不同方面的系统之间的集成。适用于电力行业公共信息模型的规范及相关信息系统之间的集成应用，使得应用和系统之间能够实现互操作和插入兼容性，而与任何具体实现无关
	国际标准	IEC 61970 中公用信息模型（common information model，CIM）电力系统资源、设备、网络和流程的抽象化模型	CIM 标准通过定义一组类、属性和关系，形成了一个全面的电力系统模型，便于不同系统之间的信息交换
	国家标准	GB/T 33589—2017《电力系统气象环境信息采集与应用技术导则》	规范了气象环境信息的采集与应用，包含对环境模型的建立，包括如何抽象化处理气象数据并将其转化为可应用于电力系统预测和决策的模型

续表

领域	类型	名称	内容
数字化建模技术	行业标准	DL/T 1502—2016《电力系统仿真计算模型验证导则》	规定了电力系统仿真计算模型的验证方法和程序，确保模型的准确性和适用性，这对于设备模型、系统模型和环境模型的建立和应用具有重要指导意义
数字驱动	行业标准	DL/T 1708—2017《电力系统顺序控制技术规范》	规定了电力系统顺序控制的基本要求、应用框架、顺序控制操作票、顺序控制交互流程、数据交互接口和性能要求。适用于调度控制中心、变电站顺序控制的研发、设计、调试和运行，发电厂升压站等参照执行

13.3　业务系统

数字电网业务系统重点关注信息分类、数字信息生成技术、数字化建模技术、数字驱动技术领域标准，见表 13-3。

表 13-3　　数字电网业务系统重要标准

领域	类型	名称	内容
信息分类	国家标准	GB/T 28932—2012《企业人力资源管理基础数据标准》	规定了企业人力资源管理中的基础数据，包括员工信息、组织结构等，为电力系统中的人力资源管理提供了数据标准
		GB/T 20529.1—2006《企业信息分类编码导则　第 1 部分：原则与方法》	给出了企业开展信息分类编码标准化工作的基本原则、方法和相关技术。适用于企业信息化建设，规范各类信息管理系统的信息采集、存储、查询、交换及对企业信息资源的管理和使用，指导建立企业内部和行业间所共同遵循的信息分类编码体系
		GB/T 20529.2—2010《企业信息分类编码导则　第 2 部分：分类编码体系》	规定了企业信息的有关术语和定义、分类原则与方法、分类体系、代码结构与编码方法。适用于建立企业内部的信息分类编码体系，也适用于建立行业内企业间所共同遵循的行业信息分类编码体系

续表

领域	类型	名称	内容
信息分类	行业标准	DL/T 1735—2017《电力物资编码规范》	规范了电力物资的编码方法和管理要求，为电力企业的物资信息化管理和数据共享提供了基础
数字信息生成技术	行业标准	DL/T 1834—2018《电力市场主体信用信息采集指南》	规定了电力市场主体信用信息采集、处理、提供以及信息安全、信用档案管理的基本原则和要求。适用于电力市场主体信用信息采集
数字化建模技术	行业标准	DL/T 2672—2023《电力系统仿真用负荷模型建模技术要求》	规定了电力系统仿真计算用的电力负荷模型建立、参数校核及确定和生产管理的要求。适用于 110～330kV 电压等级变电站的静态负荷、感应电动机、同步发电机及分布式新能源的综合负荷建模。其他有特殊要求的变电站负荷建模参照执行
数字驱动	国家标准	GB/T 15148—2024《电力负荷管理系统技术规范》	确立了电力负荷管理系统的技术原则和系统架构，规定了电力负荷管理系统的主站、数据传输通道、负荷管理装置、安全、检测的要求。适用于电力负荷管理系统的设计、研发、建设、运行和维护

13.4　信息系统

数字电网信息系统重点关注信息分类、信息输入、信息传输、信息处理和信息输出技术领域标准，见表 13-4。

表 13-4　　数字电网信息系统重要标准

领域	类型	名称	内容
信息分类	国家标准	GB/T 30149—2019《电网通用模型描述规范》	为电力系统数字化提供了模型描述的规范，有助于实现业务流程的标准化和优化

续表

领域	类型	名称	内容
信息分类	行业标准	DL/T 531《电力系统数据分类与编码》	规定了电力系统数据的分类和编码方法
信息输入	国家标准	GB/T 33604—2017《电力系统简单服务接口规范》	规范了描述服务接口的语法，语义规则，对服务体系结构，客户端服务请求描述和服务的定义与管理等进行了规范描述
	行业标准	DL/T 645—1997《多功能电能表通信规约》	定义了多功能电能表与其他电力系统设备或系统之间的通信接口和数据交换格式，确保电能表数据的准确读取和传输
	行业标准	DL/T 634—1997《远动设备及系统　第5部分：传输规约　第101篇：基本远动任务配套标准》	规定了远动设备与系统之间在基本远动任务（如遥测、遥信、遥控等）中的数据传输格式和接口要求
	行业标准	DL/T 667—1999《远动设备及系统　第5部分：传输规约　第103篇：继电保护设备信息接口配套标准》	专注于继电保护设备的信息接口，确保继电保护系统能够准确、可靠地接收和处理来自其他系统或设备的信息
	国际标准	IEC 870-5 系列：远动设备及系统　第5部分：传输规约基础标准及其扩展	涵盖了远动通信的多个方面，包括基础传输规约、电能计量传输规约等，为电力系统国际间的数据交换提供了统一的标准
	国际标准	IEC 61334 系列：载波配网自动化标准	涵盖了配网自动化的多个方面，包括系统结构、通信规约等，为配网自动化系统中的信息接口提供了指导
	国际标准	IEC 60870-6 系列：与 ISO/ITU-T 兼容的远动通信协议	定义了与 ISO/ITU-T 兼容的远动通信协议，为电力系统中的远程通信提供了国际标准
信息传输技术	国家标准	GB/T 33604—2017《电力无线专网通信技术规范》	规范了电力无线专网通信，包括无线网络的规划、设计、建设和运行等方面

续表

领域	类型	名称	内容
信息处理技术	国家标准	GB/T 36073—2018《数据管理能力成熟度评估模型》	规定了评估大数据管理能力成熟度的模型，适用于电力系统的大数据应用评估和改进
	行业标准	DL/T 1480—2016《电力大数据平台建设技术导则》	指导了电力大数据平台的建设，包括数据存储、管理、分析和应用等方面
信息输出技术	国家标准	GB/T 16639—2008《信息技术　用户界面通用原则》	规定了用户界面设计的原则，包括输出信息的呈现方式，以提升用户体验

第四篇

<<<

发展篇：数字电网发展

数字电网是一个由物理系统、业务系统和信息系统三个部分组成的有机整体，三个系统相互依存、相互作用，共同推动着电网的融合与演进。物理系统作为电网的基础设施，具有显著的社会公共属性，其发展和变革直接反映了社会和公众的广泛需求。与此同时，业务系统必须适应物理系统的规模、结构和形态的变化，以确保其与电网基础设施的同步发展。信息系统作为物理系统与业务系统之间的桥梁，通过促进两者之间的优化和互动，为电网的智能化和高效运作提供支持。正是这三大系统的协同发展，迭代演进，塑造了数字电网的形态与特征，并为其未来的创新和进步奠定了基础。

第 14 章　数字电网发展趋势

>>>

14.1　电网发展形态与挑战

当今驱动电网发展主要有三大动力。从物理系统看，面对全球范围的能源危机、生态环境危机和气候变化危机等系列挑战，利用可再生能源，降低能耗，实现可持续发展的需求对电网发展提出了更高要求。从业务系统看，互联网技术发展促进用户需求的蜕变，用户对能源的需求，呈现了数字化、清洁化、个性化、便捷化、开放化五个特征，新类型的用电需求也持续涌现，这对电网发展的负荷特性满足能力也提出新的要求。从信息系统看，大数据、物联网、智能机器等新技术的迅速崛起与融合促进了其影响力的加速增长，已逐步颠覆包括电网企业在内的能源行业，形成支撑能源革命的强大力量，形成驱动电网发展的核心技术。

构建以新能源为主体的新型电力系统成为能源电力领域未来发展的方向。在新型电力系统中，以风电、光伏为代表的新能源从电力系统的辅助电源演变成主力电源，以新能源为主体的新型电力系统需服务各类型清洁能源开发利用，促进源、网、荷、储智能、协调、高效运行；系统需要具备灵活性和适应性，满足不同用户的多样化和个性化用电需求，同时能够应对极端天气等突发情况带来的挑战；此外，电力市场机制的高效运行也是确保系统稳定和经济性的关键。构建以新能源为主体的新型电力系统不仅是一项技术革新，更是一场涉及能源结构、市场机制和用户需求等多方面的体系性深刻变革。

从电源侧看，未来我国电源装机规模将保持平稳较快增长，呈现出“风光领跑、多源协调”态势，新能源的广泛接入将呈现“集中式与分布式并举”和更加“智能灵活、友好高效”的特征。新型电力系统需要解决高比例新能源接入下系统强不确定性与脆弱性问题，对系统信息的实时性提出更高的要求。同

时，我国能源资源与需求逆向分布，80% 以上的水电、风电、太阳能发电资源集中在西部北部地区，与东中部负荷中心相距 1000~3000 km。大规模开发西部北部的可再生能源，扩大"西电东送""北电南供"规模，要求系统具备的大范围资源配置能力。

从电网侧看，未来电网将呈现出交直流远距离输电、区域电网互联、主网与微电网互动的复杂形态。随着新能源装机在电源总装机中的占比日益增长，电网正面临提升新能源装机消纳能力的迫切需求。为实现这一目标，电网将推动大规模集中式新能源场站能量的远距离输送，并促进分布式新能源电站的就地消纳。这要求传统电网逐步转型，构建兼容性更强、面向更多新能源的新型电网架构。

从终端侧看，以电动汽车为代表的电能替代技术将实现广泛应用，推动用电负荷向多元化发展。预计未来终端用能结构的电气化水平将持续提升，同时，海量的用能侧闲散资源将实现有效聚合，从而有效平抑发电侧大规模新能源波动。在此过程中，负荷平滑化、负荷调峰、调频和需求响应等机制，将作为终端侧不可或缺的组成部分，共同构建一个复杂而高效的电力管理框架，以应对电力供需的动态变化，确保电网的稳定和经济运行。

随着新能源渗透率的日益增强，电网发展正迎来前所未有的挑战。具体而言，新能源的波动性、逆调峰特征及低惯性等固有属性，加之直流跨省跨区输电技术的普遍采用与柔性负荷改造的迫切需求，共同推动着物理电网向更高灵活性、智能化和稳定性的目标不断演进。

1. 波动性

新能源发电的波动性已成为电力系统管理中日益凸显的议题。风力和太阳能发电作为新能源的代表，其发电量受天气、季节变化及地理位置等多重因素影响，呈现出显著的不规律性和间歇性。这种波动性对电力系统的稳定运行提出了严峻挑战，要求系统必须实时保持供需平衡，电力行业需发展更为先进的预测技术、储能解决方案及需求响应机制，并建立更为灵活的市场机制和辅助服务。

2. 逆调峰现象

新能源逆调峰现象是电力系统在特定时段需面对的一个复杂问题，它体现了新能源发电与电力需求之间的供需不匹配。在新能源发电高峰期，如晴朗的白天或风力强劲的夜晚，新能源发电量可能超过电网的实时负荷需求，尤其在负荷低谷期如夜间或节假日更为显著。为应对逆调峰带来的挑战，电网企业需要采取多种措施，如增加储能设施的使用、调整发电资源的运行计划、优化电网的运行策略，并在极端情况下采取必要措施以避免电网过载和频率不稳定。同时，这也凸显了电力系统对灵活性资源的需求，要求电力市场机制进一步发展，以激励和促进灵活性资源的有效利用。

3. 低惯性

新能源的低惯性特性对电力系统的传统运行模式提出了新挑战。由于风力和光伏发电设备缺乏传统发电设备中的旋转机械部件所提供的惯性，面对电网频率波动时，新能源发电系统无法像传统发电机那样快速响应并稳定电网频率。为应对这一挑战，电力系统需开发和部署新的技术和策略，包括增强电网的监测和预测能力、利用先进的控制策略和储能技术以提供必要的频率支持，以及开发更为灵活的调频资源。同时，电力市场和政策框架也需适应这一变化，鼓励和促进新技术和新方法的应用。

随着风能、太阳能等清洁能源在电力结构中占比的不断提升，其固有的波动性、逆调峰特性和低惯性对电网稳定性构成了严峻考验。为实现新能源的大规模接入和广泛应用，需集成先进的传感技术、大数据分析、人工智能算法及智能控制策略，实现对新能源发电的精准预测和实时调节，有效平抑其波动性。同时，柔性负荷管控技术的引入将使得电网在供需不平衡时能够灵活调度，通过需求响应等机制激励用户侧的负荷参与电网调节，从而增强电网的自适应能力和整体稳定性。这些技术的发展和应用预示着未来电网将更为高效、灵活和可靠，为新能源的广泛应用提供坚实的物理基础。

14.2 电网总体发展要求

总体而言，物理电网发展总体发展要求是低碳化、多元化、市场化、高安全性、高经济性、高可靠性、高电能质量。

1. 低碳化

随着气候变化的严峻挑战日益加剧，对化石能源活动的约束显著增强。为实现低碳化目标，能源生产、传输、存储和消费等各个环节均需进行深刻变革，通过优化能源结构、提升能源利用效率以及积极推广可再生能源利用等策略，有效降低碳排放的强度和总量。这一目标的实现，离不开技术创新与产业转型等多维度手段的协同作用，旨在减少煤炭、石油等高碳排放能源的依赖，进而减少温室气体排放，达成经济社会发展与生态环境保护的双赢局面。

电网减碳作为“双碳”目标的关键一环，将需接纳更大规模的新能源并网。然而，新能源所固有的随机性、波动性、间歇性以及低惯性等特点，对电力系统的安全稳定运行构成了新的挑战，亟须从技术、制度、体制、机制及产业结构等多个维度出发，构建全面支撑体系，以推动全社会减碳目标的顺利实现。

2. 多元化

为实现低碳化目标，电力系统必须全面考量各地区的能源优势与负荷特性，因地制宜地引入风能、太阳能等新能源，并促进电动汽车、综合能源等领域的快速发展，以最大限度提升能源供需的本地平衡能力。能源系统的多元化趋势导致了能源资产与运营主体的多样化，这要求我们必须借助数字化、智能化、互联网等先进技术，实现能源的远程监控、智能管理、优化调度及协同服务，进而推动电网系统向包含多元资产和运营主体的新型能源系统转型。

3. 市场化

针对多元资产与运营主体并存的新型能源系统，亟须构建一套新型能源电力市场机制，以确保市场在能源资源配置中发挥决定性作用，通过市场竞争的驱动，促进能源供给侧与需求侧的深度变革，提升能源系统的整体运行效率与服务质量。需打造一个高信任度的能源信息交换网络，支撑能源交易、碳交易、数据交易等多维度、多层次的交易活动，从而构建起一个全面而完善的能源系统交易体系。此体系的建立将有效促进能源的优化利用与合理配置，显著提升能源利用效率，并为实现“碳达峰、碳中和”目标提供有力支撑，进一步推动能源行业的转型与可持续发展。

4. 高安全性

传统的电力调节技术已经历了长时间的发展，逐渐形成了较为成熟的体系。然而，这一体系却因高度依赖于化石能源，导致了大量的二氧化碳排放，对环境的压力日益增大，为“双碳”目标的实现增加了难度。与此同时，新型电力系统发展也带来了新的问题，如调节难度显著提升，预测准确性难以保证，以及数据信息的爆炸式增长等。在这样的背景下，电网的信息采集、传输、处理能力成为决定系统能否安全供电的关键因素，数字技术凭借其强大的数据处理和分析能力，将成为确保新型电力系统安全稳定运行的重要支撑。因此，如何更好地应用和发展数字技术，以应对新型电力系统面临的挑战，成为当前电力行业亟待解决的问题。

5. 高经济性

鉴于新能源技术的飞速发展及其广泛应用，新能源设备、接入系统及能源调节的投资规模呈现显著增长态势，此背景下，对系统规划与设计提出了更为精细化的要求，旨在有效控制建设成本。同时，为确保电网的稳定运行并降低综合成本，需深入探究系统经济运行模式，力求为用户提供更为经济合理的电价，经济性在推动新型电力系统持续健康发展中占据了至关重要的地位。为进一步增强经济效益，应将信息采集、处理与应用视为核心驱动力，通过不断对这三个关键环节进行优化与创新，将显著提升能源系统的经济性，为新型电力系统的长远发展奠定坚实的基础。

6. 高可靠性

电网高可靠性是指电网在各类情境下保持供电稳定、连续、安全的能力，电网高可靠性要求电网能够迅速应对自然灾害、设备故障等突发状况，确保电力供应的连续性和稳定性。随着产业的不断发展，对电网可靠性的要求也日益提高。如制造业领域，对电力供应的稳定性和质量有着极高的要求，任何电力波动或中断都可能导致生产线停滞，进而造成严重的经济损失；数据中心和云计算行业对电网的可靠性同样有着极高的要求。这些行业存储和处理着海量的关键数据，任何电力中断都可能导致数据丢失或损坏，需要稳定的电力供应来确保数据的完整性和安全性。

7. 高电能质量

电能质量标准涵盖了电压稳定性、波形质量、供电连续性以及能效和环保性等多维指标。随着现代工业尤其是高精度、高要求产业的蓬勃发展，对电压稳定性的要求愈发严格，这些产业中的关键设备和生产线对电压波动极为敏感，电能供应必须保持高度的稳定性，以防止因电压波动引起的设备故障或生产中断；同时，波形质量是电能质量的重要考量因素，随着电力电子设备和自动化生产线的广泛应用，电力系统中非线性负载不断增加，导致电流波形畸变，进而产生谐波，为满足产业发展的需求，电能供应需确保波形质量高，谐波含量低，以保障设备的正常运行和延长使用寿命；另外，供电连续性对于某些产业而言至关重要，特别是对于需要 24h 不间断运行的产业，如数据中心、医疗设备制造等，任何短暂的停电或电压骤降都可能带来严重的经济损失或设备损坏等。因此，高电能质量是未来电网发展的重要一环。

14.3 数字电网发展形态与特征

数字电网发展要求充分发挥数字技术优势，通过数字技术与系统全环节全

面融合，应对新型电力系统发展带来的问题与挑战，并推动能源系统深度互联和协调优化，促进全社会能源优化配置，促进能源产业变革。数字技术与电网的持续融合形成了数字电网的发展形态，这体现在广度、深度、速度、跨度四个方面，如图 14–1 所示。

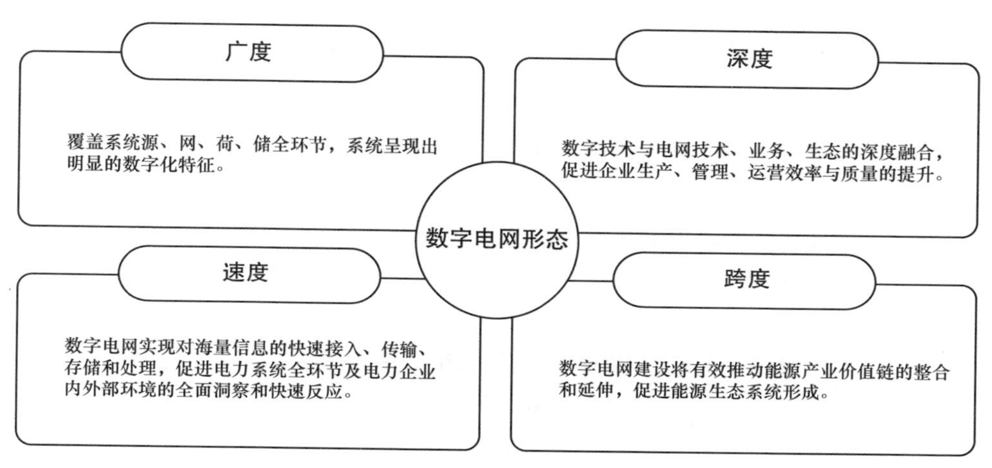

图 14–1　数字电网发展形态

（1）广度：数字技术将覆盖系统源、网、荷、储全环节，实现对系统的广域感知、平衡调节和灵活控制，并将有效促进电源端和负荷端的有效延伸，提升电网资源配置能力，推动多种能源方式互联互济、源网荷储深度融合，系统呈现出明显的数字化特征。

（2）深度：数字技术与电网技术、业务、生态的深度融合，有效提升电网安全稳定运行水平，提高灵活调节能力提升，提高驾驭大电网的能力，并促进企业生产、管理、运营效率与质量的提升。

（3）速度：数字电网实现对海量信息的快速接入、传输、存储和处理，促进系统全环节及其内外部环境的全面洞察和快速反应，促进系统灵活控制能力及快速平衡调节等能力的提升。

（4）跨度：数字电网建设将有效推动能源产业价值链的整合和延伸，促进能源生态系统形成，支撑产业上下游联动，提升电网装备制造水平、电网运行维护水平，促进电力系统技术链、产业链、生态链构建，促进系统开放共享。

在数字技术的驱动下，数字电网应具备跨界互联、实时互动、智慧决策、精准执行、自主学习五个方面的特征。

（1）跨界互联。随着新能源规模的持续扩大和接入主体的不断增加，电网将成为资源大范围优化配置的重要平台。分布式电源、微电网、储能、电动汽车等大量新型设备的接入，对全种类传感、终端及设备的即插即用与安全接入提出了更高要求。网络跨地域、跨领域的互联，进一步推动能源系统网络的深度融合，促进大范围的能源互济供应，电力、燃气、热力、储能等多种资源通过电网实现了互联互通，能源的综合利用效率将得到显著提升；同时，数字技术的推动能源生态系统中的利益相关方能够开放共享，驱动能源行业的全要素、全产业链、全价值链实现深度互联与协同优化，推动能源行业的转型升级与可持续发展。

（2）实时互动。电力系统是当今世界上规模最大的人造物理系统，要求系统具备强实时性和交互性。随着新能源的渗透率提升，电力电子化程度提高，电力系统需具备更为实时的信息处理能力，以提升系统动态平衡调节能力。同时，发电和用户的双向选择权放开，发电侧与售电侧各主体在电力市场中广泛参与、充分竞争，用户通过经济政策或价格信号，实现主动负荷需求响应，电力系统由部分感知、单向控制、计划为主，转变为高度感知、双向互动、智能决策，这对系统的实时互动与响应能力提出更高的要求。

（3）智慧决策。电力系统规模不断扩大，复杂程度不断提高，要使系统具有高度稳定性和可靠性，需要以数字技术构建高性能的信息系统，促进系统具备快速智慧决策能力，实现电网安全可控能控，促进电网预防和抵御事故风险的能力显著提升；并以电力数据作为生产核心要素，通过数据驱动改变电网决策分析模式，通过挖掘数据价值实现用户差异化的用能服务，促进电网业务优化和流程再造，以电力系统及能源产业链上下游的数据作为生产要素，通过数字化技术促进能源企业业务协作，支撑政府与企业科学决策。

（4）精准控制。在新型电力系统的背景下，电源与负荷的不确定性显著增强，为确保系统能够实时实现平衡调节，电网的各个构成单元需迅速适应电网的动态变化，这要求提升电网各组成部分的精准执行能力，推动电网向更高水平的自动化与智能化发展。鉴于风电、太阳能发电等新能源存在显著的间歇性、波动性和随机性特性，传统系统面临动态调节能力不足的挑战，需积极研发并应用储能技术、需求侧响应机制、宽频振荡抑制技术、复合潮流控制策略及动态增容等新型电力电子装置，以丰富调度调节资源。同时，应鼓励电动汽车、分布式电源、微电网及各类柔性负荷参与系统平衡调节，拓展系统控制的范围。总体而言，系统控制将从传统的输变电控制向配电网、分布式电源及用

户侧末端延伸，控制点的数量将从十万级跃升至百万级，控制时延将从准实时提升至实时水平，控制频次也将由低频向高频转变。

（5）自主学习。随着数字技术在电网领域的深入渗透与广泛应用，电网企业已构建了一个庞大的数据资源体系，为电网人工智能技术的飞跃性发展奠定了坚实的数据基础。近年来，人工智能技术领域，特别是以大模型为代表的前沿科技取得了显著的进展，为构建数字电网智能体提供了强有力的技术保障与支持。电网企业依托其海量的数据样本资源，可全面利用人工智能技术深入挖掘并透彻剖析电力系统的复杂运行规律，这不仅极大地提升了电网系统的自主调整与自我优化能力，还使其在面对多元化的需求变化与外部环境的不确定性挑战时展现出高度的灵活性与适应性。

第 15 章　数字电网关键技术发展

>>>

15.1　物理系统数字化

15.1.1　全域数字信息生成

物理系统数字信息的构建基础是先进的传感技术，该技术已广泛融入工业自动化、智能家居、医疗健康、物联网等多个关键领域。当前，传感器技术迎来一系列变革，其发展趋势主要体现为微型化、智能化、多样化及网络化，这为物理系统数字信息的全面生成打下技术基础。

1. 元部件数字化

传感器的微型化有利于设备数字化从设备外特性向内特性深化发展，逐步实现设备结构、设备元部件的数字化。传感器设备多样化促进了对设备不同元件的物理量的采集，对设备信息采集更为全面、准确、高频、智能，为元部件建模准备了数据基础。在设备研制阶段，可融合先进成熟的传感技术，对元件级的多种物理量实现数字化感知，如温度传感器、压力传感器、位置传感器、速度传感器等可以采用嵌入式的设计，推动电力设备一二次融合水平不断提升；在设备运行阶段，可针对设备缺陷、故障多发的元部件加装传感器，加强设备元部件监控，提升设备运行的安全可靠性，同时，这些运行数据也可以为设备制造企业改善设计提供决策支撑。

2. 设备数字化

在存量设备数字化改造方面，可应用大数据、人工智能技术开展电网设备健康分析评价，充分考虑其运维质量、家族缺陷史等多种因素，兼顾效益与投入成本，合理选择存量设备数字化的范围，运用先进、成熟的传感技术对存量设备进行数字化改造，提升存量设备的数字化水平；在新设备研制中，充分考

虑小微传感器的嵌入式设计，支撑设备研制、安装、运行、退役等全过程数字化，促进设备一二次融合。

3. 系统数字化

系统数字化是在设备数字化的基础上，结合设备的连接关系构建全面覆盖发电、输电、变电、配电、用电全环节的数字孪生模型。在新型电力系统的框架下，电源侧新能源如风能、光伏等所占比例持续上升，电网侧广泛采用电力电子设备，负荷侧则涉及大量电动汽车充电桩及综合能源系统等，这些因素促使系统对感知范围的需求更广，所需监测的物理量种类更多，数字信息的生成频率也需相应提高，以有效支撑更为复杂、精细的系统建模要求。数字孪生建模架构如图 15-1 所示。

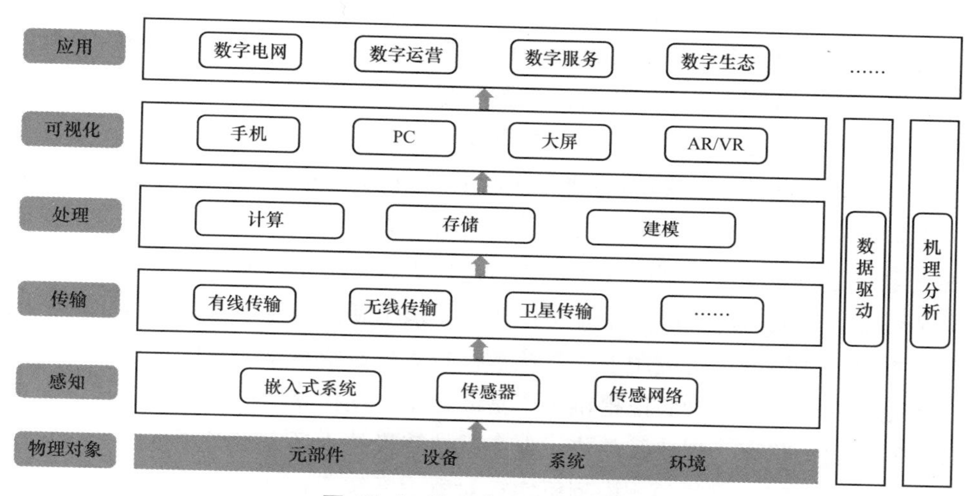

图 15-1　数字孪生建模架构图

4. 环境数字化

由于风力发电机、太阳能光伏板等设备在运行过程中会受到外部环境因素的显著影响，例如气象条件对风力发电效率和太阳能光伏板发电效率的直接影响，因此，在对系统的电源、电网、负荷以及储能进行全面监测和管理的同时，还必须对系统所处的外部环境进行细致且全面的感知，这不仅包括对气象条件的监测，如风速、风向、温度、湿度、光照强度等，还涉及对周围环境的评估，比如污染程度、噪声水平以及可能对设备运行产生影响的生物因素等。通过对这些外部环境信息的深度感知和分析，可以建立起基于实际环境的系统建模仿真模型，进而优化系统的运行策略，提高系统的稳定性和能源转换效率，确保设备能够在各种复杂的外部环境下都能够高效、安全地运行。

传感器技术发展促进了电力系统元部件级、设备级、系统级和环境级的数字信息生成，并实现不同传感器的通信和协作，促进大范围、多种类的数据实时感知和互动。

15.1.2 复杂大系统建模

随着系统规模的不断扩大与复杂性的日益提升，系统建模的难度显著增大。在电源侧，新能源设备如风电、光伏的出力情况与外部环境的气象条件紧密相关，新能源设备建模需纳入更多复杂因素，传统的机理模型已难以满足其建模需求；在电网侧，随着电力电子化程度的持续提高，一方面需新增对电力电子设备的建模，另一方面则需深入研究新型系统仿真算法，如系统暂态计算正向电磁暂态或机电、电磁暂态混合计算等方向演进，这对信息系统的算力和算法提出了更高的要求；在负荷侧，源荷互动等特性进一步加剧了负荷建模的复杂性，需构建更为复杂的系统平衡调节等模型。

系统建模技术的发展趋势将呈现出集成化、数智化和动态化的特点。集成化强调将电力系统的各个环节、设备紧密集成，构建全面反映系统运行特征的数学模型，并促进模型的快速组合与迭代更新，人工智能大模型以其强大的复杂任务处理能力，为电力系统整体建模提供了新的技术手段。数智化则体现在数据驱动建模的广泛应用上，系统建模技术日益依赖于海量的运行数据，这些数据为模型的训练和验证提供了丰富的样本，使模型能更准确地反映电力系统的实际运行状态、规律及趋势；电力系统建模技术还需具备更强的智能化特征，如基于深度学习的预测模型可实现对电力系统运行状态的精准预测，基于优化算法的决策模型为电力系统的调度和控制提供科学的决策支持等。动态化则要求电力系统建模技术不再局限于静态模型构建，而是更加注重模型的动态更新和实时调整，以适应电力系统的实际运行变化，提高快速精准控制与决策水平。

如今，大模型应用已成为人工智能技术发展的热点。大模型通常由深度神经网络构建而成，拥有庞大的参数规模，能够处理更为复杂的任务和数据，在自然语言处理、计算机视觉、语音识别和推荐系统等领域，大模型已展现出强大的应用潜力。以气象大模型为例，其在新能源发电预测中的应用尤为引人注目；气象大模型通过提升中长期天气预报的精度和速度，为新能源发电预测提供了有力支持。如，华为云盘古气象大模型作为其中的佼佼者，在气象预报的

精度和速度上均超越了传统数值预测方法，实现了秒级全球气象预测，并已在多个气象研究细分场景中得到应用。人工智能大模型技术框架如图15-2所示。

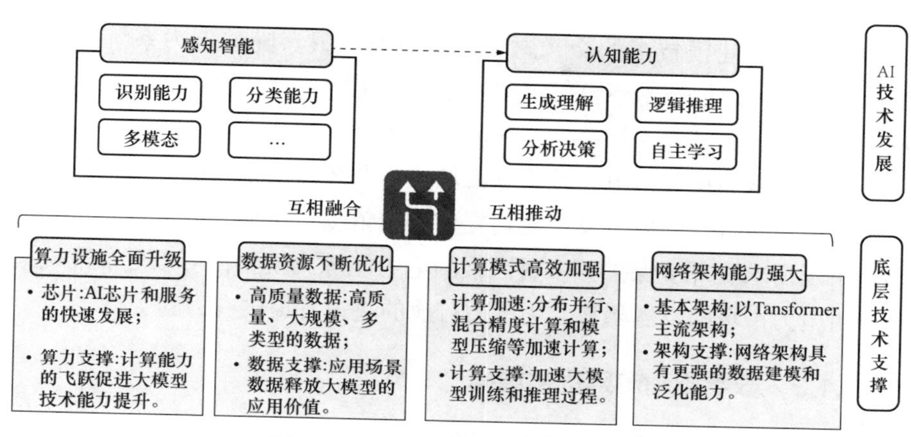

图15-2 人工智能大模型技术框架

随着人工智能技术的飞速发展，其在电力系统建模领域的应用正逐步深化，预示着电力行业将迎来一场深刻的技术变革。它不仅极大地拓展了建模的范围与深度，还促进了建模技术与其他领域的交叉融合，为电力系统的全面优化提供了前所未有的机遇。

（1）数字化建模技术正逐步从局部向整体转变。传统的建模方法往往局限于单一的元件或设备，而现代的建模技术则将整个物理系统作为研究对象，实现了元部件级、设备级、系统级乃至环境级的多层级建模。这种全面的建模方法不仅提升了模型的精度与完整性，还使得模型能够更全面地反映电力系统的实际运行状态，为后续的分析与优化提供了坚实的基础。通过集成先进的传感器技术、物联网技术以及大数据分析技术，数字电网大模型能够处理海量数据，实现对电网状态的精准感知与预测，为电网的智能化运营与管理提供了有力支撑，使得电力系统能够更加高效、灵活地应对各种复杂情况。

（2）数字化建模技术的发展促进电网多目标协调优化。面对全球气候变化和资源约束的挑战，电网的低碳化发展成为首要任务，建模技术需要支持可再生能源的大规模接入与高效利用，以实现电力行业的绿色转型。同时，随着电力市场的逐步开放和用户需求的多样化，建模还需考虑电网的多元化与市场化特征，优化资源配置，提升市场效率。此外，确保电网的高安全性、高可靠性、高经济性以及高电能质量也是建模技术需要重点关注的方面，这要求建模技术能够综合考虑各种不确定性因素，制定出既能应对短期波动又能满足长期发展的综合优化策略。通过不断优化和完善建模技术，可以为电力行业的可持续发展提供有力的支撑。

（3）数字化建模技术的交叉融合趋势日益明显。随着电力系统与社会经济的深度融合，建模技术不再仅仅关注电力系统的物理特性，而是开始与其他领域如物理学、经济学、社会学、环境科学等交叉融合。这种跨学科的综合建模方法能够更全面地评估电力政策、市场策略及环境法规对电网运行的综合效应，为制定科学合理的电力发展规划提供理论依据。例如，通过构建包含电价波动、市场需求、环境保护等多重因素的电力能源大模型，可以更加准确地预测和分析电力市场的发展趋势，为电力行业的决策者提供有力的支持。

15.1.3 数字驱动电网优化重构

大规模新能源并网、分布式源网荷储一体化以及直流跨区输电等技术革新正重塑着电网结构与运营模式。这些进步不仅拓展了电网的功能边界，也带来了对电网稳定性、智能化管理及跨区域协调性的新挑战，电网企业需在物理系统全域数字信息生成和复杂系统建模的基础上，以数字驱动电网优化重构，以确保电网的高效、稳定和可持续发展。

1. 数字驱动设备研制的优化

在设备研制过程中，需要优化设备设计，并合理选择元部件的形状、尺寸、材料和工艺等，提升设备低碳、经济、可靠性水平。一方面，需研究运用先进传感技术，对上述各指标的相关参数进行动态监测；另一方面，需要建立针对上述三项指标的算法模型，促进设备研制满足低碳、安全、经济的要求。物理系统数字信息生成技术的发展，使电网企业积累了大量设备运行数据和对应的环境数据，这些数据将可为设备研制的优化提供科学依据。

2. 数字驱动厂站设计与布局优化

在场站设计中，同样要充分考虑低碳、安全和经济性的要求，需要在统计运行中的厂站相关指标的基础上，建立涵盖上述三项要求的标准体系和关键标准，建立指标评估的数学模型，研发指标评估系统，促进厂站设计满足低碳、安全和经济性的要求。由于新能源厂站运行受气象和环境影响较大，在新能源厂站建模适宜采用数据驱动的建模技术。

3. 数字驱动电网结构优化

在全息感知的基础上对物理系统整体建模，将极大促进电网运行质量提

升。尤其是在新型电力系统背景下，新能源点多面广，需要运用大数据、人工智能等技术对新能源的禀赋进行分析，合理选择新能源的布点，并对新能源功率进行预测，合理配置调节能源，提升系统动态平衡调节能力；同时，需优化电网结构，如供电区域优化、功率交换优化、变电站站址优化、线路路径优化等；另外，需要对电网按低碳、安全和经济性等要求开展评价，并将评价结果作为电网优化的重要依据。

4. 数字驱动电网控制能力提升

随着新能源渗透率的提升，电网规模和复杂程度不断加大，需要对电力系统中出现的各种扰动进行识别、处理和控制，以保障系统的稳定性和安全性。首先，需要对电力系统中的各种扰动进行准确识别和监测，通过实时监测电力系统的运行状态和参数，可以及时发现扰动的存在和变化；基于对扰动的监测和识别采取灵活的调度和控制策略，及时响应和处理各种扰动，针对不同类型的扰动可以采取不同的调度和控制策略，如调整发电功率、调节电压和频率、实施快速断路保护等。这些策略需要通过智能控制系统和自动化设备实现，提高系统的响应速度和稳定性。

5. 数字驱动分布式源网荷储一体化

微电网系统中的各种资产的利用率可能存在不均衡的情况。例如，在某些时段太阳能光伏发电量过剩，而其他时段又可能不足以满足需求，这会导致部分资产的利用率较低。因此，需要采取合适的控制策略，以提高资产的整体利用率。微电网系统中涉及多种能源和设备，需要考虑各种能源的发电特性、负荷需求、储能容量、电网连接等因素，并进行合理的调度安排，以保证系统的稳定运行和供电可靠性。这要求具备高效的调度算法和智能化的运行管理系统，综合考虑能源供需平衡、电网连接条件、能源价格等因素，驱动系统中的多种能源和设备协调和优化，以降低能源成本、提高能源利用效率。

6. 数字驱动负荷柔性化改造

柔性负荷技术包括需求响应、分布式能源、储能技术等，这些技术在实际应用中存在不同程度的技术难题。例如，需求响应需要用户能够实时调整用电量，这就需要智能电表、通信网络和用户侧管理平台等配套技术的支撑；储能技术则面临成本高、寿命短、安全性等问题。数字驱动将促进各种柔性负荷资源兼容，包括不同类型和规模的分布式能源、储能设备以及需求响应资源，促进柔性负荷资源的大规模应用。

15.2 业务系统数字化

15.2.1 全息数字信息生成

在第二篇中，我们将业务信息按人员信息、实物信息、资金信息和环境信息做了分类，伴随物理系统和业务系统的变化，信息生成的范围和种类均随之变化，数字信息生成技术的发展进步促进业务信息生成向着全息化的方向发展。

首先，物理系统发展要求拓展信息生成范围。在新型电力系统和新型能源体系的发展背景下，电力系统形态将发生重大变化，电力网络、信息网络和社会网络之间的耦合关联性显著增强，系统呈现出非线性、强随机、快时变等复杂巨系统的特点。为此，业务系统应具备泛在的信息生成能力。通过在电网中部署的海量传感器，准确掌握电力系统结构，洞悉各组成单元结构、功能、状态及系统运行方式、实时状态、运行效率、健康状态和环保水平等；通过海量的社会传感器的广泛部署，业务系统中的活动、行为、环境、规则、状态等信息均实现数字化并与物理系统数字化信息充分融合，全面支撑物理系统与业务系统的数字化。电网发展需要兼顾低碳、安全、经济等目标，需加强风、光等能源禀赋分析，加强碳排放的监测，推动能源交易与碳交易市场融合发展等，进一步拓宽业务信息生成范围。

其次，业务发展要求拓宽信息生成范围。随着新能源的显著增长，业务系统中亟须增设相应的业务板块，涵盖电动汽车、微电网、虚拟电厂、综合能源服务等新兴领域。这些领域的拓展将推动电网产业链与价值链的有效延伸。总体而言，数字信息生成技术将全面渗透至电网的规划、建设、运行及营销等各个环节，促进业务流程的深刻变革与组织结构的优化调整，并有效满足碳排放管理、碳交易市场、信用等级评估、城市治理等多方面的外部需求。

此外，信息技术的发展进步促进了数字信息生成能力提升。业务人员信息主要通过手工录入等方式进行采集，随着数字信息生成技术的不断发展，人员属性信息现已扩展至人脸、指纹、瞳孔、语音等更为丰富的维度；人员行为信息的获取途径也从单一的业务信息系统扩展到员工生产、生活的多个方面，涵盖了员工的安全行为、精神状态、学习培训等全方位信息，使得员工的数字画像更加全面、清晰。对于实物信息，如电网设备类信息，其内容已不仅限于部

件、设备、系统和环境的基本信息，还涵盖了多模态信息，从传统的文本、数字形式扩展到图像、声纹、视频等多媒体载体，贯穿设备的研制、安装、运行直至退役的全生命周期。环境信息的关注焦点也从传统的自然环境逐步拓展至自然环境与社会环境并重。社会环境涵盖了电网企业上下游、政府、企业、用户等多方面的业务关联信息，为决策提供了更为全面的背景支持。在业务规则方面，原有的标准、制度等文本形式已逐渐发展为数字化规则，这些规则能够由计算机自动识别并执行，显著提高了业务处理的效率和准确性。综上，信息技术的发展进步极大地提升了业务系统的数字信息生成能力，为企业的运营管理和决策支持提供了更为坚实的数据基础。

15.2.2 业务系统多领域动态建模

信息技术的飞速进步极大地推动了业务系统的优化与重构，这不仅限于技术层面的革新，更深刻地改变了业务系统与外部生态系统、经济系统、社会系统等的互动模式，使得业务系统日益成为一个涉及众多相互作用、相互影响的要素和关系的复杂动态系统，系统行为和演变规律变得更加难以直接观测和理解，传统的分析和管理方法往往难以有效应对。面对这一挑战，业务系统建模作为理解和优化复杂系统的重要手段，其发展方向也将呈现出新的发展趋势。

（1）数据驱动建模将逐步取代以经验进行建模的方式。随着业务系统复杂性的不断提升，传统的基于经验的建模方法已难以适应业务发展的要求。经验建模往往依赖于专家知识和历史案例，但在面对快速变化的业务环境和海量数据时，其局限性和不准确性日益凸显。与此同时，业务系统的泛在感知能力使得大量业务系统数据得以积累，这些数据为构建精准的业务模型，模拟系统的动态行为和演化过程提供了坚实的基础。数据驱动建模技术的逐步成熟，使得利用大数据和机器学习算法来自动发现系统规律和模式成为可能。相比经验建模，数据驱动建模能够更准确地反映系统的实际运行状态，及时发现和预测潜在问题，为业务决策提供更为科学的依据。因此，数据驱动建模正逐步取代以经验为主的建模方式，成为业务系统建模的新常态。

（2）系统建模的智能化水平将不断提升。在人工智能、大数据等技术的推动下，系统建模技术正融入更多智能算法和大数据分析方法，这使得模型具备自动学习并促进系统自适应重构的能力。智能化建模不仅能够提高模型的准确性和效率，还能使模型具备自我优化和适应变化的能力，从而更好地应对复杂多变的业务环境。智能化建模的一个关键特征是模型的自学习能力，通过机器学习算法，模型能够从历史数据中学习并提取出有用的信息，不断优化自身的结构和参数，使得模型能够适应业务系统的动态变化，及时反映新的业务规则和市场需求。同时，智能化建模还能够促进系统的自适应重构，即在系统运行时根据实时数据进行动态调整，以确保系统始终保持在最优状态。

（3）构建业务大模型将成为未来发展的重要方向。面对日益复杂的业务系统，传统的单一领域建模方法已难以满足全面分析和优化的需求，业务系统建模需要全面分析业务单元、业务系统、社会环境等各类对象，并注重与其他学科的交叉融合，如社会学、生物学、心理学等。因此，发展业务系统大模型技术，构建更加多领域动态大模型，成为未来业务系统建模的重要方向。

业务大模型技术依靠多领域的巨量数据资源，应用先进的机器学习和大数据分析技术，实现对复杂业务系统的精准刻画、预测、优化和控制，这种大模型不仅包含业务系统的内部结构和运行规则，还涵盖了与外部生态系统、经济系统、社会系统等的互动关系，通过构建业务大模型，企业能够更好地理解业务系统的整体运行状况，发现潜在的风险和机会，制定更为科学的战略和决策。AI 大模型的总体框架如图 15–3 所示。

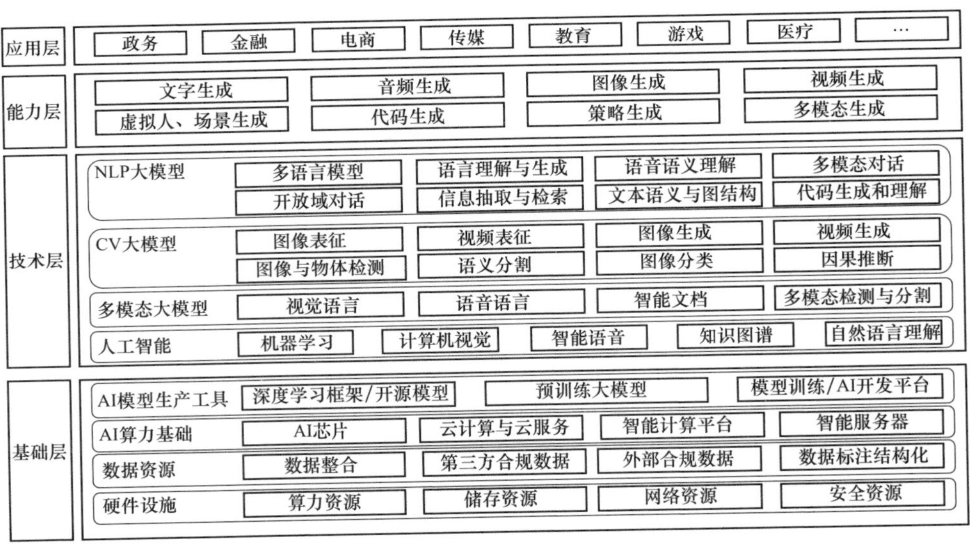

图 15–3　AI 大模型的总体框架

值得关注的是，在构建业务大模型的过程中，需要特别注重数据的多样性和质量。多领域的数据融合能够提供更全面的信息，但也可能带来数据不一致性和噪声等问题。因此，在构建业务大模型时，需要采用先进的数据预处理和

清洗技术，确保数据的准确性和可靠性。同时，还需要考虑模型的可解释性和鲁棒性，以便在实际应用中能够更好地解释模型结果并应对不确定性。

综上，物理系统的发展给业务系统带来了深刻的变革，信息系统的进步推动了业务系统建模向数据驱动、智能化和构建业务大模型等方向发展，这些趋势不仅提高了业务系统建模的准确性和效率，还为企业的战略制定、决策和管理提供了更为科学的支持。

15.2.3　数字驱动业务创新重塑

物理系统、业务系统和信息系统相互作用和融合演变的。业务系统的发展离不开物理系统和信息系统，一方面，业务系统发展需适应物理系统规模、结构和功能的变化，需要适应系统低碳化、多元化、市场化、高可靠性、高电能质量的发展要求，支撑新型电力系统及新型能源体系构建；另一方面，信息系统的发展也推动了业务数字化进程，数字技术将植入电力企业生产、管理和经营全过程，促进企业经营管理活动数字化，并扩充电力企业业务边界，构建能源服务生态。

从数字驱动的模式看，数字技术将赋能电网企业变革，可分为促进提升运营效率和质量、创新业务模式、业务自适应重构等模式。

1. 提升运营效率和质量

在业务系统中，大量作业层的人工智能技术应用将提高员工的劳动生产率、劳动安全性和工作条件，降低企业的运营成本，如电网企业数字化员工、业务流程重构、组织结构优化等，均以提升生产运营效率和质量为主要目标。

2. 创新业务模式

业务系统运营效率的提升将为企业释放更多的资源，为业务模式的创新提供条件，新的商业模式不断涌现。如数字电网在输出优质电力的同时，还可以输出网络、算力、数据、算法等服务，与政府、机构、企业等共建数据市场，促进产业边界逐渐模糊，实现供给与需求端到端，业务与业务点对点的平台模式，促进业务链条向上下游延伸，与其他能源系统深度互联和协调优化。

3. 促进业务自适应重构

电网企业可对业务多元化的需求进行敏捷响应，整合人力、机器人劳动力、数字劳动力，实现端到端自动化、资源优化并减少浪费，推动业务系统以自适应的模式优化重构，形成数智驱动的业务发展模式。

具体地说，业务系统的数字化是将数字技术植入电网企业生产、管理和经营全过程，对内实现跨层级、跨地域、跨系统、跨部门、跨业务的协同，促进以数据驱动的管理流程再造、组织结构优化，促进企业人、财、物资源优化配置，提高企业经营管理效率和质量；对外提升企业对内外部环境的洞察力，整合、共享企业内外部资源，创新与能源产业链上下游的协作方式，构建以新一代数字技术支撑的现代企业管理体系。

（1）作业层：提升“单兵作战”与“协同作战”能力。可运用可穿戴设备、无人机、物联网、虚拟现实及增强现实等技术，提高作业层的现场工作效率和质量，提升基层班组“单兵作战”能力；在危险环境作业等场合利用物联网、人工智能等技术实现机器代人，改善员工工作条件，提高安全作业水平；应用流程机器人等新技术，提高业务工作效率；同时，运用数字化沟通协作工具实现大范围的信息共享，提升多班组、跨专业的“协同作战”能力。

（2）管理层：促进企业业务流程再造及企业组织结构优化。可对业务运转、业务流程执行时间、业务节点滞留时间、人员配置等进行多维分析，对企业管理流程进行数字化沙盘推演，指导企业业务流程设计，运用流程引擎等工具快速配置业务流程，促进业务流程再造；同时，利用大数据、人工智能等数字技术经过反复地自主学习、训练企业管理优化模型，促进企业组织结构扁平化，提升组织结构柔性，促进以数据驱动的企业运营。

（3）决策层：支撑企业对内外部环境的全面洞察，促进企业人、财、物资源优化配置。可全面洞察电网企业内外部环境，如电网运行状态、业务运营状态、产业链、价值链状态，战略发展成效等，提升洞察与管控能力。实现企业人、财、物等资源科学调配，实现资源精准投放，通过风险告警、价值衡量、趋势预测、优化决策，实现运营风险可控、企业决策科学合理。

15.3　信息系统的发展

15.3.1　信息系统输入技术

随着信息技术的不断演进，信息系统输入技术面临着日益增长的多样化和智能化需求。为了提升用户体验、增强交互效率，并适应不同应用场景的特定要求，信息输入技术正朝着多模态、高精度、实时响应的方向迅速发展。它们不仅关乎系统的易用性，还直接影响到用户与系统的交互质量和效率。

1. 自然语言处理技术

自然语言处理技术（natural language processing，NLP）持续演进，它基于语法分析、语义理解、实体识别等核心技术原理，使计算机能够解读、解释并生成人类语言。该技术涵盖了词法分析、句法分析、语义分析、情感分析等多个层面，并具有深入理解人类语言、支持多语种、持续学习与优化等显著特点。在数字电网中，自然语言处理技术使用户能够通过语音或文本形式与系统进行更加自然的交互，省去了烦琐的手动操作步骤。例如，用户可以简单地发送文本消息来查询电费余额或报告电力故障，系统会准确理解并作出相应回应，从而显著提升了用户体验。自然语言处理技术如图 15–4 所示。

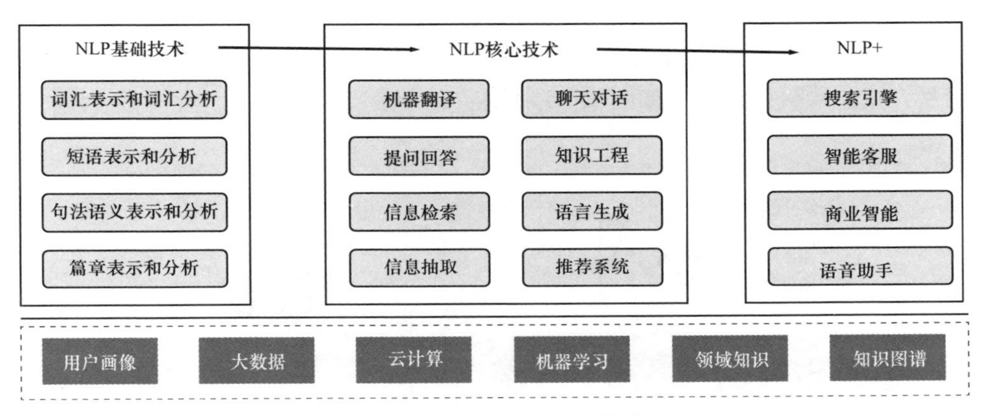

图 15–4　自然语言处理技术

2. 语音识别技术

语音识别技术利用声学模型、语言模型和解码算法等核心原理，实现了高精度的语音转文字功能。该技术涵盖了基于模板匹配、统计模型以及深度学习等多种方法，并具有高精度识别、强实时性、适应不同环境和噪声条件等显著优势。在数字电网中，语音识别技术预计将迎来更高的精准度和更广泛的普及，使用户能够通过简单的语音指令直接操作系统，无需进行手动输入。例如，在紧急情况下，用户可以通过语音快速报告电力故障，系统会立即识别并派遣维修团队前往处理，从而极大增强了输入的便捷性与效率。

3. 手势识别技术

手势识别技术通过摄像头或传感器捕捉用户的手势动作，并利用计算机视觉和机器学习算法进行识别和分析。该技术涵盖了基于图像的手势识别和基于传感器的手势识别等多种方法，并具有提供直观交互方式、支持多种手势动作、适用于 AR/VR 应用等显著特点。例如，在数字电网的虚拟监控环境中，用户可以通过手势来放大或缩小电网地图、切换不同的数据视图等，从而提供更加直观且沉浸式的交互体验。

4. 脑机接口技术

脑机接口（brain-computer interface，BCI）技术通过捕捉和分析大脑信号，将其转化为计算机可识别的指令或信息。该技术利用脑电图、磁共振成像等技术来监测大脑活动，涵盖了侵入式和非侵入式 BCI 技术等多种方法，并具有提供直接的脑机交互方式、适用于残障人士、具有潜在的高精度和快速响应能力等显著特点。在数字电网建设中，BCI 技术的应用有望使用户能够直接通过大脑信号与信息系统进行交互。例如，残障人士可以通过 BCI 技术直接通过大脑信号控制家中的电力开关或调节灯光亮度，从而为他们提供更加直接、高效的交互方式。脑机接口技术如图 15-5 所示。

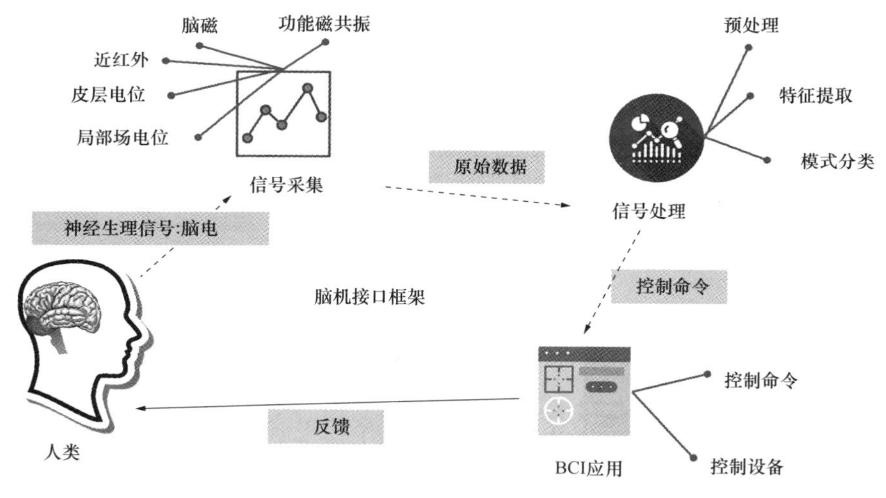

图 15-5 脑机接口技术

5. 多模态输入技术

多模态输入技术集成了语音、手势、触摸、眼动追踪等多种输入方式，使用户能够根据具体应用场景选择最为适宜的输入方式。该技术涵盖了融合多种输入方式的综合系统和针对不同应用场景的定制化系统等多种方法，并具有提供灵活的输入方式选择、提高交互的自然性和效率、支持多种设备和平台等显著特点。在数字电网中，多模态输入技术的应用将使用户能够根据需要选择最

合适的输入方式与信息系统进行交互。例如，在远程控制场景中，用户可以选择使用语音指令来开启或关闭电力设备，同时使用手势来调整设备的参数或查看不同的数据视图，从而极大提升交互的灵活性与效率。多模态输入技术架构如图 15-6 所示。

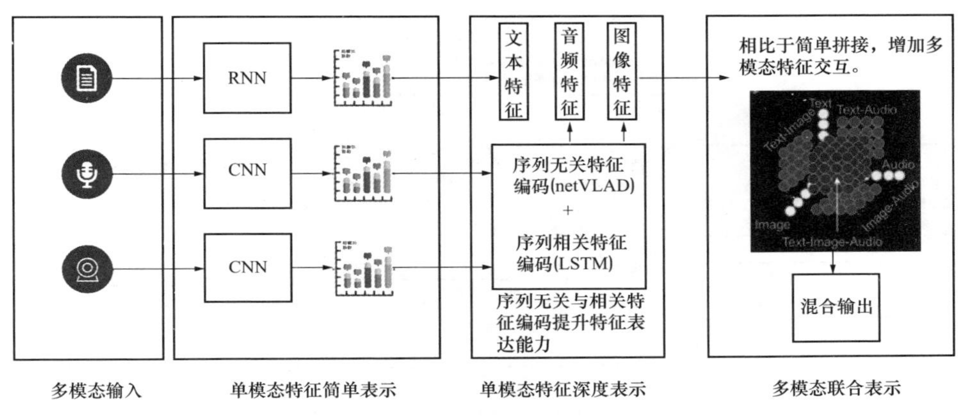

图 15-6 多模态输入技术架构

随着自然语言处理、语音识别、手势识别、脑机接口以及多模态输入技术的不断突破和应用拓展，未来的信息输入将更加自然、便捷、高效。这些技术的发展不仅将极大提升用户体验和交互效率，还将为数字电网等复杂信息系统的智能化升级提供有力支撑。

15.3.2 信息系统处理技术

1. 信息传输技术发展趋势

在信息爆炸的时代，信息传输技术作为连接数据源头与终端的桥梁，其发展趋势直接关系到信息处理的整体效能与用户体验。随着技术的不断进步，信息传输技术正朝着高速化、智能化、安全化及融合化的方向迅猛发展。

（1）高速化：从 5G 到未来的 6G 及更高级别。当前，5G 通信技术已在全球范围内广泛应用，其高速度、低延迟的特性为高清视频、远程医疗、自动驾驶等领域提供了强有力的支持。然而，随着物联网、大数据、人工智能等技术的飞速发展，对数据传输速度的需求也在不断增长。因此，6G 乃至更高级别的通信技术成为研究的热点。

6G 通信技术预计将在带宽、延迟、连接密度等方面实现质的飞跃，实现空天地海一体化的通信覆盖。通过引入太赫兹波段、轨道角动量复用等先进技术，6G 网络将提供比 5G 网络高数百倍甚至数千倍的传输速率，同时保持极低的延迟。这将极大地促进远程实时交互、超高清视频传输、全息通信等新兴应用的发展。6G 通信技术发展如图 15-7 所示。

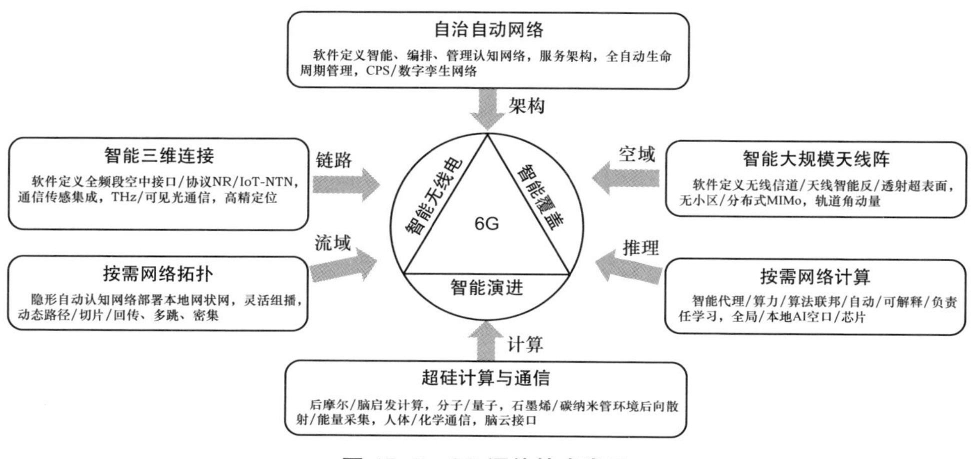

图 15-7　6G 通信技术发展

随着量子通信技术的逐步成熟，基于量子纠缠和量子密钥分发的量子通信网络也将成为未来信息传输的重要方向，量子通信具有极高的安全性和传输效率，有望在未来解决经典通信中的安全瓶颈问题。量子通信技术如图 15-8 所示。

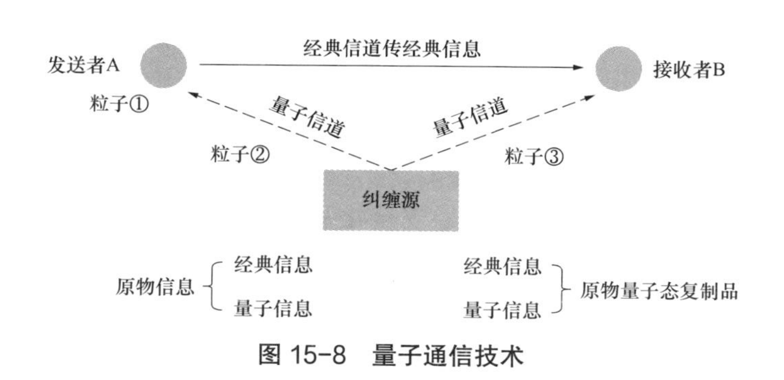

图 15-8　量子通信技术

（2）智能化：AI 赋能信息传输。人工智能技术的快速发展为信息传输技术带来了新的机遇。通过引入 AI 算法，可以实现对网络流量的智能预测、调度和优化，从而提高信息传输的效率和稳定性。例如，利用机器学习算法对网络

流量进行实时监测和分析，可以预测未来一段时间内的流量变化趋势，从而提前调整网络资源配置，避免网络拥塞和延迟。

同时，AI 技术还可以应用于网络故障的诊断和恢复。通过训练神经网络模型，可以快速识别网络中的异常流量和潜在故障点，并自动触发相应的恢复机制，减少人工干预的时间和成本。这种智能化的故障排查和恢复机制将大大提高信息传输网络的可靠性和可用性。

（3）安全化：构建全方位的信息传输安全防护体系。随着网络攻击的日益频繁和复杂，信息传输过程中的安全问题愈发突出。因此，构建全方位的信息传输安全防护体系成为当务之急。这包括加密技术的不断升级、安全防护策略的持续优化以及安全监测和响应机制的快速响应等方面。

在加密技术方面，随着量子计算技术的不断发展，传统的基于大数分解和离散对数难题的公钥密码体系面临严峻挑战。因此，后量子密码学成为研究的热点方向之一。后量子密码学采用基于格、编码、多变量多项式等新型数学难题的密码算法，具有抵抗量子计算攻击的能力，为信息传输提供更高层次的安全保障。

在安全防护策略方面，通过引入零信任网络架构、微隔离等先进理念和技术手段，可以实现对网络访问的精细化控制和动态调整，降低潜在的安全风险。同时，建立完善的安全监测和响应机制也是保障信息传输安全的重要手段之一。通过实时监测网络流量、分析安全日志等手段及时发现并应对潜在的安全威胁，确保信息传输过程的安全可靠。

（4）融合化：推动多网融合与跨域协作。随着各种网络技术的不断发展和普及，未来信息传输网络将呈现多网融合的趋势。通过实现不同网络之间的互联互通和资源共享可以提高信息传输的覆盖范围和传输效率。例如，在移动通信网络中引入卫星通信和无人机通信技术可以实现偏远地区和复杂环境下的信息传输覆盖；在物联网领域推动不同物联网平台之间的互联互通可以实现跨平台的数据共享和业务协同。

此外，跨域协作也成为未来信息传输技术发展的重要方向之一。通过加强不同领域、不同行业之间的合作与交流可以推动信息传输技术的创新与应用拓展。例如，在智慧城市建设中通过整合交通、能源、环保等多个领域的数据资源可以实现城市管理的智能化和精细化；在工业互联网领域通过推动制造业与信息技术的深度融合可以推动制造业的转型升级和高质量发展。

2. 信息存储技术发展趋势

信息存储技术作为信息处理技术的重要组成部分，其发展趋势直接关系到数据的长期保存与高效访问。随着大数据时代的到来以及新型存储介质的不断涌现，信息存储技术正朝着大容量、高速化、绿色化及智能化等方向快速发展。

（1）大容量：满足海量数据存储需求。随着大数据时代的到来以及物联网、人工智能等技术的广泛应用，数据量呈现爆炸式增长态势。因此，大容量存储技术成为研究的重点方向之一。未来信息存储技术将不断追求更高的存储容量以满足海量数据的存储需求。

一方面传统存储介质如磁盘、固态硬盘等将不断升级换代采用新型材料和技术手段提高存储密度和容量。例如通过采用垂直磁记录、热辅助磁记录等技术手段可以显著提高磁盘的存储密度；通过采用三维堆叠闪存等技术手段可以提高固态硬盘的存储容量和性能表现。

另一方面新型存储介质如脱氧核糖核酸（deoxyribonucleic acid，DNA）存储、量子存储等也将逐渐走向实用化。这些新型存储介质具有极高的存储密度和极长的数据保存时间有望在未来成为主流存储介质之一。例如 DNA 存储利用 DNA 分子的稳定性和高信息密度特性可以实现 PB 级甚至 EB 级的数据存储；量子存储则利用量子纠缠和量子叠加态等特性实现信息的长期保存和高效访问。DNA 数据储存技术如图 15-9 所示。

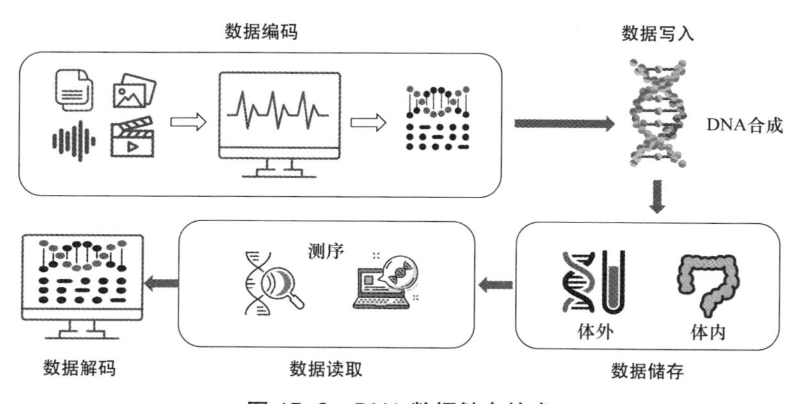

图 15-9　DNA 数据储存技术

（2）高速化：提升数据访问效率。除了大容量外高速化也是信息存储技术发展的重要方向之一。随着互联网普及和信息传输速度的提升人们对于数据访

问效率的需求也越来越高。因此未来信息存储技术将不断追求更高的读写速度和更低的延迟以满足用户对高效数据访问的需求。

一方面通过优化存储控制器的算法和提升存储接口的速度等手段可以显著提高存储系统的整体性能表现；另一方面通过引入并行处理和分布式存储等技术手段可以实现数据的高效读写和快速访问。这些技术手段的应用将极大地提升数据访问效率为用户带来更加流畅和便捷的使用体验。

（3）绿色化：推动节能环保发展。随着环保意识的不断提升以及能源成本的上升绿色化成为信息存储技术发展的重要趋势之一。未来信息存储技术将越来越注重节能和环保通过采用低功耗设计、热回收等技术手段降低能耗和减少碳排放量实现可持续发展目标。

一方面新型存储设备将更加注重能效比和环境友好性通过采用低功耗芯片、优化散热设计等手段降低能耗；另一方面数据中心等大规模存储设施也将加强绿色化建设通过引入太阳能、风能等可再生能源以及采用高效的冷却系统和节能设备等手段降低整体能耗和运营成本。

（4）智能化：实现存储资源的智能管理。随着人工智能技术的快速发展智能化成为信息存储技术发展的重要方向之一。通过引入 AI 算法和技术手段可以实现对存储资源的智能感知、预测和管理提高存储资源的利用效率和可靠性。

一方面通过引入机器学习算法可以实现对存储流量的智能预测和调度根据业务需求动态调整存储资源配置避免资源浪费；另一方面通过引入自动化运维工具可以实现存储设备的实时监控和故障预警及时发现并应对潜在的安全威胁和故障问题确保存储系统的稳定运行。

此外智能化还体现在对存储数据的智能分析和处理上。通过引入数据挖掘、机器学习等技术手段可以对存储数据进行深入分析和挖掘发现隐藏在数据中的规律和趋势为业务决策提供有力支持。这种智能化的数据分析和处理方式将极大地提升数据处理效率和准确性为用户带来更加精准和有价值的信息服务。

3. 计算处理技术发展趋势

计算处理技术作为信息处理技术的核心组成部分其发展趋势直接关系到数据处理的速度和效率以及智能应用的落地与普及。随着人工智能、大数据等技术的快速发展计算处理技术正朝着高性能、智能化、分布式及异构融合等方向快速发展。

（1）高性能计算：满足复杂任务处理需求。随着大数据时代的到来以及人工智能等复杂应用的不断涌现对计算性能的需求也越来越高。因此高性能计算成为计算处理技术发展的重要方向之一。未来计算处理技术将不断追求更高的计算速度和更低的延迟以满足复杂任务处理的需求。

一方面通过采用多核处理器、GPU 加速等技术手段可以显著提高单机的计算性能；另一方面通过构建超级计算机、云计算平台等大规模计算系统可以实现计算资源的集中调度和高效利用满足大规模复杂任务的处理需求。这些技术手段的应用将极大地提升计算处理速度和效率为用户带来更加流畅和高效的使用体验。

（2）智能化计算：推动 AI 应用落地。随着人工智能技术的飞速发展，大模型作为其核心驱动力之一，正逐步重塑多个行业的格局。大模型，即具有庞大参数规模和计算能力的机器学习模型，通过输入大量语料进行训练，赋予计算机类似人类的“思考”能力，使之能够理解文本、图片、语音等内容，并进行文本生成、图像生成、推理问答等工作。

一方面通过引入机器学习算法可以实现对计算任务的智能分配和调度根据任务特点和资源状态动态调整计算资源配置提高计算效率；另一方面通过引入深度学习等技术手段可以实现对计算结果的智能分析和处理发现隐藏在数据中的规律和趋势为业务决策提供有力支持。这种智能化的计算处理方式将极大地提升计算处理的智能化水平和应用价值为用户带来更加精准和有价值的信息服务。

（3）分布式计算：实现计算资源的灵活调度。随着云计算、大数据等技术的广泛应用分布式计算成为计算处理技术发展的重要方向之一。通过构建分布式计算系统可以实现计算资源的灵活调度和高效利用满足大规模复杂任务的处理需求同时降低计算成本和提高计算可靠性。

一方面通过构建云计算平台可以实现计算资源的按需分配和弹性扩展根据业务需求动态调整计算资源配置降低计算成本；另一方面通过构建大数据处理平台可以实现大规模数据的并行处理和实时分析提高数据处理效率和准确性。这些技术手段的应用将极大地提升计算资源的灵活性和可扩展性为用户带来更加便捷和高效的计算服务体验。

（4）异构融合计算：应对多样化计算需求。随着技术的不断发展计算任务的多样化和复杂化对计算处理技术提出了更高的要求。因此异构融合计算成为计算处理技术发展的重要趋势之一。通过融合不同类型、不同架构的计算资源

可以应对多样化计算需求提高计算效率和灵活性。

一方面通过融合 CPU、GPU、FPGA 等多种类型的计算资源可以发挥各自的优势实现计算任务的高效协同处理；另一方面通过融合不同架构的计算资源可以适应不同应用场景的需求提高计算适应性和灵活性。这种异构融合计算的方式将极大地提升计算处理技术的适应性和扩展性为用户带来更加全面和高效的计算服务体验。

此外，量子计算作为前沿科技，正逐步从理论走向实用化，其发展趋势包括技术成熟度提升、硬件成本降低及行业应用拓展。随着量子比特数量增加、门保真度提高和相干时间延长，量子计算机的性能将大幅提升，实现更多复杂问题的高效求解。同时，量子计算云平台的发展降低了用户门槛，促进了量子计算的普及与应用。在电网领域，量子计算的应用场景广泛。例如，量子优化算法可用于电力系统的调度和运行优化，提高能源利用效率和系统稳定性。量子计算还能加速电网故障的诊断与修复过程，通过快速计算找到最佳解决方案，减少停电时间和损失。此外，量子加密技术保障电网数据安全传输，防止信息泄露和攻击，提升电网的整体安全性。未来，随着量子计算技术的不断成熟，其在电网中的应用将更加深入和广泛。

15.3.3 信息系统输出技术

为了提升用户体验、增强信息传递效果，并适应不同应用场景的特定要求，信息输出技术正面临着多样化、智能化的发展要求。在数字电网等领域，其重要性不仅关乎信息的有效传达，还直接影响到用户与系统的交互质量和效率。

1. 数据可视化技术

数据可视化技术通过图形、图像和动画等直观形式，将抽象数据转化为易于理解的视觉元素，从而加速用户的数据处理和分析过程。该技术利用人类对图形的快速识别能力，将数据映射到视觉元素上，以实现数据的深入理解和有效传达。数据可视化技术涵盖条形图、折线图、饼图、散点图等多种形式，每种形式均适用于特定的应用场景。例如，在电网运行状态监控中，实时数据可视化技术使运维人员能够直观地观察到电网的负载情况、设备状态等关键信息，从而迅速做出决策。

2. 增强现实与虚拟现实技术

AR 和 VR 技术通过模拟真实环境或叠加虚拟信息到真实环境中，为数字电网带来了全新的沉浸式输出体验。AR 技术能够在用户的视野中实时添加虚拟信息，如设备标签、操作指引等，从而增强用户对实际环境的感知和交互能力；而 VR 技术则能够创建一个完全虚拟的环境，用于培训或设计目的。这些技术的应用不仅提升了培训效果，使学员能够在虚拟环境中进行实际操作练习，还提高了设计精度和效率。例如，在电网设备维护培训中，学员可以通过 AR 技术直观地看到设备的内部结构和工作原理，或者通过 VR 技术进行模拟操作练习，以提升其实际操作能力。

3. 自然语言生成技术

自然语言生成（natural language generation，NLG）技术通过计算机算法将复杂数据转换为人类可读的自然语言文本，从而降低了信息理解的门槛。该技术模拟人类写作过程，将数据结构化并转换为语句和段落，以实现信息的有效传达。NLG 技术包括模板法、规则法和机器学习法等多种方法，每种方法均适用于不同的应用场景。例如，在电网故障报告中，NLG 技术可以自动生成详细的故障描述、原因分析和修复建议，使运维人员能够迅速了解故障情况并采取有效措施进行修复。

4. 多模态输出技术

多模态输出技术通过融合图像、音频、视频等多种信息呈现形式，实现了信息传递的丰富与多样化。该技术利用不同模态之间的互补性来增强信息的表达能力和传达效果，从而满足不同用户与场景的需求。多模态输出方式包括图文结合、语音解说、动画演示等多种形式，每种形式均能够为用户提供不同的信息体验。例如，在电网规划汇报中，可以通过多模态输出方式将规划方案以图文结合的形式展示给决策者，并通过语音解说和动画演示来详细解释方案的优点和实施步骤，以提高决策者的理解和接受度。

5. 3D 打印技术

3D 打印技术通过逐层堆积材料来构建三维实体模型，为数字电网提供了从数字到实体的桥梁。该技术将数字模型切片并逐层打印，最终得到与原始模型一致的实体，从而实现了数字模型与实体之间的无缝转换。3D 打印技术包括熔融沉积造型、立体光固化造型、选择性激光烧结等多种形式，每种形式均适用于不同的应用场景。在数字电网中，3D 打印技术可以用于制造电网设备的原型、维修替换部件或创建电网布局的物理模型。例如，在电网设备研发中，设计师可以利用 3D 打印技术快速制作出设备原型进行测试和验证；在设备维修中，则可以通过 3D 打印技术快速制造出替换部件以恢复设备运行，从

而提高维修效率和设备的可用性。

总的来说，随着数据可视化、增强现实与虚拟现实、自然语言生成、多模态输出以及 3D 打印技术的不断突破和应用拓展，未来的信息输出将更加直观、丰富、高效。这些技术的发展不仅将极大提升用户体验和信息传递效果，还将为数字电网智能化升级提供有力支撑。

第 16 章　数字电网标准数字化

>>>

16.1　标准数字化转型

标准作为技术、产业与市场之间的关键纽带，正面临着前所未有的挑战与机遇。标准数字化转型作为顺应全球数字化浪潮的必然趋势，不仅是对全球数字化进程的积极响应，更是标准化工作为适应数字化时代需求，运用数字化技术对标准制定、应用及全生命周期管理进行全面革新的重要举措。在全球范围内，对于标准数字化转型已形成广泛共识，国际标准化机构已积极投身其中。例如，国际电工委员会（IEC）已明确将机器可读标准的发展纳入其长远战略规划，通过设立专门的战略小组，来引领和推动数字化转型工作的深入实施。同时，ISO 也在其发布的《ISO 2030 战略》中，强调了数字技术的重要性，并成立了专项顾问组，专注于机器可读标准的研究与推广，致力于探索新型数字化标准的实现路径与应用场景。

标准数字化转型不仅是对现有标准化体系的技术性革新，更是对未来智能社会规则框架的前瞻性布局。随着技术的日益成熟和应用的不断深化，机器可读标准将成为支撑万物互联、智能决策的重要基石，为全球范围内的技术交流、产品互认、市场准入等提供更为高效、透明的机制保障。

16.2　机器可读标准

在制定和核查传统标准的过程中，主要依赖的是人工操作。然而，随着数字技术的迅猛进步，这些先进技术为标准的机器化应用和交互开辟了新的途径。未来的标准体系将展现出多元化的发展态势，具体可细化为以下三大类：面向人类用户设计的标准、专为机器用户设计的标准，以及旨在促进人机协同

工作的混合标准。

为了确保标准的精确度和实用性，需针对人员与机器在解析标准时可能存在的差异，量身定制相应的策略与实施方法。这一举措旨在保障无论是由人类还是机器执行，标准都能得到准确且有效的遵循与应用。人员和机器对标准内容的解析方式对比见表 16–1。

表 16–1　人员和机器对标准内容的解析方式对比

需求	人员	机器
对数据一致性的要求	较低	要求高度结构化
对数据质量的弹性	高	非常依赖于数据质量
对语法失败的弹性	高	低
对语义失败的弹性	高	低
推断能力	自我发展	需要引导
处理大量单调数据的能力	较低	高
处理多种语言的能力	有限	从低到高，取决于机器支持多种语言的能力
对上下文要求	较低	要求符合要求的上下文

由表 16–1 中的对比分析可知，机器对标准的语义互操作性提出了很高的要求，无论从标准技术内容的编写上，还是从标准交付的呈现形式上，都需要根据机器的解析需求进行创建。关于机器可读标准，国内外尚未形成明确定义，根据 IEC、ISO 有关文件中对这一概念的描述，机器可读标准可理解为技术内容可直接由机器、软件或自动化系统解析和使用，以用户 / 应用特定的、可移植的数字化形式提供的新型标准。

具体来说，机器可读标准实现了以下几个关键特性：

（1）结构化和标准化格式：通常采用如 XML、JSON 等结构化语言来编写，这样便于计算机识别和处理信息。这些格式确保数据有清晰的层级和标签，易于被算法解析。

（2）语义明确：内容包含丰富的元数据和语义信息，使得机器不仅能读取数据，还能理解其含义和上下文，这对于自动化执行和决策至关重要。

（3）可交互：支持通过 API 等方式与外部系统交互，允许数据的动态查询、更新和交换。

（4）可移植与兼容：确保标准在不同系统和平台间的一致性和互操作性，使得数据可以在不同环境之间无缝转移和使用。

（5）全程数字化：从标准的制定、发布到实施和维护的全过程都采用数字化手段，提高效率和透明度。

机器可读标准的推广和应用，对于加速标准化工作流程、提升标准的实施效率、促进跨行业和跨国界的信息交流与合作，对数字化转型和智能化升级具有重要意义。它在智能制造、智慧城市、数字电网等领域尤为重要，能够帮助实现更高效的资源配置、更快速的服务响应和更精准的决策支持。随着技术进步，机器可读标准正逐渐成为标准化领域的主流趋势，并在全球范围内受到重视和推广。

机器可读标准能力等级模型中每一级对应的能力需求见表 16-2。其中，第 2 级至第 4 级被认为是具有高阶数字化能力的标准。

表 16-2　　机器可读标准能力需求

等级	标准形式	机器可读能力需求
0 级	纸质格式	
1 级	传统数字化格式（如 PDF）	可显示和搜索相关内容
2 级	机器可识别（如 XML）	包含标准文本结构化的内容，可利用软件识别文件结构并进行基本处理
3 级	机器可执行	可根据应用场景选择性地访问赋有语义的标准内容，可利用应用程序界面对标准内容执行较复杂的操作
4 级	机器可决策	机器能够以更为复杂的方式执行或解析标准内容。包含表示标准内容及元素之间相互关系的信息模型，可实现无断点、无歧义的数据流。甚至具有自学习和验证的能力，可自主应答询问、预测性地提供所需标准内容（如响应产业链采购、销售环节的需求等），可不断优化内容的访问和处理方式

16.3　机器识别标准

1. 拓展标准标签集

标准标签集通过采用 XML 等先进的标记语言技术，精确定义了标准的多层次结构框架，该框架涵盖了从导言、主体至附录的全部组织部分。此外，它还详细界定了技术内容的基本构成单元，如章节、条款、段落、列表项、图表、数学公式及脚注等，通过为这些元素赋予独特的标签与属性定义，构筑了一套普适性的标准信息模型框架。在此坚固的基底之上，进一步融合了面向本体的建模理论与表达技巧，聚焦于特定标准化领域实体的分类与关联，对通用标准标签集及属性定义进行了深度扩展与细化。这一过程不仅增强了标签集的领域针对性与描述能力，还促进了标准化对象的类目划分与相互关系的逻辑表达，最终促成了一种高度结构化的表示体系，此体系精确映射了标准框架的主要构成及内部元素间复杂的关联网络，为实现标准的语义化、机器可读性及智能处理奠定了坚实的理论与技术支撑。标准标签集示例如图 16–1 所示。

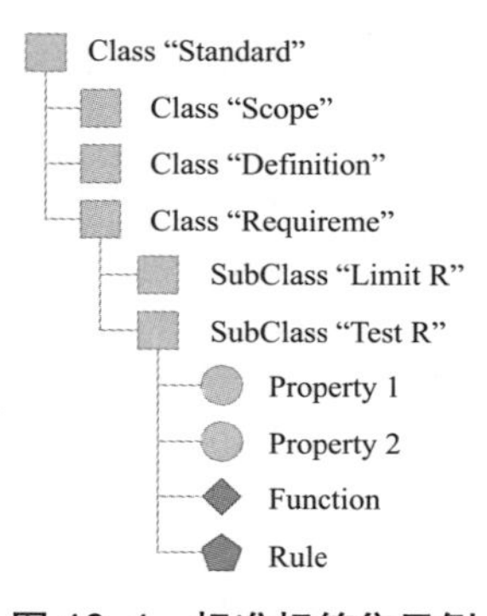

图 16–1　标准标签集示例

2. 公共数据字典

公共数据字典（如图 16–2 所示）的核心应用范畴集中于标准化组件、装置数据架构及基本要素等技术规格数据的标准化处理。通过对这些技术性关键数据实施结构化管理，构建起一个综合编码、术语名称、详尽定义及层次隶属关系的属性目录，该目录封装了描述目标实体的全部关键信息，形成了多样化的技术内容描述属性集，从而促成了一个描述技术本体的综合性数据资源库的建立，此数据库不仅丰富了标准对象的语义内涵，还提升了数据的可操作性和复用性。与此同时，借助数据库驱动的标准化构建技术，该体系能够支持快速响应标准内容的变更请求，实现从评估、审批到发布的高效流程管理，确保了标准核心信息的即时在线检索、维护与应用能力。这一机制显著增强了标准数据的时效性和灵活性，为跨系统、跨企业和跨行业的标准数据互操作性设立了稳固基础。通过提供机器可读的公共数据字典系统，不仅促进了标准化信息的广泛共享与深度集成，还为实现数字化转型和智能集成应用铺设了坚实的基础设施，推动了标准化实践向更高层次的协同与自动化迈进。

其属性描述见右

- #5013：Diameter of the Sensor Cell(传感器单元直径)
- #2004：Sensor Cell Material(传感器单元材料)
- #7030：Weight of the Senser(传感器重量)
- #8544：Dimension of the Housing(壳体尺寸)
- #723：Material of the Housing(壳体材料)
- #1234：Local Operator Panel(本地操作员面板)
- #2345：Threshold level and Signalling(阈电平与信令)
- #5673：Linearization Curve(线性化曲线)
- #7558：Time Stamp Function(时间戳功能)
- #5563：Self Calibration(自定标)
- #etc. 等等

其属性描述见右

- #7713：Size of the Housing(外壳尺寸)
- #2354：230 Voltage(230V)
- #9030：maximum Power(最大功率)
- #8344：Star Start(星形启动)
- #7239：Multiswitch(复接开关)
- #3456：Rack Assembly(机架装配)
- #2354：Overloading Protection(过载保护)
- #etc. 等等

其属性描述见右

- #7713：Size of the Housing(外壳尺寸)
- #2354：230 Voltage(230V)
- #9030：maximum Power(最大功率)
- #7344：maximum rpm(最大转速rpm)
- #7239：maximum newton meter(最大牛顿米)
- #3454：8 screws fixing(8根螺杆固定)
- #etc. 等等

图 16-2　仪器仪表公共数据字典示例

16.4　机器可执行标准

1. 标准管理壳

为满足机器可读标准在数据交换与映射方面的高级需求，开发一种面向标准数字化智能服务体系的全技术要素组件接口，该接口设计旨在促进标准所有构成要素的自动化访问与操控，通过高度集成的接口功能，确保机器能够高效、准确地解析与应用标准数据，进而推动标准智能服务的深化与拓展。针对标准内容随时间演变与调整的挑战，构建一套基于逻辑约束关系的动态配置策略，即标准管理壳，如图 16–3 所示。

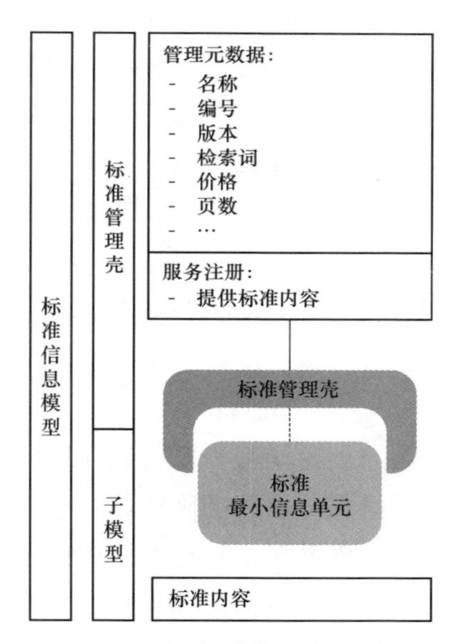

图 16–3　标准管理壳示例

这一策略通过细致分析各功能模块间的内在联系与依存，动态调整与优化配置参数，确保了标准内容更新时的精确同步与一致性维护。在此基础上，形成一种标准数据与接口模型间的动态融合机制，该机制能够实时响应标准的变化，自动调整数据映射与接口配置，从而保证了标准应用系统在面对内容变动时的灵活性与稳定性。这一创新性框架不仅强化标准数据处理的敏捷性，还为实现标准化工作流程的持续优化与智能化管理提供有力支撑。

2. 语义互操作模型

针对技术标准内容存在的多模态异构特性所引发的交互兼容性难题，语义互操作模型应运而生，旨在攻克这一复杂性障碍。该模型通过细致描绘技术标准内对象的技术要素本体，促进了不同架构、不同类型的系统与机器间的无缝对接、信息自由流动及操作协同，从根本上提升了技术生态系统中的交互效率与一体化程度。在此基础上，模型进一步细化标准框架与核心组件的解析度，将技术标准的微观构成分解为一系列最小信息单元，这些单元作为构成标准知识的基石，包含了结构化与语义化的双重建模需求。通过对这些最小单元中的逻辑结构、技术特性的深入剖析与建模处理，不仅实现了单元内部信息的精确表达与组织，还通过重构单元间的关联网络，注入了丰富的语义关联，从而赋予数据以深度意义，增强了信息的可理解性和可操作性。通过这一系列语义化处理与重组，语义互操作模型成功地将标准文档中的隐性知识与显性信息转化为可计算的数字形态，为构建知识密集型的数据库与促进跨域知识共享构建了坚实的底层架构。此模型不仅为标准化领域的知识工程与智能服务提供了强大的技术支撑，还加速了信息时代的知识创新与智慧应用的融合进程。

16.5　机器可决策标准

1. 知识图谱构建

在语料标注领域，利用数据驱动与语义智能辅助标注技术，实现了人机协同的标注方式，极大提升了语料标注的准确性和效率。进一步地，为了构建和完善技术标准知识图谱，可以借助深度神经网络挖掘主题词的近义语义关系和语义关联关系，进而确定了知识图谱的实体类别、关系类别，并设计了相应的Schema架构。在实体识别和消歧方面，采用基于表示学习和片段递归神经网络的通用实体识别技术，结合弱监督规则学习的核心实体识别方法，有效提升了实体识别的准确性。同时，结合上下文信息和知识图谱中的实体知识，实现实体消歧和链接技术，确保新增知识与现有图谱的无缝融合。为支持对自然语言描述标准文本的高效处理，引入了基于多粒度知识表示学习模型的知识推理与加工方法。这一方法通过多粒度的知识表示学习，有效地支撑了自然语言描述标准文本的深度理解和处理，为自然语言处理技术在标准文本分析领域的应用提供了有力支撑。

2. 自然语言理解

通过对标准文本的特征属性与内在信息架构进行深入剖析，构建一种基于N-Gram模型的语义分析框架，旨在捕捉文本的序列特征与短语结构，为后续的语义理解打下坚实基础。在此基础上，融合特定应用场景下的丰富语义情境知识，利用句法分析技术生成句法树结构，借以指导深度学习驱动的语义网络对标准文本进行深度剖析。这一过程不仅实现了对文本关键知识要素的精细分解、精确标注与逻辑重组，还深化了对标准文本深层次语义内容的挖掘与理解。进一步地，创新性地将标准文本的语义特征与领域知识库中积累的专业概念定义相结合，利用预训练的模型技术，构建了一套标准文本相似度与相关性评估的量化计算方法。这种方法不仅考虑了词汇层面的相似性，还深入到了概念和语境的匹配度，极大提升了评估的准确性和鲁棒性。引入基于相似度的意图识别算法，优化了文本分析任务的执行逻辑，确保基于文本相似度与相关性计算的任务输出能更紧密贴合实际应用场景的具体需求。这一策略不仅增强了分析结果的实用性与针对性，也为标准文本的智能处理与信息提取开辟了新的途径，推动了标准化工作在数字化、智能化方向上的深入发展。

综上所述，在数字电网建设中，机器可读标准作为基础构件，将极大地推动全球电力技术交流的高效化与透明化。这些标准采用特定的数据格式和语法规则，使得电网设备、管理系统等能够直接解析和执行标准内容，无须人工干预，从而极大地提高了电网的自动化水平和运行效率。数字电网标准将趋于多样化，其中，机器可读和人机协作标准将成为主流。机器可读标准通过其特有的格式和规则，实现了机器对标准内容的直接解析和执行，提升了电网的自动化水平和互操作性；而人机协作标准则结合了人类的创造力和机器的精准执行力，实现了人类与电网系统的无缝对接和高效协作。然而，机器对标准语义互操作性的高要求成为了需要解决的关键问题，需要制定和应用更为精细和完善的机器可读标准，同时结合人机协作的优势，共同推动标准的实施和应用。在数字化转型的背景下，需加快研究数字电网标准数字化关键技术，构建完善的技术标准体系，积极开展试点应用，推动标准化工作在数字电网领域的深入发展。这不仅有助于提升我国电网行业的整体竞争力，还将为实现全球电力一体化和可持续发展目标作出重要贡献。

第 17 章　数字电网价值延伸

>>>

数字电网的演进为电网赋予了显著的数字化特征，将极大地提升电网安全稳定运行水平，支撑新型电力系统发展。同时，数字电网的功能将从输出优质电力向“优质电力＋强大算力”拓展，其价值链不断向能源产业延伸，有效推动能源产业的革新步伐，促进相关产业的繁荣与发展，并将逐步成为支撑数字社会持续、稳定发展的新型基础设施。

17.1　电力算力网

17.1.1　算力网络的发展

算力网络的概念最早可以追溯到云计算的兴起。随着云计算技术的不断发展，越来越多的企业和个人开始将数据存储和计算任务转移到云端，从而推动了算力需求的快速增长。在云计算的基础上，算力网络开始萌芽，其核心思想是将分散的计算资源进行整合和共享，形成一个统一的、可动态调配的算力资源池。

在算力网络的早期，主要是聚焦于技术框架的构建和资源的整合，研究人员和开发者们探索如何将不同来源、不同类型的计算资源进行有效的整合和管理，以满足用户多样化的算力需求。随着网络技术的不断进步，算力网络的传输速度和稳定性也得到了显著提升，并伴随大数据、人工智能等技术的兴起而迎来了快速发展的机遇。

目前，算力网络已经可以支持多种计算模式，如分布式计算、并行计算等，以更好地适应不同场景下的计算需求。随着算力网络的不断发展和完善，其应用领域也逐渐拓展到各个行业和领域。在科学研究领域，算力网络为科研人员提供了强大的计算支持，加速了科研进度和创新成果的产出。在产业领

域，算力网络则推动了数字化转型和智能化升级，为企业提供了更加高效、便捷的计算服务。同时，算力网络也开始与其他产业进行深度融合。例如，在智能制造领域，算力网络可以与工业互联网相结合，实现生产线的智能调度和优化；在智慧城市领域，算力网络可以支撑城市管理和服务的智能化升级，提高城市运行效率和居民生活质量等。

17.1.2　构建绿色算力网

随着人工智能、大数据分析、云计算等技术的飞速发展，算力成为推动社会进步的新引擎。然而，传统算力中心的能源消耗巨大，且多依赖于化石能源，这不仅成本高昂，也对环境造成了不小的负担，为应对这些挑战，绿色算力网应运而生。

绿色算力网代表着一种全新的、环保的、高效的算力基础设施发展方向，核心在于提供稳定而连续的电力供应，同时确保新能源的即插即用接入能力，其技术特点如下：

（1）绿色算力网大量采用风能、太阳能等清洁能源，通过智能微电网技术，实现能源的自给自足，这不仅减少了对传统能源的依赖，也大幅降低了碳排放，符合全球减碳和绿色发展的趋势。

（2）绿色算力网通过先进的储能技术和智能调度系统，确保了电力供应的稳定性，即便在新能源供应不稳定的情况下，也能通过储能设备和智能调度，保障算力中心的连续运行，从而为各类数字服务提供了坚实的基础。

（3）绿色算力网支持新能源的即插即用接入能力。通过标准化的接口和协议，使得新的风能、太阳能发电设备能够快速、方便地接入网络，实现资源的快速扩展和灵活调度。

（4）绿色算力网还采用高效的冷却技术，如液冷或自然风冷，减少了数据中心的能耗。同时，通过算法优化和硬件创新，提升了服务器的能效比，进一步降低了能源消耗。

绿色算力网的发展不仅能够推动数字经济的可持续发展，也为全球减碳目标的实现做出了贡献。它代表了未来算力基础设施的发展方向，是数字时代绿色发展的典范。随着技术的不断进步和政策的支持，绿色算力网有望在全球范围内得到更广泛的应用。未来，绿色算力网将成为连接数字世界与绿色地球的桥梁，开启一个更加清洁、高效、智能的新时代。

17.1.3　电力与算力网络融合

电网的输配电基础设施在地理分布、网络基础等方面具备突出的优势，新型电力系统的发展将进一步拓宽其覆盖范围。在数字电网建设中，可逐步加大 5G 基站、物联网、分布式北斗基站等基础设施建设规模，并利用电网在算力、算法和数据资源上的优势，促进电力网络与算力网络融合发展，构建具备特大规模数字化服务能力的新型能源网络，这不仅支撑了电网安全可靠绿色高效运行，还将为上下游企业、工业互联网、智慧城市、数字政府等提供算力支撑，服务经济社会发展，惠及民生，提升对数字经济和数字中国建设的基础支撑能力。

（1）将电力通信网作为算力网络的重要组成部分。电力通信网是电网的神经网络，承担电网信息传输的重任。其中，光纤复合地线技术在电网通信系统中应用十分广泛，它是一种将光纤复合在架空地线中的输电线路技术，不仅具有地线的电气性能，还能传输光信号，实现通信和数据传输功能，具有覆盖范围广、高带宽、低衰减、抗电磁干扰等优势，在输电线路监测、继电保护、调度自动化等方面已得到广泛应用。未来，光纤复合地线技术在为电网运行提供有力保障的同时，还可以为全社会提供安全可靠的信息传输服务。

（2）数据中心与电网场站合建技术。数据中心与电网场站的功能定位不同。数据中心是支撑现代社会信息交换、处理与存储的关键基础设施；而电网场站则是电力系统的重要组成部分，可包括变电站、新能源场站、配电房等。数据中心与电网场站合建模式在节约土地资源、提高能源利用效率和实现节能减排方面具备明显优势。

在城市化进程不断加速的背景下，土地资源日益紧张。数据中心与厂站合建可以有效地节约土地资源，实现土地资源的集约化利用；同时，合建模式可以更好地可以减少输电线路的损耗，提升能源利用效率，从而实现节能减排的目标。数据中心与场站合建将促进绿色算力网建设，促进算力网智能化、绿色化和高效化的发展，社会各界也应加强对合建模式的关注和支持，促进数据中心与电网厂站统一规划、统一设计、统一建设，统一运营。

（3）促进 5G 等通信基站与电网融合发展。5G 基站建设，作为通信网络发展的关键领域，对增强网络性能与可靠性具有显著的战略意义。具体而言，其高速率与低时延特性，能够有效满足日益增长的高带宽与低时延业务需求，为各类应用提供坚实的网络支撑。此外，5G 基站还具备广泛覆盖的能力，特别

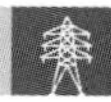

是在城市化进程加速、人口密集度提升的背景下，更能有效应对日益增长的通信需求，保障信息交流的畅通无阻。在 5G 基站建设路径上，利用配电网进行布局展现出了显著优势，这不仅有助于节约宝贵的土地资源，而且配电网的稳定运行还为 5G 基站提供了可靠的电力保障，确保了通信网络的连续性与稳定性。

配电网与 5G 基站的融合发展将呈现以下趋势：

（1）随着人工智能、大数据等前沿技术的不断突破，配电网与 5G 基站的智能化水平将持续提升，推动运营管理向更高效、更智能的方向迈进。

（2）绿色低碳将成为社会关注的重点，通过推动清洁能源的普及与应用，助力实现可持续发展目标。

（3）网络安全与数据保护将受到前所未有的重视，需加强技术研发与应用，构建坚不可摧的安全防线，确保通信网络的安全稳定运行。

在数字化时代的浪潮中，电力和算力已成为现代社会发展的双轮驱动。电力作为维系社会运转的基本能源，而算力则作为推动科技创新和经济发展的新引擎，它们共同构成了现代社会的基础设施。数字电网将满足这一时代背景下对优质电力和强大算力的双重需求。电力和算力结合的新型电网，对于提升能源利用效率、推动能源转型和支持数字经济发展具有重大意义。

17.2　数字电网与能源产业

17.2.1　促进能源产业深度互联和协同优化

电网企业可充分利用电网输配电基础设施的地理分布优势，将 5G 基站、物联网、分布式北斗基站等网络设施纳入电网基础设施建设范围，并与电网的光纤等网络资源充分整合，充分利用电网企业在算力、算法和数据资源优势，把数字电网打造为能源信息和价值交换的核心枢纽，促进能源互联网深度互联和协同优化，包括电力系统、天然气网络、热 / 冷网、工业物联网、家庭物联网等。可通过电转气（power to gas，P2G）等技术实现电力系统与天然气系统间的能量双向流动，集成供热 / 冷网络等其他二次能源网络，并通过协调控制电力设备与工业互联网、家庭物联网，如分布式发电、储能、可控负荷、电动汽车、工商业用电设备、智能家居等，促进电力、交通、天然气、氢能、热 / 冷等多种复杂网络系统的深度互联与协同优化。

17.2.2　构建能源平台型企业

数字电网发展将缩短各利益相关方交易链条，沉淀并聚合数据，推动企业各利益相关方广泛合作、深度融合，实现企业业务精准扩维，资源精准投放，推动电网企业从产品服务型企业发展成为平台型企业。通过统一数字平台整合产业链优质资源，向上游整合新能源、分布式能源，向下游整合智慧用能、需求侧管理，横向实现多网融合、多能互补，形成电网企业在能源产业价值链中的核心优势，构建能源产业群，促进产业转型升级。可以通过与国家工业互联网对接，共享产业用户和产业群，促进上下游供应商、服务商、承包商的信息流转，通过能源领域供应链管理、产品全生命周期管理等应用，充分发挥平台聚合资源、撮合服务的纽带作用，促进产业边界模糊化，实现供给与需求端到端，业务点对点的服务模式，支撑供需互动、配置有序、节约高效为主要特征的现代能源体系构建，促进全社会能源优化配置。

17.2.3　构建涵盖能源、碳、数据的交易平台

在建设数字电网的基础上，可探索在现货市场框架下，推动能源产业联盟构建，运用联盟链等相关技术，建设高信任的能源信息交换网络，探索构建涵盖能源交易、碳交易、数据交易等不同交易品种的能源系统交易体系，以市场机制促进社会资源优化配置。

电网企业将通过能源信息的统一管理，为市场参与方提供能源信息服务以及辅助决策支持，帮助市场参与者在长期合约 - 日前交易 - 实时市场间进行效益优化与风险管控，在能量 - 容量 - 辅助服务市场间形成优化报价，最大化用户交易价值；对终端能源市场，利用大数据、人工智能技术实现能源套餐的精准推送、服务个性化、广告定制化、能源套餐多样化，能源服务反馈公开化。

17.3　数字电网与数字社会

17.3.1　数字电网多维支撑框架

在 2S（society）、2G（government）、2B（business）、2C（consumer）的多维框架下，产业发展正被重新定义。这一框架强调了社会对绿色算力和连续稳定电力供应的需求，也强调了政府在推动新能源政策和基础设施建设中的关键作

用，企业在技术创新和市场响应中的驱动力，以及用户对新能源即插即用接入能力的期待。

（1）society：社会层面上，对环境友好型技术和可持续发展的追求正成为推动产业进步的重要力量。提供绿色算力和连续稳定的电力供应不仅是对现有能源系统的优化，也是对未来生活方式的一次革新，确保了社会运行的高效与环境的可持续。

（2）government：政府在这一进程中扮演着规划者和监管者的角色。通过制定前瞻性政策，政府引导着新能源的发展，确保新能源的即插即用接入能力，同时为产业的绿色转型提供必要的支持和激励。

（3）business：企业作为创新的主体，正积极响应这一转型。2B 模式强调了企业在新能源技术应用、数字电网建设，以及提供综合能源解决方案方面的关键作用，推动着产业的持续创新和升级。

（4）consumer：用户需求的多样化和个性化是 2C 模式的核心。随着新能源技术的成熟，用户期望能够享受到更加便捷、灵活的新能源接入服务，这要求产业不断优化用户体验，满足终端用户对新能源的多样化需求。

17.3.2　数字电网支撑政府智能化监管

数字电网对政府在多个层面上提供了重要支撑，它不仅优化了能源结构，还促进了经济社会的可持续发展，增强了政府的治理能力，具体表现在以下几个方面：

（1）数字电网促进电力系统运行效率和可靠性显著提升。政府能够依托数字电网，确保关键基础设施和公共服务的连续供电，减少因电力问题导致的社会运行中断。在紧急情况下，如自然灾害发生时，数字电网的自适应和自愈能力可以快速响应系统故障，缩短恢复电力供应的时间，减少对人民生活和经济社会发展的影响。

（2）数字电网支撑可再生能源的大规模接入和优化调度，这与政府推动能源转型和实现“双碳”目标的战略不谋而合。通过数字电网，政府能够有效地整合风能、太阳能等清洁能源，减少对化石燃料的依赖，降低环境污染，促进绿色低碳经济的发展。

（3）数字电网为政府提供了强大的数据支持和分析能力。通过对海量电力数据的实时收集和分析，政府能够更准确地预测电力需求，优化资源配置，提高能源利用效率。同时，这些数据还可以用于城市规划、交通管理、公共安全等多个领域，为政府决策提供科学依据。

（4）数字电网促进了政府对能源市场的监管能力。通过透明的数据共享和实时监控，政府能够及时发现和处理市场操纵、不公平竞争等行为，保护消费者权益，维护市场秩序。同时，数字电网也为政府提供了新的税收来源，通过算力服务和数据服务，政府能够开辟新的经济增长点。在提升公共服务水平方面，数字电网通过智能电表和移动应用等手段，使政府能够更好地与民众互动，提供个性化、精准化的服务。民众可以实时了解用电情况，参与需求响应等节能活动，提高能源利用效率，降低用电成本。这种参与感和获得感增强了民众对政府工作的满意度和信任度。

（5）数字电网还为政府推动科技创新和产业升级提供了平台。政府可以依托数字电网，发展智能制造、智慧城市、远程医疗、在线教育等新兴产业，推动经济结构的优化和产业的升级。同时，数字电网也是5G、云计算、大数据、人工智能等新技术应用的试验场，为政府探索新技术在社会治理中的运用提供了可能。

（6）数字电网增强了政府应对气候变化和环境治理的能力。通过优化电力结构，减少温室气体排放，数字电网帮助政府履行国际环保协议，提升国家形象。同时，数字电网的数据分析能力也为环境监测、污染治理、生态保护等提供了技术支持。

数字电网为政府构建了一个高效、可靠、智能的电力系统枢纽，其在优化能源结构、促进社会经济的可持续发展以及增强政府治理能力等方面均展现出重要作用。随着技术的持续进步和应用的不断深化，数字电网在未来势必将在更多维度发挥关键作用，为建设更加智能、绿色、高效的未来社会提供坚实有力的技术支撑。

17.3.3　数字电网促进企业高质量发展

数字电网作为电网与数字技术深度融合的产物，成为企业高质量发展的助推器，主要体现在提升能效、降低成本、增强竞争力、推动创新等多个方面。

（1）数字电网为企业提供更加稳定可靠的电力供应。无论是制造业的生产线，还是数据中心的服务器群，都能从中受益，减少因电力问题导致的生产中断或数据丢失，从而保障企业运营的连续性和可靠性。其次，数字电网的能效管理功能帮助企业优化能源消费，降低能耗。通过智能监测和数据分析，企业可以更精确地掌握自身的能源消耗模式，发现节能减排的潜力点。这不仅有助

于企业减少能源成本，也符合全球日益严格的环保法规要求，提升企业的绿色形象。

（2）数字电网为企业提供了灵活的电力交易机制。通过实时电价和需求响应等市场化手段，企业可以更加灵活地调整用电策略，利用峰谷电价差异进行成本控制。对于新能源企业，数字电网提供了更广阔的接入机会，促进了清洁能源的开发和利用，为企业开拓了新的业务增长点。此外，数字电网的数据分析和人工智能技术为企业的运营决策提供了强有力的支持。通过对大量电力数据的分析，企业可以更准确地预测市场趋势，优化生产计划，提高资源配置效率。同时，这些技术也为企业的设备维护和故障预测提供了新的解决方案，减少了意外停机时间，提高了生产效率。

（3）数字电网为企业的数字化转型提供了坚实的基础。在 5G、云计算、大数据、人工智能等新技术的推动下，企业可以构建更加智能的生产线，实现智能制造，提升产品质量和生产效率。同时，数字电网也为企业提供了丰富的数据资源，支持企业开发新的商业模式和服务模式，如基于用户用电行为的个性化服务、能源管理服务等。数字电网还为企业的创新发展提供了平台。通过开放的接口和标准化的服务，企业可以更容易地接入电网，开发新的应用和服务。例如，电动汽车企业可以利用数字电网提供的充电网络，为用户提供更加便捷的充电服务。储能企业可以利用电网的储能资源，提供需求侧管理服务。数字电网为企业的社会责任实践提供了新的途径。通过参与数字电网的建设和运营，企业可以为推动能源转型和环境保护作出贡献，提升自身的社会形象和品牌价值。同时，数字电网也为企业提供了参与公共服务的机会，如通过智能电表和移动应用等手段，企业可以与用户建立更紧密的联系，提供更加优质的服务。

数字电网为企业带来了一系列显著的好处。它不仅有效提升了企业的能效水平，还显著降低了运营成本，进而增强了企业的市场竞争力。同时，数字电网在推动企业创新和社会责任履行方面也发挥了重要作用。随着相关技术的不断突破和应用场景的持续深化，数字电网在未来势必将在企业运营中发挥更关键的作用，为企业的可持续发展提供更加坚实有力的技术支撑。

17.3.4　数字电网优化用户能源消费行为

数字电网对个人生活方式产生深刻的影响。它通过智能化、自动化和信息化的手段，为个人用户提供了更加安全、高效、绿色、便捷的电力服务。

（1）数字电网极大地提升了电力供应的可靠性。通过实时监控和智能调度，数字电网能够快速响应电网故障和需求变化，减少停电事件，确保电力供应的连续和稳定。这意味着个人用户可以享受到更好的电力消费体验，无论是家庭用电，还是工作场所，都不会因为电力问题而受到影响。

（2）数字电网通过智能电表和移动应用等手段，使个人用户能够更好地管理自己的用电行为。用户可以实时了解用电情况，合理规划用电时间，避免高峰时段的高电价，从而降低用电成本。同时，这也有助于培养用户的节能减排意识，促进绿色生活方式的形成。

（3）数字电网为用户提供了更加个性化和智能化的用电服务。通过大数据分析和人工智能技术，数字电网能够根据用户的用电习惯和偏好，提供定制化的用电建议和服务。例如，数字电网可以为家庭用户提供智能家居解决方案，实现照明、空调、热水器等家电的智能控制，提高生活品质。此外，数字电网还为个人用户提供了参与电力市场的机会。通过需求响应等市场化机制，用户可以在电网需求高峰时减少用电量，获得经济补偿，或者在低谷时段增加用电量，享受电价优惠。这不仅为用户带来了经济上的实惠，也提高了电网的运行效率。

（4）数字电网为个人用户提供了更加安全和便捷的电动汽车充电服务。随着电动汽车的普及，充电设施的建设和运营成为社会关注的焦点。数字电网通过智能充电桩和车联网技术，为用户提供了快速、方便的充电服务，同时也实现了充电设施的优化调度和高效利用。最后，数字电网还为个人用户提供了参与环境保护和社会责任实践的机会。通过数字电网，用户可以更加直观地了解自己的用电行为对环境的影响，从而采取节能减排的措施。同时，用户也可以通过参与数字电网的建设和运营，为推动能源转型和环境保护作出贡献。

数字电网为用户带来了一系列显著益处。它不仅有效提升了电力供应的可靠性，还通过智能化手段优化了用户的用电行为，使用户能够享受到个性化的服务，并有机会参与电力市场的交易。同时，数字电网在推动环境保护和社会责任实践方面也发挥了重要作用。随着相关技术的不断进步和应用场景的持续拓展，数字电网在未来将为个人用户的高品质生活提供更加坚实有力的技术支撑。

17.4　数字电网与未来产业

在全球经济一体化与科技创新持续深化的时代背景下，未来产业作为推动经济社会高质量发展的核心引擎，正逐渐成为各国战略竞争的新焦点。其发展基础在于前沿科技的突破性进展，将凭借高成长性、战略性和先导性特征对未来经济社会的发展轨迹产生深远影响，成为引领全球产业结构优化升级的重要驱动力。

2024 年 1 月，工业和信息化部等七部门联合发布的实施意见，勾勒出一幅以创新为引领、协同为动力、开放为视野的未来产业发展宏伟蓝图。在这一宏伟蓝图中，新一代信息技术、生物技术、新能源、新材料以及智能制造等领域将发挥关键作用，随着技术的不断进步与应用场景的日益丰富，这些产业将持续激发新的经济增长点，为全球经济注入强大动力。

17.4.1　支撑未来产业的关键要素

未来产业的发展离不开一系列关键要素的支撑。数据、算力和电力支撑尤为关键，这些要素不仅为未来产业发展提供了坚实的基础，也推动了数字电网与未来产业的深度融合。

1. 优质电力

优质电力是支撑未来产业发展的基础能源。随着新能源的大规模开发和利用，绿色电力成为未来电力供应的重要方向。数字电网作为新一代信息技术与电力系统的深度融合的产物，是承载新型电力系统的关键载体，数字电网建设将有力推动可再生能源的大规模接入和高效利用，为未来产业的发展提供了安全、稳定、可靠、绿色的能源保障。

2. 电力大数据

数据是未来产业的核心生产要素与关键资源。随着物联网、移动互联网等技术的广泛应用，电力大数据以前所未有的速度增长，为产业发展提供了丰富的数据基础。通过对海量数据的采集、存储、处理和分析，可支撑千行百业洞察市场趋势、优化产品设计、提升运营效率，在未来的市场竞争中占据有利地位。

3. 绿色算力

绿色算力是未来产业发展的重要基础设施。随着人工智能、大数据等技术的快速发展，对算力的需求日益增长。高性能计算中心、云计算平台等算力设施的建设和应用，为未来产业提供了强大的计算支持，推动了技术创新和产业升级。同时，数字电网建设中，算力与电力的深度融合也极大地促进了绿色算力发展，为实现能源低碳转型和可持续发展提供了有力保障。

综上所述，绿色电力、绿色算力和电力大数据作为数字电网的核心要素，在未来产业的发展中发挥着重要支撑作用。绿色电力通过推动能源低碳转型，降低了产业能耗和碳排放；绿色算力通过提升算力资源的利用效率，降低了算力能耗和成本；电力大数据则通过深度挖掘和分析电力数据资源，为产业创新升级提供了有力支持。这些核心要素共同构成了数字电网与未来产业深度融合的坚实基础。

17.4.2 数字电网与未来产业的协同发展

技术创新、产业转型、绿色化、智能化与数字化是未来产业发展的五大主题。技术创新作为核心驱动力，将持续引领关键核心技术的突破与产业升级；产业转型是实现高质量发展的必由之路，通过优化产业结构、提升产业链水平来增强国际竞争力；绿色化顺应全球环保与可持续发展趋势，推动产业向绿色、低碳、循环方向转变；智能化与数字化则以前沿信息技术为基础，加速产业向智能化、网络化、服务化方向演进。这五大主题的深度融合与协同发展，将共同塑造一个创新引领、生态完善、竞争力突出的未来产业体系。在基础研究、技术攻关、人才培养，以及产业转型等多个维度上，数字电网与未来产业展现出了显著的协同发展态势，此协同发展模式不仅驱动了数字电网技术的持续创新与升级，亦极大地促进了未来产业的加速发展与深刻转型。

1. 基础研究

数字电网，作为一个横跨物理系统、业务系统与信息系统的交叉学科，其研究范围十分广泛。数字电网不仅仅是传统电网的数字化升级，更是融合了先进信息技术、物联网技术、大数据、人工智能等多种新兴技术于一体的复杂系统，其核心目标在于实现电网的全面感知、动态分析、科学决策与智能控制，从而极大地提高电网的运行效率、安全性与可靠性。

预期在深化研究的基础上，数字电网领域有望催生出一系列新的学科体系与学术分支。这些新的学科分支将围绕数字电网的核心技术、关键问题与应用场景展开，形成一套完整且系统的理论体系。例如，数字电网通信技术、数据处理技术、智能化控制技术等都将成为新的学科研究方向。同时，数字电网的

研究也将与未来产业的相关学科实现深度融合，如与智能制造、智慧城市、新能源等领域的技术创新相互促进，共同推动未来产业的发展。

因此，作为当代科技领域的前沿阵地，数字电网的研究与发展对于推动未来产业的整体进步和社会经济的可持续发展具有至关重要的意义，通过不断深化研究、创新技术与学科融合，数字电网有望在未来产业的发展中发挥更加核心与关键的作用。

2. 技术攻关

数字电网与未来产业可开展深度合作，不仅有助于资源的优化配置，更能通过共享科研资源与实验平台，共同推动关键核心技术的突破与创新，为双方带来显著的发展优势。

数字电网与未来产业的合作可以形成良性互动。数字电网拥有海量的电力大数据资源，不仅涵盖了电力设备的运行状态、电网的实时负荷情况，还包括用户用电行为等多维度信息，这些数据资源为人工智能算法的训练与测试提供了丰富的素材和环境。同时，人工智能技术的发展也能为数字电网带来显著的智能化升级与优化控制。例如，通过应用深度学习、强化学习等先进的人工智能算法，数字电网可以实现更加精准的负荷预测、故障检测和恢复策略制定。这不仅提高了电网的运行效率，还增强了电网对极端天气、自然灾害等外部因素的韧性。因此，数字电网与未来产业在人工智能领域的深度合作，可以实现双方技术优势的互补，共同推动电力系统的智能化进程。

同时，数字电网与未来产业还可以在物联网、大数据、云计算等新兴技术领域开展广泛合作。例如，在物联网技术方面，数字电网可以与智能制造、智慧城市等领域的物联网平台实现互联互通，共同推动物联网技术在电力领域的创新应用；在大数据和云计算方面，数字电网可以与未来产业共享数据处理和存储资源，提高双方的数据处理能力和业务运营效率等。此类深度合作不仅加速了技术创新的步伐，还显著提升了数字电网与未来产业的核心竞争力。通过共享科研资源与实验平台，双方可以降低研发成本，缩短研发周期，更快地推出创新产品和服务。同时，这种合作模式还有助于培养跨学科的复合型人才，推动学科交叉融合和创新发展。

3. 人才发展

人才是未来产业发展的核心竞争力。数字电网与未来产业在人才培养与队伍建设上可实现协同发展，通过共建人才培养基地与实训基地，共同培育一批具备跨学科知识背景与创新能力的高素质人才。此类人才不仅深谙数字电网与未来产业的前沿技术知识，还具备解决实际问题的能力与创新思维，将成为推动两者协同发展的重要力量。

为应对未来产业发展的需求，数字电网建设必须强化人才协作，积极与国内外高校、科研机构、先进数字化企业以及互联网企业建立稳定、长期且良性的合作生态。通过引进与合作等多种方式，致力于培养一批高层次科技领军人才，组建具备政策研究与技术决策能力的高端咨询专家团队。在此基础上，应充分利用全球人才资源，借助灵活的人才引进与合作机制，形成以未来产业为核心的高层次人才网络。通过举办开发者大会、技术联盟、国家重点实验室、博士后流动站等多种活动，汇聚国内外知名大学、研究机构、咨询机构、国家相关单位以及知名IT/互联网公司等高端资源，形成未来产业智库，为未来产业的繁荣奠定人才基础。

4. 产业转型升级

数字电网与未来产业的协同发展将极大地推动传统产业的转型升级，这一进程不仅关乎技术革新，更涉及生产方式、组织架构乃至整个产业链的深度变革。通过数字电网技术与未来产业融合，传统产业可实现生产方式的智能化、网络化与服务化转型。

在制造业领域，数字电网技术为智能制造的发展与应用提供了有力支撑。智能制造作为未来产业的重要组成部分，其核心在于通过信息技术与制造技术的深度融合，实现制造过程的高度自动化、智能化与灵活化。数字电网拥有强大的数据采集、处理与传输能力，能够为智能制造系统提供实时、准确、全面的数据支持。例如，通过数字电网技术，制造企业可以实现对生产设备的远程监控与故障预测，提高生产线的运行效率与稳定性。同时，数字电网还可以为智能制造系统提供可靠的电力供应与能源管理方案，降低制造成本，提升企业的市场竞争力。

在能源领域，数字电网与未来产业的协同发展同样具有深远意义。以绿色电力与储能技术的应用为例，数字电网技术可以实现对可再生能源的高效利用与优化配置，推动能源结构的低碳转型与可持续发展。通过数字电网的智能调度与控制，可再生能源如太阳能、风能等可以更加稳定、可靠地接入电网，为社会提供清洁、环保的能源供应。同时，储能技术的应用也可以进一步平衡电网的供需关系，提高能源利用效率，降低企业的能源成本等。

数字电网还可以在交通、物流、城市管理等多个领域发挥重要作用。例如，在交通领域，数字电网技术可以支持智能交通系统的建设与发展，实现交

通流量的实时监测与调度，提高交通效率与安全性。在物流领域，数字电网技术可以推动智能物流的发展与应用，实现物流过程的自动化、智能化与可视化。在城市管理领域，数字电网技术可以为智慧城市的建设提供基础支撑，实现城市基础设施的智能化管理与服务等。

综上，数字电网与未来产业的协同发展将为传统产业的转型升级提供强大动力，促进传统产业生产方式的智能化、网络化与服务化转型，提升效率与竞争力，为未来产业的发展提供新的机遇与空间，推动经济社会的全面进步与发展。

参考文献

[1] 汪际峰，等 . 数字电网标准框架白皮书（2022 年）[M]. 广州：南方电网公司，2022.

[2] 汪际峰，李鹏，梁锦照，等 . 电力系统数字化历程与发展趋势 [J]. 南方电网技术，2021，15（11）：1-8.

[3] 汪际峰，吴小辰，林火华，等 . 数字电网的概念、特征与架构 [J]. 南方电网技术，2023，17（12）：36-41.

[4] 郭雷 . 信息物理系统：原理与应用 [M]. 北京：高等教育出版社，2017.

[5] 王勇 . 智能电网信息物理系统 [M]. 北京：清华大学出版社，2021.

[6] 赵亮，李华 . 能源互联网：原理与实践 [M]. 上海：上海交通大学出版社，2023.

[7] 戴彦德，康艳兵，熊小平 .2050 年中国能源和碳排放情景暨能源转型与低碳发展路线图 [M]. 北京：中国环境出版社，2017.

[8] 全球能源互联网发展合作组织 . 中国 2060 年前碳中和研究报告 [M]. 北京：中国电力出版社，2021.

[9] 韩崇昭，朱洪艳，段战胜 . 多源信息融合［M］. 北京：清华大学出版社，2010.

[10] 陈梓瑜，朱继忠，刘云，等 . 基于信息物理社会融合的新能源消纳策略 [J]. 电力系统自动化，2022，46（9）：127-136.

[11] 樊强，刘东，王宇飞，等 . 电力信息物理系统形态演进关键技术及其进展 [J]. 中国电机工程学报，2024，44（21）：8341-8352.

[12] 刘念，余星火，王剑辉，等 . 泛在物联的配用电优化运行：信息物理社会系统的视角 [J]. 电力系统自动化，2020，44（1）：1-12.

[13] Schainker R B. Executive overview-energy storage options for a sustainable energy future[C] //IEEE PES General Meeting. 2004：2309-2314.

[14] Huang A Q，Crow M L，Heydt G T，et al.The future renewable electric energy delivery and management（FREEDM）system：the energy internet[J].Proceedings of the IEEE，2011，99（1）：133-148.

[15] Block C，Bomarius F，Bretschneider P，et al.Internet of energy - ICT for energy

markets of the future[R].2010.

[16] Takahashi R，Tashiro K，Hikihara T.Router for power packet distribution network：design and experimental verification[J].IEEE Transactions on Smart Grid，2015，6（2）：618-626.

[17] 马钊，周孝信，尚宇炜，等．能源互联网概念、关键技术及发展模式探索[J]. 电网技术，2015，39（11）：3014-3022.

[18] 孙秋野，滕菲，张化光，等．能源互联网动态协调优化控制体系构建[J]. 中国电机工程学报，2015，35（14）：3667-3677.

[19] 王继业，孟坤，曹军威，等．能源互联网信息技术研究综述[J]. 计算机研究与发展，2015，52（5）：1109-1126.

[20] 王毅，张宁，康重庆．能源互联网中能量枢纽的优化规划与运行研究综述及展望[J]. 中国电机工程学报，2015，35（22）：5669-5681.

[21] 任大伟，肖晋宇，侯金鸣，等．双碳目标下我国新型电力系统的构建与演变研究[J]. 电网技术，2022，46（10）：3831-3839.

[22] 张智刚，康重庆．碳中和目标下构建新型电力系统的挑战与展望[J]. 中国电机工程学报，2022，42（8）：2806-2818.

[23] 如何在信息爆炸中生存．新经济导刊，2014（6）：76-76.

[24] 杨世伟．国际产业发展分析与展望[C]. 国际经济分析与展望，2013.

[25] 姚余栋．四次工业革命与中国哲学精神（上）[N]. 华夏时报，2015-01-15（4）.

[26] 夏立容．信息与相互作用的关系[J]. 自然辩证法研究，1995,（1）：35-42，50.

[27] 崔立勇，等．夏季达沃斯：不变的老朋友[J]. 中国战略新兴产业，2018（37）：45.

[28] 克劳斯・施瓦布．我们正经历第四次工业革命[J]. 商周刊，2016（3）：60-62.

[29] 厉荣．论复杂系统的序[J]. 自然辩证法研究，1994,（8）：34-38，49.

[30] 王书方．自然信息本质的哲学问题[J]. 中南大学学报（社会科学版），2004，10（5）：641-643.

[31] 薛禹胜．智能电网技术与应用[M]. 北京：科学出版社，2018.

[32] 余贻鑫．电力系统计算分析方法[M]. 北京：中国电力出版社，2015.

[33] 谭建荣．数字孪生技术与应用[M]. 北京：机械工业出版社，2020.

[34] 周孝信．电力系统自动化技术前沿[M]. 北京：中国电力出版社，2019.

[35] 沈昌祥．智能电网信息安全[M]. 北京：电子工业出版社，2016.

[36] 郑纬民．电力物联网技术与应用[M]. 北京：清华大学出版社，2021.

[37] 李立涅．云计算与大数据在智能电网中的应用[M]. 北京：中国电力出版社，2017.

[38] 周山芙，赵苹，李骐．管理信息系统（第四版）[M]. 北京：中国人民大学出版社，2013.

[39] 谭建荣 . 工业互联与数字孪生的关键技术与发展趋势 [R]. 中国工程院，2022.

[40] 周孝信，等 . 智能电网技术框架与未来发展 [J]. 电力系统自动化，2020，44（1）：13–22.

[41] 田中大，李树江，王艳红，等 . 基于 ARIMA 与 ESN 的短期风速混合预测模型 [J]. 太阳能学报，2016，37（6）：1603–1610.

[42] 司景萍，马继昌，牛家骅，等 . 基于模糊神经网络的智能故障诊断专家系统 [J]. 振动与冲击，2017，36（4）：164–171.

[43] 沈运帷，李扬，高赐威，等 . 需求响应在电力辅助服务市场中的应用 [J]. 电力系统自动化，2017，41（22）：151–161.

[44] 陈国平，李明节，许涛，等 . 关于新能源发展的技术瓶颈研究 [J]. 中国电机工程学报，2017，37（1）：20–26.

[45] 张智刚，夏清 . 智能电网调度发电计划体系架构及关键技术 [J]. 电网技术，2009，33（20）：1–8.

[46] 舒印彪，张文亮 . 特高压输电若干关键技术研究 [J]. 中国电机工程学报，2007，27（31）：1–6.

[47] 李明节，于钊，许涛，等 . 新能源并网系统引发的复杂振荡问题及其对策研究 [J]. 电网技术，2017，41（4）：1035–1042.

[48] 李明节 . 大规模特高压交直流混联电网特性分析与运行控制 [J]. 电网技术，2016，40（4）：985–991.

[49] Liu Jie，Chen Sibo，Liu Yuqin，et al. Distributed Application Addressing in 6G Network[J]. 中国通信（英文版），2024，21（4）：193–207.

[50] Can Wang，Jian Huicong，Ke Wang，et al.Research on China's technology lists for addressing climate change[J]. 中国人口 · 资源与环境（英文版），2021，19（2）：151–161.

[51] 江秀臣，许永鹏，李曜丞，等 . 新型电力系统背景下的输变电数字化转型 [J]. 高电压技术，2022，48（1）：1–10.

[52] 姚艳丽 . 数字化转型赋能构建新型电力系统 [J]. 数字通信世界，2023（2）：164–166.

[53] 王榕泰，吴细秀，冷宇宽，等 . 数字孪生技术在新型电力系统中的发展综述 [J]. 电网技术，2024，48（9）：3872–3889.

[54] 刘康先 . 基于数字化转型的新型电力系统构建 [J]. 应用能源技术，2022（2）：7–11.

[55] 韩利群，李振杰，张斌，等 . 智能电网技术标准体系研究 [J]. 电力勘测设计，2023（8）：57–62，100.

[56] 汪烁，卢铁林，尚羽佳 . 机器可读标准——标准数字化转型的核心 [J]. 标准科学，2021（S1）：6–16.

[57] 赵俊华，文福拴，杨爱民，等 . 电动汽车对电力系统的影响及其调度与控制问题 [J]. 电力系统自动化，2011，35（14）：2–10.

[58] 王继业，郭经红，曹军威，等 . 能源互联网信息通信关键技术综述［J］. 智能电网，2015，3（6）：473–485.

[59] 乔亚丽 . 通信技术与计算机技术融合发展探究 [J]. 信息记录材料，2023，24（12）：47–49.

[60] 华宝洪 . 类脑芯片：使计算机能够像人脑一样思考 [J]. 中国安防，2023（8）：46–49.

[61] 张斌，冯广宇，郭志诚，等 . 基于信息物理社会系统的数字电网技术架构 [J]. 电力勘测设计，2023（10）：53–59.

[62] 汪际峰，陈亦平，徐光虎，等 . 多分区异步互联电网的直流频率限制器协调控制策略研究 [J]. 电网技术，2023，47（10）：3971–3979.

[63] 黄明 . 电力系统大数据分析与应用 [M]. 北京：电子工业出版社，2020.

[64] 张强，刘晓莉 . 分布式能源与微电网技术 [M]. 北京：中国电力出版社，2019.

[65] 张华 . 能源互联网与智慧能源系统 [M]. 北京：清华大学出版社，2020.

[66] 王志轩 . 能源互联网与电力改革 [M]. 北京：中国电力出版社，2022.

[67] 李晓明 . 电力系统数字化与智能化技术 [M]. 上海：上海交通大学出版社，2021.

[68] 薛禹胜，等 . 智能电网稳定性分析的新方法 [J]. 中国电机工程学报，2019，39（6）：1543–1550.

[69] 李立涅，等 . 高级量测体系在智能电网中的应用与挑战 [J]. 电力系统保护与控制，2018，46（3）：1–7.

[70] 沈昌祥，等 . 智能电网信息安全体系结构研究 [J]. 信息安全学报，2017，2（3）：440–441.

[71] 余贻鑫，等 . 大数据在电力系统状态估计中的应用 [J]. 自动化学报，2016，42（8）：1–10.

[72] 郭雷，等 . 信息物理系统中数据驱动的故障诊断方法 [J]. 控制理论与应用，2019，36（11）：1553–1560.

[73] 郑纬民，等 . 物联网技术在智能配电网状态监测中的应用研究 [J]. 计算机研究与发展，2021，58（3）：529–539.

[74] 汪际峰，陈亦平，徐光虎，等 . 多分区异步互联电网的直流频率限制器协调控制策略研究 [J]. 电网技术，2023，47（10）：3971–3979.

[75] 于松泰，张树卿，韩英铎，等 . 电力系统综合负荷模型简化方案及辨识参数集选取 [J]. 电力系统自动化，2015（15）：143–148.

[76] 汪际峰，周华锋，熊卫斌，等 . 复杂电力系统运行驾驶舱技术研究 [J]. 电力系统自动化，2014（9）：100–106，131.

[77] 汪际峰 . 一体化电网运行智能系统的概念及特征 [J]. 电力系统自动化，2011，35

（24）：1-6.
[78] 刘育权，宋禹飞，梁锦照，等. 电力设备数字化标准一体化支撑智能制造 [J]. 南方电网技术，2022（12）：46-53.
[79] 梁锦照，夏清. 基于标量场分析的远景负荷预测新方法 [J]. 电力系统自动化，2009，33（17）：91-95.
[80] 梁锦照，夏清，王德兴. 快速发展城市的组团式电网规划新思路 [J]. 电网技术，2009，33（17）：70-75.
[81] 梁锦照，夏清，郑建平. 基于 GIS 和图论分析的电网协调规划方法 [J]. 电力系统自动化，2009，33（8）：99-103.
[82] 陈浩敏，马赟. 支撑新型电力系统的数字电网标准体系 [J]. 数字技术与应用，2022，40（10）：26-29.
[83] 于秋玲，梁锦照，陈康平. 基于云边协同的交直流混联电网线路过负荷协调控制方法 [J]. 沈阳工业大学学报，2024，46（3）：241-247.
[84] 于秋玲. 基于改进 NN-SVM 算法的网络入侵检测 [J]. 系统工程理论与实践，2010，30（1）：126-130.
[85] 张海波，贾凯，施蔚锦，等. 信息论与专家系统相结合的电网故障诊断 [J]. 电力系统及其自动化学报，2017，29（8）：111-118.
[86] 张子谦，杨鸿斌，陈俣，等. 基于组件匹配的变电站快速建模方法 [J]. 计算机应用与软件，2018，35（7）：69-75，210.
[87] 周涛，李明，区块链技术在能源交易中的应用研究 [J]. 中国电机工程学报，2022，42（11）：456-464.
[88] 刘洋，赵新宇. 智能电表数据驱动的用户用电行为分析 [J]. 计算机应用与软件，2021，38（9）：34-40.
[89] 孙丽，张伟. 能源管理系统中的数据挖掘与优化策略 [J]. 能源研究与信息，2024，40（3）：112-120.
[90] 马超，李华. 面向未来电网的多代理系统调度算法研究 [J]. 自动化学报，2023，49（10）：2145-2153.
[91] 徐阳，谢天喜，周志成，等. 基于多维度信息融合的实用型变压器故障诊断专家系统 [J]. 中国电力，2017，50（1）：85-91.
[92] 宋杰，孙宗哲，毛克明，等.MapReduce 大数据处理平台与算法研究进展 [J]. 软件学报，2017，28（3）：514-543.
[93] 张海波，贾凯，施蔚锦，等. 信息论与专家系统相结合的电网故障诊断 [J]. 电力系统及其自动化学报，2017，29（8）：111-118.
[94] 张桦，魏本刚，李可军，等. 基于变压器马尔可夫状态评估模型和熵权模糊评价方法的风险评估技术研究 [J]. 电力系统保护与控制，2016，44（5）：134-140.
[95] 李光，欧旋，高文江，等. 基于信息交互模式的变电站设备协同检修三维仿真研

究 [J]. 自动化与仪器仪表，2020（9）：55–58.

[96] 盛戈皞，钱勇，罗林根，等 . 面向新型电力系统的数字化电力设备关键技术及其发展趋势 [J]. 高电压技术，2023，49（5）：1765–1778.

[97] 赵仕策，赵洪山，寿佩瑶 . 智能电力设备关键技术及运维探讨 [J]. 电力系统自动化，2020，44（20）：1–10.

[98] 刘洋，赵新宇，智能电表数据驱动的用户用电行为分析 [J]. 计算机应用与软件，2021，38（9）: 34–40.

[99] 孙丽，张伟 . 能源管理系统中的数据挖掘与优化策略 [J]. 能源研究与信息，2024，40（3）: 112–120.

[100] 马超，李华，面向未来电网的多代理系统调度算法研究 [J]. 自动化学报，2023，49（10）: 2145–2153.

[101] Wei Wei，Mei Shengwei，Wu Lei，et al. Robust operation of distribution networks coupled with urban transportation infrastructures［J］. IEEE Transactions on Power Systems，2017，32（3）：2118–2130.

[102] Alizadeh M，Wai H，Chowdhury M，et al. Optimal pricing to manage electric vehicles in coupled power and transportation networks［J］. IEEE Transactions on Control of Network Systems，2017，4（4）：863–875.

[103] Tan Jun，Wang Lingfeng. Real–time charging navigation of electric vehicles to fast charging stations：a hierarchical game approach［J］. IEEE Transactions on Smart Grid，2017，8（2）: 846–856.

[104] 杨洪明，李明，文福拴，等 . 利用实时交通信息感知的电动汽车路径选择和充电导航策略［J］. 电力系统自动化，2017，41（11）：106–113.

[105] 罗卓伟，胡泽春，宋永华，等 . 大规模电动汽车充放电优化控制及容量效益分析［J］. 电力系统自动化，2012，36（10）：19–26.

[106] 杨洪明，李明，文福拴，等 . 利用实时交通信息感知的电动汽车路径选择和充电导航策略［J］. 电力系统自动化，2017，41（11）：106–113.

[107] 罗卓伟，胡泽春，宋永华，等 . 大规模电动汽车充放电优化控制及容量效益分析［J］. 电力系统自动化，2012，36（10）：19–26.

[108] 陈荣保 . 基于视觉融合的监控机理及其在锅炉燃烧中的应用研究 [D]. 上海：上海大学，2009.

[109] 陈永盛 . 电力系统震后连通性与可靠性研究 [D]. 黑龙江：中国地震局工程力学研究所，2010.

[110] 蔡劲松 . 新能源的呼唤 · 核能篇 [N]. 中国财经报，2005–08–24（3）.

[111] 郭歌 . 光伏发电系统及其控制的研究 [J]. 现代工业经济和信息化，2023，13（12）：297–299.

[112] 潘仁飞，陈柳钦 . 能源结构变化与中国碳减排目标实现 [J]. 发展研究，2011(9):

85–88.
[113] 李琼慧，王彩霞 . 新能源发展关键问题研究 [J]. 中国电力，2015，48（1）：33–36.
[114] 汤广福，庞辉，贺之渊 . 先进交直流输电技术在中国的发展与应用 [J]. 中国电机工程学报，2016，36（7）：1760–1771.
[115] 孙宏斌，郭庆来，潘昭光 . 能源互联网：理念、架构与前沿展望 [J]. 电力系统自动化，2015，39（19）：1–8.
[116] 丁涛，牟晨璐，别朝红，等 . 能源互联网及其优化运行研究现状综述 [J]. 中国电机工程学报，2018，38（15）：4318–4328.
[117] 申洪，周勤勇，刘耀，等 . 碳中和背景下全球能源互联网构建的关键技术及展望 [J]. 发电技术，2021，42（1）：8–19.
[118] 穆程刚，丁涛，董江彬，等 . 基于私有区块链的去中心化点对点多能源交易系统研制 [J]. 中国电机工程学报，2021，41（3）：878–889.
[119] 田世明，栾文鹏，张东霞，等 . 能源互联网技术形态与关键技术 [J]. 中国电机工程学报，2015，35（14）：3482–3494.
[120] 陈国平，梁志峰，董昱 . 基于能源转型的中国特色电力市场建设的分析与思考 [J]. 中国电机工程学报，2020，40（2）：369–378.
[121] 张军阳，王慧丽，郭阳，等 . 深度学习相关研究综述 [J]. 计算机应用研究，2018，35（7）：1921–1928，1936.
[122] 陈浩敏，于力，郭晓斌，等 . 智能变电站无线传感器网络发射功率鲁棒模型预测控制 [J]. 制造业自动化，2023，45（4）：131–136，169.
[123] 朱美潘，杨健晖，李欣格，等 . 云环境下工业信息物理系统现场层安全策略决策方法 [J]. 控制与决策，2024，39（1）：281–290.
[124] 胡福年，郭旭，陈军 . 电力信息物理系统建模与故障分析 [J]. 计算机仿真，2024，41（2）：74–80.
[125] 陈灵敏，冯宇，李永强 . 基于距离信息的追逃策略：信念状态连续随机博弈 [J]. 自动化学报，2024，50（4）：828–840.
[126] 葛晓琳，曹旭丹，李佾玲 . 多虚拟电厂日前随机博弈与实时变时间尺度优化方法 [J]. 电力自动化设备，2023，43（11）：150–157.
[127] 周洪，要若天，余昶，等 . 复杂微电网控制中的随机博弈与优化研究 [J]. 智能科学与技术学报，2020，2（3）：251–260.
[128] 陈梓瑜，朱继忠，刘云，等 . 基于信息物理社会融合的新能源消纳策略 [J]. 电力系统自动化，2022，46（9）：127–136.
[129] 樊强，刘东，王宇飞，等 . 电力信息物理系统形态演进关键技术及其进展 [J]. 中国电机工程学报，2024，44（21）：8341–8352.
[130] 李希喆，辛培哲，江璟 . 计及能量流与信息流的电力信息物理系统关键节点辨

识 [J].2023，47（11）：4658–4667.

[131] 胡福年，郭旭，陈军 . 电力信息物理系统建模与故障分析 [J]. 计算机仿真，2024，41（2）：74–80.

[132] 曾乐才 . 论从工业 4.0 到能源互联网 [J]. 机械制造，2022，60（9）：1–7.

[133] 李妍莎，蔡晔，曹一家，等 . 面向联合检修的电力信息物理系统输电线路脆弱相关性辨识 [J]. 电力系统保护与控制，2022，50（24）：120–128.

[134] Jentzsch A，Janda J，Xu G，et al. The future of commercial vehicles — how new technologies are transforming the industry[EB/OL]. https：//www. bcg. com/publications/2019/future–commercial–vehicles.aspx，2019–10–20.

[135] 关于印发《中国制造 2025》的通知 [EB/OL]. https：//www.gov.cn/zhengce/zhengceku/2015–05/19/content_9784.htm，2015–05–08/2015–05–19.

[136] Yu Xinghuo，Xue Yusheng. Smart grids：a cyber–physical systems Perspec tive［J］. Proceedings of the IEEE，2016，104（5）：1058–1070.

[137] 杨挺，翟峰，赵英杰，等 . 泛在电力物联网释义与研究展望［J］. 电力系统自动化，2019，43（13）：9–20.

[138] Milakovich M E. Digital Governance：New Technologies for Improving Public Service and Participation[M]. New York：Routledge，2012.

[139] Moon M J，Lee J， R oh C — Y. The Evolution of Internal IT Applications and e — Government Studies in Public Administration：Research Themes and Methods［J］. Administration & Society，2014，46（1）：3–36.

[140] Reddick C G，Norris D F. Social media adoption at the American grass roots：Web 2. 0 or 1. 5［J］.Government Information Quarterly，2013，30（4）：498–507.

[141] 简・E・芳汀 . 构建虚拟政府：信息技术与制度创新 [M]. 北京：中国人民大学出版社，2010.

[142] Lee J. 10 year retrospect on stage models of e — Government：A qualitative meta — synthesis［J］. Government Information Quarterly，2010，27（3）：220–230.

[143] Margetts H，Dunleavy P. The second wave of digital — era governance：a quasi — paradigm for governmenton the Web［J］. Philosophical Transactions of the Royal Society A：Mathematical，Physical and Engineering Sciences，2013，371（1987）：1–17.

[144] Wang F. Explaining the low utilization of government websites：Using a grounded theory approach［J］. Government Information Quarterly，2014，31（4）：610–621.

[145] Ma L，Zheng Y. Does e — government performance actually boost citizen use evidence from europeancountries［J］. Public Management R eview，2018，20（10）：1513–1532.

[146] 向树民，唐海涛，周兵 . 中国太阳能光伏产业的发展现状及前景 [J]. 资源节约与

环保，2014（7）：18–19.

[147] 王训龙 . 一二次设备混合故障的原因分析［J］. 技术与市场，2014（4）：69–70.

[148] 邓俊波 . 基于世界技能大赛的“制冷与空调”课程教学改革 [J]. 装备制造技术，2024（3）：80–82.

[149] 刘治钢，蔡晓东，陈琦，等 . 采用 MPPT 技术的国外深空探测器电源系统综述 [J]. 航天器工程，2011，20（5）：105–110.